中国农业科学院创新工程科技经费项目“果品质量安全控制技术”
（CAAS－ASTIP－2016－ZFRI）资助

重金属在土壤—草莓系统中富集规律及迁移特征研究

庞荣丽　乔成奎　谢汉忠　郭琳琳　姜玉琴　等　著

黄河水利出版社
·郑州·

内 容 提 要

本书作者结合团队近年来研究成果，以河南产区草莓为例，从不同角度对 Pb、Cd、Cr、Ni、Cu、Zn、Hg、As 8 个重金属元素在草莓园地土壤—植株系统中的行为规律进行剖析。采用描述统计方法，结合土壤重金属背景值，分析草莓园地土壤中重金属积累及空间分布情况，指出土壤污染风险程度并给出安全生产建议。从食用安全角度，对草莓安全状况做出评价并采用目标危害系数法对草莓中的重金属进行膳食摄入暴露评估。通过分析重金属在草莓园地土壤—植株系统中的累积分布差异性及富集特征，评价其在草莓植株中的富集能力、迁移能力及迁移特征。通过分析土壤理化性质与土壤—草莓系统中重金属的相关性，来探讨影响重金属生物可利用性及其在土壤—植物系统中的富集、迁移转化的主要因素，并给出减轻或避免重金属对植物危害的农业措施，以期为研究草莓对重金属御性机制提供科学数据，为重金属背景值偏高的地区安全生产草莓保驾护航。

本书兼具理论性、资料性及实践性，既可作为土壤、环境、食品安全等专业的教材与参考书，也可供从事农业、园艺、环境等相关领域的科研人员或学者阅读与使用。

图书在版编目(CIP)数据

重金属在土壤—草莓系统中富集规律及迁移特征研究/庞荣丽等著.—郑州：黄河水利出版社，2020.7
ISBN 978-7-5509-2728-5

Ⅰ.①重…　Ⅱ.①庞…　Ⅲ.①草莓-果树园艺-园艺土壤-重有色金属-富集-研究　Ⅳ.①S668.406

中国版本图书馆 CIP 数据核字(2020)第 117216 号

出 版 社：黄河水利出版社　　网址：www.yrcp.com
地址：河南省郑州市顺河路黄委会综合楼 14 层　　邮政编码：450003
发行单位：黄河水利出版社
发行部电话：0371-66026940、66020550、66028024、66022620(传真)
E-mail：hhslcbs@126.com
承印单位：虎彩印艺股份有限公司
开本：787 mm×1 092 mm　1/16
印张：14.25
字数：330 千字　　印数：1—1 000
版次：2020 年 7 月第 1 版　　印次：2020 年 7 月第 1 次印刷

定价：80.00 元

前　言

土壤是构成生态系统的基本环境要素，既是人类赖以生存的物质基础，也是经济社会发展不可或缺的重要资源。耕地等土壤质量直接关系食品安全及人类健康，但是长期不合理利用导致土壤质量退化较为严重，给可持续发展带来了不利影响。2014 年我国环境保护部和国土资源部联合公布的全国土壤污染公报显示，我国土壤总的超标率为16.1%，重金属超标点位数占全部超标点位数的82.8%，其中 Cd、Hg、As、Cu、Pb、Cr、Zn、Ni 8 种重金属污染物点位超标率分别为 7.0%、1.6%、2.7%、2.1%、1.5%、1.1%、0.9%、4.8%。由此可见，我国土壤重金属污染问题不容忽视，且随着工农业的快速发展，以及含重金属农药、化肥的不合理施用，我国土壤受重金属威胁的范围不断加大，当重金属积累到一定程度时，会对生态系统产生危害。

土壤重金属污染具有治理耗时较长、累积性和不可逆性的特征，长期以来一直受到社会各界的关注，近年来越来越多的学者专注于重金属在土壤、植物体系中的研究，但已有研究主要集中在水稻、玉米、小麦等粮食作物中，且多限于对作物不同部位中重金属含量的比较，而对于重金属在土壤—植物体系中富集与迁移特征等的报道较少，且均不系统。重金属由土壤向植物体内的迁移受诸多因素的影响，如土壤类型和性质、土壤中共存重金属的拮抗或协同作用、植物的基因型差异和生态型差异等，因而对重金属由土壤向植物体内迁移的规律至今没有统一的认识。

目前，我国草莓种植面积和产量均居世界第一，从我国草莓产量总体来看，一直处于一个稳定增长的状态，而重金属在土壤—草莓体系中富集与迁移特征还未见报道。本书以河南省草莓为对象，主要采用描述统计的方法进行研究，全书共分 10 章，包括土壤中重金属污染对草莓等植物的危害、土壤样品的采集及重金属污染物的测定、植株样品中重金属污染物的测定、土壤中重金属背景值及污染来源分析、草莓园地土壤中重金属含量总体状况及其质量安全评价、草莓果实中重金属分布特征及安全评价、草莓植株各器官中重金属累积分布特征及富集能力、重金属在土壤—草莓系统中迁移能力及迁移特征、土壤—草莓系统中重金属含量相关性分析、土壤—植物体系中重金属迁移转化规律及主要影响因素，10.3 中给出了减轻或避免重金属对植物危害的农业措施，以期为草莓对重金属御性机制研究提供科学数据，为重金属背景值偏高的地区安全生产草莓保驾护航。各章节之间是逐层递进的关系，兼具理论性、资料性及实践性，既可作为土壤、环境、食品安全等专业的教材与参考书，也可供从事农业、园艺、环境等相关领域的科研人员或学者阅读与使用。

在本书研究过程中，得到了中国农业科学院“果品质量安全控制技术”创新团队全体成员的大力支持，本书撰写过程中参阅了相关领域许多专家的研究成果和文献，出版过程中黄河水利出版社给予了大力的支持与帮助，在此一并表示感谢！

本书参加撰写人员还有田发军、王彩霞、王瑞萍、罗静、李君、庞涛、吴斯洋、党琪、袁国军、姚好朵、潘芳芳、张颖杰。

由于作者水平有限，不妥之处在所难免，恳请各位同行和读者不吝赐教。

作　者

2020 年 6 月

目 录

第 1 章　土壤中重金属污染对草莓等植物的危害

1.1　我国草莓行业现状分析

1.1.1　草莓的营养价值

草莓又叫红莓、洋莓、地莓(Strawberry)等,是对蔷薇科草莓属植物的通称,属多年生草本植物。草莓的外观呈心形,鲜美红嫩,果肉多汁,含有特殊的浓郁水果芳香。草莓营养价值高,含有丰富的维生素 C、维生素 A、维生素 E、维生素 PP、维生素 B_1、维生素 B_2、胡萝卜素、鞣酸、天冬氨酸、草莓胺、果胶、花青素、纤维素、叶酸、铜、铁、钙等营养物质,尤其维生素 C 的含量很高,是西红柿的 3 倍,比苹果、葡萄和西瓜的高 7 ~ 10 倍,所含的苹果酸、柠檬酸、维生素 B_1、维生素 B_2,以及胡萝卜素、钙、磷、铁的含量也比苹果、梨、葡萄的高 3 ~4 倍,是一种味美而富有营养价值的水果。草莓主要营养成分见表 1-1。

表 1-1　草莓主要营养成分

所含成分	含量	所含成分	含量	所含成分	含量
食部	97%	总维生素 A	3 μg RAE/100 g	钾	131 mg/100 g
水分	91.3 g/100 g	胡萝卜素	30 μg/100 g	钠	4.2 mg/100 g
能量	134 kJ/100 g	硫胺素	0.02 mg/100 g	镁	12 mg/100 g
蛋白质	1.0 g/100 g	核黄素	0.03 mg/100 g	铁	1.8 mg/100 g
脂肪	0.2 g/100 g	维生素 C	47.0 mg/100 g	锌	0.14 mg/100 g
碳水化合物	7.1 g/100 g	维生素 E	0.71 mg/100 g	硒	0.70 μg/100 g
不溶性膳食纤维	1.1 g/100 g	钙	18 mg/100 g	铜	0.04 mg/100 g
灰分	0.4 g/100 g	磷	27 mg/100 g	锰	0.49 mg/100 g

注:表中数据摘自《中国食物成分表标准版》,第六版,第一册。

1.1.2　草莓主要种类及分布

草莓属植物分布广泛,欧亚两洲习见,美洲也有分布。欧洲和北美洲到处有分布,南美洲则主要分布在太平洋沿岸;亚洲分布在中国、日本、俄罗斯的西伯利亚、伊朗、阿富汗以及黑海沿岸各国。我国是世界上野生草莓资源最丰富的国家之一,主要分布在西北、西南、东北及中部地区,即新疆、甘肃、青海、内蒙古、西藏、云南、广西、贵州、四川、黑龙江、吉林、辽宁、山西、陕西等省(区),而东部和东南部如浙江、福建、上海等省(市)无分布或很少分布。我国草莓的主要种类及分布见表1-2。

表1-2 我国草莓的主要种类及分布

种类		分布
二倍体种	森林草莓	黑龙江、吉林、新疆、陕西、山西、山东、云南、贵州、河南等地林丛、山坡和草原
	绿色草莓	新疆天山山脉
	黄毛草莓	湖南、湖北、云南、贵州、四川、陕西、台湾等海拔700～3 000 m的山地或草原
	裂萼草莓	西藏海拔3 360～5 000 m的山顶、草甸、灌丛下
	西藏草莓	西藏喜马拉雅冈底斯山脉海拔1 500～3 900 m的山间、草原、林边
	五叶草莓	陕西、四川、甘肃、青海、河南等海拔700～2 300 m的草原
	东北草莓	吉林、黑龙江、内蒙古
	中国草莓	西藏、甘肃、青海、四川、陕西、河南、湖北等地
四倍体种	东方草莓	辽宁、吉林、黑龙江、内蒙古、陕西、山西、甘肃、青海、山东、湖北、河北等地
	西南草莓	原产于我国西南部,分布于陕西、甘肃、四川、云南、西藏、青海等海拔1 500～3 900 m的山间、草原、林边
	伞房草莓	吉林、甘肃、河南、河北、陕西、山西
	纤细草莓	河南、湖北、陕西、甘肃、青海、西藏等海拔1 600～3 900 m的丘陵、山地、草原
	高原草莓	四川、西藏等地

注:表中信息摘自《2018年中国草莓行业种植面积及产量情况分析》。

1.1.3 我国草莓产业现状

草莓冬春上市,适应性强,在世界小浆果生产中居于首位。目前,几乎我国所有省(区、市)都种植草莓,其中主要产地分布在辽宁、河北、山东、江苏、上海、浙江等东部沿海地区,近几年四川、安徽、新疆、北京等地发展也很快,重点草莓产区是辽宁丹东、河北保定、山东烟台、上海郊区等。

我国草莓种植面积和产量均居世界第一,从我国草莓产量总体来看,一直处于一个稳定增长的状态,2016年略有下降,但是很快回升,在2018年我国草莓产量突破了300万t,达到306.03万t,同比增长7.3%。我国2011～2018年草莓栽培面积及产量见表1-3,河南省2014～2018年草莓栽培面积及产量见表1-4。

表1-3 我国2011～2018年草莓栽培面积及产量

年份	栽培面积(khm^2)	产量(万t)
2011	78.12	200.86
2012	82.6	222.13
2013	91.27	241.64
2014	94.82	248.65

续表 1-3

年份	栽培面积(khm^2)	产量(万 t)
2015	108.27	280.35
2016	102.39	268.02
2017	107.77	285.11
2018	119.97	306.03

注：表中数据来自《2019—2025年中国草莓种植加工行业市场调查研究及投资前景预测报告》。

表 1-4　河南省 2014～2018 年草莓栽培面积及产量

年份	栽培面积(khm^2)	产量(万 t)
2014	5.20	14.0
2015	6.40	17.66
2016	7.71	20.05
2017	9.25	22.08
2018	9.76	22.68

注：表中数据来自《2019—2025年中国草莓种植加工行业市场调查研究及投资前景预测报告》。

1.2　土壤中重金属污染对草莓等植物的危害

土壤中的重金属污染会对植物产生一定的毒害作用，引起株高、主根长度、叶面积等一系列生理特征的改变，高浓度的重金属会引起植物体营养不足、酶的有效性降低等。主要是因为吸收到植物体内的重金属能诱导其体内产生某些对酶和代谢具有毒害作用和不利影响的物质，如 H_2O_2、C_2H_2 等类物质。另外，重金属的胁迫有时会引起大量营养的缺乏和酶有效性的降低，较高浓度的重金属含量有抑制植物体对 Ca、Mg 等矿物质元素的吸收和转运的能力。如经过 Cd 处理的小麦幼苗叶和根的生长明显受到抑制，其茎和叶中富集的 Cd 量增加，Fe、Mg、Ca 和 K 等营养元素的含量下降等。土壤重金属污染会对植物生理生态过程、植物产量和品质产生影响，如广水城郊由于耕地土壤受到重金属污染，不同农作物中的 Cu、Pb、Zn、Cd 检测结果全部或部分超标。

1.2.1　重金属对植物的毒害效应

1.2.1.1　重金属对膜的破坏作用

包括液泡膜、质膜和细胞器膜在内的植物细胞膜系统是植物细胞和外界环境进行物质交换和信息传递的界面和屏障，植物细胞膜系统的稳定性是植物细胞进行正常生理功能的基础。而重金属胁迫则可导致植物细胞膜透性的严重破坏，使细胞膜透性增加。

1.2.1.2　重金属对植物光合作用的影响

重金属胁迫能够抑制植物的光合作用，且抑制效应与重金属浓度及处理时间呈正相关关系,主要是通过影响光合过程中的电子传递和破坏叶绿体的完整性来影响光合作用的。

1.2.1.3 重金属对植物呼吸作用的影响

重金属对植物呼吸作用的影响比较复杂,如低浓度的汞在小麦种子萌发初期起促进作用,但随着作用时间的延长,则呼吸作用降低,表现为抑制作用。再如水稻种子萌发过程中,呼吸强度随着铅浓度的增加而降低,但这种抑制作用随萌发天数的增加而下降。

1.2.1.4 重金属对植物酶活性的影响

重金属胁迫可导致酶活性的失活、变性,甚至酶的破坏,从而导致碳水化合物合成代谢、氮素代谢等的失衡。如 50 mg/kg 的高浓度汞对萌发期内小麦种子淀粉酶活性有明显的抑制作用,再如铜可引起水稻根系脱氢酶、蔗糖酶、固氮酶活性的下降。

1.2.1.5 重金属对植物细胞的遗传毒害作用

重金属胁迫对植物的核酸代谢产生显著的影响,如蚕豆根尖的 DNA、RNA 含量及 DNase、RNase 活性随着溶液中 Cd^{2+} 浓度的升高而降低。重金属能抑制细胞分裂和染色体变异,导致出现染色体断裂、粘连、体细胞染色体不等交换、染色体环等畸变形式。

1.2.2 主要重金属对植物代谢的影响

1.2.2.1 镉对植物生长发育的影响

镉等重金属在土壤中具有移动性差、毒性强的特点,因而污染土壤之后,就有可能导致重金属等有害物质在农作物体内富集。镉不是植物生长所必需的营养元素,当镉进入植物体内并积累达到一定程度时,就会通过影响植物的生长发育、抑制植物的呼吸作用和光合作用、减弱植物体中酶的活性、降低植物可溶性蛋白和可溶性糖的含量等途径来影响植物的产量、品质和安全,从而间接地危害人类的健康。研究表明,镉胁迫时,会破坏叶片的叶绿素结构,降低叶绿素含量,使叶片发黄,严重时几乎所有叶片都会出现褪绿现象,叶脉组织呈酱紫色、变脆、萎缩,叶绿素严重缺乏,表现为缺铁症状。陈嵩岳等(2013)研究表明,镉污染对小白菜根生长的抑制作用较大,施加肥料可增强该抑制作用。

1.2.2.2 铅对植物生长发育的影响

铅不是植物生长发育的必需元素,当铅被动吸收进入植物的根、树皮或叶片后,累积在根、茎和叶片影响植物的生长发育,使植物受害。铅对植物根系生长的影响是显著的,能减少根细胞有丝分裂的速度,从而造成植物根系生长缓慢。铅毒害引起草坪植物主要的中毒症状为根量减少,根冠膨大变黑、腐烂,导致植物地上部分生物量随后下降,叶片失绿明显,严重时逐渐枯萎,植物死亡。另外,铅的累积也影响细胞的代谢作用,其效应也是引起活性氧对代谢酶系统的破坏作用。高浓度铅还可使种子萌发率降低和胚根长度、上胚轴长度缩短,甚至出现胚根组织坏死。

1.2.2.3 铬对植物生长发育的影响

铬是植物生长发育所必需的,缺乏铬元素会影响植物的正常发育,但体内累积过量又会引起毒害作用。陈永林等(2017)研究结果表明,Cr(Ⅵ)对玉米幼苗的毒害要高于Cr(Ⅲ),表现在 Cr(Ⅵ)对玉米幼苗鲜质量、叶绿素含量、根系性状及根系参数(根长、根表面积、根体积)的影响要大于 Cr(Ⅲ)的,尤其在 Cr(Ⅵ)浓度较高时,玉米幼苗出现明显的中毒症状,叶片枯萎,根系发黄腐烂,类似盐胁迫症状。虽然,在低浓度下Cr(Ⅲ)对玉米幼苗的毒害程度较小,但在较高浓度下还是抑制了玉米幼苗的生长发育。

1.2.2.4 铜对植物生长发育的影响

铜是植物生长发育所必需的营养元素,是植物体内多酚氧化酶、氨基氧化酶、络氨酸酶、抗坏血酸氧化酶、细胞色素氧化酶等的组成部分,是各种氧化酶活性的核心元素,与这些酶的电子接受与传递有关。一般禾本科植物对铜元素很敏感,土壤缺铜时植物分蘖数量多但不抽穗,籽粒不饱满,叶片失绿,牧草出现白瘟病一样的缺铜症状。过量的铜元素对生长发育产生危害,主要是妨碍植物对二价铁的吸收和内在运转,造成缺铁病。在生理代谢方面,过量的铜抑制脱羧酶的活性,间接阻碍了铵离子向谷氨酸转化,造成铵离子的累积,使根部受到严重损伤,使主根不能伸长,常在2~4 cm就停止,根尖硬化,生长点细胞分裂受到抑制,根毛少甚至枯死。

1.2.2.5 锌对植物生长发育的影响

锌是植物生长发育所必需的元素,在作物体内的含量,一般为干物质质量的十万分之几至百万分之几,尽管含量极少,但作用较大。首先,锌是植物体内部分酶的组成部分,与叶绿素和生长素的合成有关,植物缺锌时叶片失绿,光合作用减弱。锌又是影响糖类代谢的重要因素,众多的试验证明,西瓜、葡萄等使用锌肥后,降低了果实酸度,提高了含糖量。锌还能促进和加强碳水化合物,尤其是蔗糖向繁殖器官的运输,从而对该器官的发育具有积极意义。其次,锌元素有利于吲哚乙酸等植物生长素的形成,锌含量与植物生长素吲哚乙酸的合成紧密相关,含锌部位高的,生长素含量也高。试验证明,锌还能提高玉米等作物的抗寒、抗旱、抗热、抗盐性。可见锌对植株的生长有很大的作用,但并不是锌的浓度越高就越好,过量的锌会伤害植物根系,使植物根系生长受到阻碍,此外地上部分会有褐色斑点和坏死。

1.2.2.6 镍对植物生长发育的影响

镍元素被确认为必需营养元素的时间不长,很多人对此还很陌生。植物体内镍的含量一般为0.05~5.0 mg/kg,根据植物对镍的累积程度不同,可分为两类:第一类为镍超累积型,主要是野生植物,镍含量超过1 000 mg/kg;第二类为镍积累型,其中包括野生的和栽培的植物,如紫草科植物、十字花科植物、豆科植物和石竹科植物等。植物主要吸收离子态镍(Ni^{2+}),次要吸收络合态镍(如Ni-EDTA和Ni-DTPA),植物体内镍的运输较为迅速。镍有利于种子发芽和幼苗生长,同时镍还是脲酶的金属辅基,脲酶是催化尿素水解为氨和二氧化碳的酶,因而镍还可以催化尿素降解。另外,镍还可以防治某些病害,如低浓度的镍可促进紫花苜蓿叶片中过氧化物酶和抗坏血酸氧化酶的活性,从而促进有害微生物分泌毒素降解,增强作物的抗病能力。当土壤中镍含量过高时,往往会对植物水分、养分的吸收及光合作用产生干扰,过量的镍对植物产生毒害,且症状多变,如生长迟缓,叶片失绿、变形,有斑点、条纹,果实变小、着色早等,镍中毒表现的失绿症可能是诱发缺铁和缺锌所致。

1.2.2.7 汞对植物生长发育的影响

汞是一种极毒的重金属元素,其毒性位于各金属元素之首。不同浓度的汞对植物生长产生不同的影响,靳萍等(2002)研究发现,水培法用汞浸小麦种子后萌发率、平均株高、日均增重、平均根长等指标随着汞浓度升高总体呈下降趋势，但在低浓度时（$c_{Hg^{2+}} \leq$ 20 mg/L）各指标的下降不明显，种子萌发率还略有上升。当植物体中汞的积累浓度达到一定范围后，通过与酶活性中心的—SH结合，抑制酶的活性，干扰细胞的生理生化过程，轻则使植物体内代谢过程发生紊乱，生长发育受阻，重则可造成植物枯萎，甚至衰老死亡。汞影响植物的光合作用，植物受汞毒害的机制是汞不仅对叶绿素含量有影响，而且对全电子传递链及PS Ⅰ、PS Ⅱ的活性也有抑制作用，其毒害程度除与汞浓度有关外，可能还受植物和器官的影响，随着植物和器官的不同而异；汞影响植物细胞膜透性。ZHANG等（1999）研究指出，Hg^{2+}处理小麦，根细胞有相当稳定的膜去极化作用，而且还伴随一段很短时间的超极化现象，随着汞浓度的增加，膜的去极化程度也增高。由于植物受重金属毒害，细胞内会产生了大量的活性自由基，使膜中不饱和脂肪酸产生过氧化反应，从而破坏了膜的结构和功能。汞影响可溶性蛋白，陈国祥等（1999）研究发现，用Hg^{2+}处理莼菜冬芽后，它的细胞可溶性蛋白含量随处理浓度的增加而逐渐下降；汞影响植物体内超氧化物歧化酶（SOD）、过氧化物酶（POD）和过氧化氢酶（CAT），施国新等（2003）研究发现，满江红叶片用汞处理后，随着汞浓度的增高，SOD的活性逐渐增强，当汞浓度超过一定范围时，SOD活性则开始降低。POD和CAT活性与SOD的一样，也是在低浓度时升高，高浓度时下降，但它们升高的速度低于SOD的。

1.2.2.8 砷对植物生长发育的影响

微量元素砷被认为是生物非必需元素，其在地壳中的天然含量较低，主要以砷酸盐砷（Ⅴ）和亚砷酸盐砷（Ⅲ）的形式存在。不同浓度的砷对植物生长的影响作用不同，低浓度砷对某些植物生长具有促进作用，而在高浓度砷存在的情况下，砷对植物的毒害作用非常明显，主要表现为植物根长、茎长变短，根、茎干质量减少，光合作用和细胞生长受到抑制。

1.3 土壤—草莓体系中重金属富集规律及迁移特征研究必要性

土壤是构成生态系统的基本环境要素，是人类赖以生存的物质基础，也是经济社会发展不可或缺的重要资源。土壤重金属污染可通过食物链危及人类健康，是影响农产品安全的重要因素，也是影响果品中重金属含量的主因之一，且具有治理耗时较长、累积性和不可逆性的特征，长期以来一直受到社会各界的关注，然而随着工农业的快速发展，以及含重金属农药、化肥不合理的施用，使得重金属威胁的范围不断加大。2014年，我国环境保护部和国土资源部联合公布的《全国土壤污染调查公报》显示，我国土壤总的超标率为16.1%，重金属超标点位数占全部超标点位数的82.8%，其中Cd、Hg、As、Cu、Pb、Cr、Zn、Ni 8种重金属污染物点位超标率分别为7.0%、1.6%、2.7%、2.1%、1.5%、1.1%、0.9%、4.8%，由此可见，我国土壤环境总体状况令人担忧，且工矿业、农业等人为活动以及土壤环境背景值高是造成土壤污染或超标的主要原因。

重金属元素对植物生长存在毒害作用。重金属元素Cu、Zn等虽然是植物生长、发育所必需的微量元素，但是超过一定的界限，也会对植物产生一定的毒害作用，而Cd、Pb、As、Hg等则是目前世界公认影响比较大、毒性较高的重金属类物质，尤其是Cd、Pb、As可以引起各种急慢性中毒，并且有致突变、致癌或致畸作用，汞中毒则会对人体内脏造成损伤，镍属于致敏性物质，也具有一定的致癌性。土壤中的重金属被植物根系吸收，在植物体内运转，最终积累于植物可食部分，人群长期摄入含有重金属的食物使重金属在体内积累，进而对普通人群造成健康危害。土壤—植物系统中重金属因其难降解、易富集，并通过食物链危及人体健康而成为当今环境生态的研究热点。然而，重金属在土壤中的扩散范围、重金属在土壤—植物系统中的迁移转化等受重金属的来源和扩散方式、土壤性质、作物种类等因素影响，使得污染源周围重金属的空间变异和土壤—植物间重金属的迁移转化变得复杂多样，有必要开展深入研究，其结果不仅对探讨重金属土壤地球化学行为有重要的理论意义，而且对农产品安全生产具有重要的实际意义。因此，越来越多的研究关注于重金属在土壤、植物体系中的研究，主要集中在水稻、小麦、蔬菜、油菜等大田作物中，近年来也有学者进行苹果、猕猴桃、柑橘等果树方面的研究，但这些研究多是限于对植物不同部位如叶片、果实中重金属含量的测定，对重金属在土壤—植物体系中富集与迁移特征等的研究较少。目前，我国草莓种植面积和产量均居世界第一，从我国草莓产量总体来看，一直处于一个稳定增长的状态，而重金属在土壤—草莓体系中的富集与迁移特征还未见报道。

土壤—植物体系中重金属富集规律及迁移特征研究意义重大。本书汇总土壤及植株样品的采集、制备及重金属污染物的测定方法，总结我国土壤中重金属背景值分布规律、耕地土壤背景值分布规律、土壤背景值主要影响因子、重金属污染来源等，以河南省草莓为研究对象，在草莓成熟期，点对点同期采集土壤及草莓植株不同组织样品，通过测定园地土壤以及草莓根、茎、叶、果实中 Pb、Cd、Cr、Ni、Cu、Zn、Hg、As 重金属元素含量，主要采用描述统计的方法，进行以下研究：分析草莓园地土壤中重金属含量及其统计学特征，依据相关标准对草莓园地土壤质量安全状况做出评价；分析草莓果实中重金属含量分布特征，依据相关标准对草莓果实中重金属安全状况做出评价，同时采用目标危害系数法（target hazard quotient，简称 THQ）对草莓果实中 Pb、Cd、Cr、Ni、Hg、As 等6种重金属元素进行膳食暴露评估；比较草莓园地土壤及草莓根、茎、叶、果实中 Pb、Cd、Cr、Ni、Cu、Zn、Hg、As 重金属元素含量，分析重金属在草莓植株不同部位累积分布差异性及富集特征，弄清重金属在草莓植株不同部位的累积分布情况，并评价不同重金属在草莓中的富集能力；分析草莓园地土壤及草莓根、茎、叶、果实中 Pb、Cd、Cr、Ni、Cu、Zn、Hg、As 重金属元素含量，总结重金属在土壤—草莓系统中迁移能力差异性及迁移特征；分析土壤—植物体系中重金属富集、迁移机制及其主要影响因素，探讨减轻或避免重金属对植物危害的措施。通过系统分析，旨在弄清草莓植株不同部位重金属累积分布差异性、富集能力及迁移特征，以期为草莓对重金属御性机制研究提供科学数据，为重金属背景值偏高的地区安全生产草莓保驾护航，为草莓产业的可持续发展提供新的参考。

第2章　土壤样品的采集及重金属污染物的测定

2.1　土壤样品的采集

土壤样品的采集主要依据《土壤环境监测技术规范》(HJ/T 166—2004)、《农田土壤环境质量监测技术规范》(NY/T 395—2012)进行。

(1)采样单元划分:主要参考土壤类型、农作物种类、耕作制度等要素的差异,同一单元的差别应尽可能地缩小。

(2)采样原则:依据“随机”“等量”“多点混合”的原则进行采样,避免一切主观因素,保证采集的监测样品具有好的代表性。

(3)采集方式:为保证样品的代表性,采取采集混合样品的方案。每个采样点的样品为土壤混合样品,组成土壤混合样品的分点数为5~20个。根据采样点的实际情况,有选择地采取以下采集方法:

①对于污灌农田土壤,采用对角线法,对角线分5点,以这些点为采样分点。

②对于面积较小、地势平坦、土壤组成和受污染程度相对比较均匀的地块,采取梅花点法,设5个左右分点。

③对于面积较小、地势平坦、土壤组成和受污染程度相对不够均匀的地块,按棋盘式法,设10个左右分点。

④对于面积较大、土壤不够均匀且地势不平坦的地块,按照蛇形法设15个左右分点,多用于农业污染型土壤。

(4)采样深度及样品量:种植草莓等一般农作物,每个分点处采0~20 cm耕作层土壤。每个采样点的取样深度及采样量均匀一致,土样上层与下层的比例相同。取样器垂直于地面入土,深度相同。各分点混匀后取1 kg,多余部分用四分法弃去。方法是将采集的土壤样品放在盘子里或塑料布上,弄碎、混匀,铺成四方形,画对角线将土样分成4份,把对角的两份分别合成1份,保留1份,弃去1份。继续四分,至所需数量为止。

(5)采样注意事项:对于重点监测重金属的项目,采样时尽量用竹铲或竹片直接采取样品;或用铁铲、土钻取出后,先用非金属工具刮去与金属采样器接触的部分,再用非金属工具采集样品。

2.2　土壤样品的制备

(1)样品风干。

将取回的土壤样品置于样品盘中,摊成2~3 cm厚的薄层,并间断地压碎、翻动,拣出碎石、沙砾、植物残体等。

(2)样品粗磨。

在样品室将风干的样品倒在有机玻璃板上,用捶、滚、棒再次压碎,拣出杂质并用四分法分取压碎样,全部过20目尼龙筛。过筛后的样品用四分法缩分成两份,一份保存,另一份用作样品的细磨。粗磨的样品可直接用于土壤pH、土壤阳离子代换量、元素有效态含量等分析。

(3)样品细磨。

用于细磨的样品用四分法缩分成两份。一份研磨到全部过60目尼龙筛,用于农药、有机质、全氮等的测定;另一份研磨到全部过100目尼龙筛,用于土壤元素全量分析。

(4)制样过程注意事项。

制样工具每处理一份样品后擦洗一次,严防交叉污染;分析挥发性、半挥发性有机物(氰、酚等)或可萃取有机物无须制样,用新鲜样品测定,同时测定水分。

2.3　土壤中重金属污染物的测定

土壤中污染物测定时,首先优先选择国家标准、行业标准的分析方法;其次选择由权威部门规定或推荐的分析方法;也可根据具体情况,选择等效分析方法,但应做标准样品验证或比对试验,其检出限、准确度、精密度不低于相应的通用方法要求的水平或待测物准确定量的要求。

2.3.1　土壤中总铅的测定

2.3.1.1　电感耦合等离子体质谱法(ICP－MS)

1.编制依据

本方法依据《固体废物　金属元素的测定　电感耦合等离子体质谱法》(HJ 766—2015)编制。

2.适用范围

本方法规定了测定土壤中金属元素的电感耦合等离子体质谱法。

本方法适用于土壤中镉(Cd)、铬(Cr)、铜(Cu)、镍(Ni)、铅(Pb)、锌(Zn)等金属元素的测定。当样品质量在0.100 0 g时,金属元素的方法检出限和测定下限见表2-1。

表2-1　金属元素的方法检出限和测定下限　(单位:mg/kg)

元素	检出限	测定下限	元素	检出限	测定下限
镉(Cd)	0.6	2.4	镍(Ni)	1.9	7.2
铬(Cr)	1.0	4.0	铅(Pb)	2.1	8.4
铜(Cu)	1.2	4.8	锌(Zn)	3.2	12.8

3.方法原理

土壤样品经消解预处理后,采用电感耦合等离子体质谱仪进行检测,根据元素的质谱图或特征离子进行定性,内标法定量。

4. 干扰和消除

1)质谱型干扰

质谱型干扰主要包括同量异位素重叠干扰、多原子离子重叠干扰、氧化物和双电荷干扰等。消除同量异位素重叠干扰可以使用数学方程式进行校正,或在分析前对样品进行化学分离消除。ICP – MS 测定中常用干扰校正方程见表 2-2。多原子离子重叠干扰是 ICP – MS 最重要的干扰来源,可以利用校正方程、仪器优化以及碰撞反应池技术进行消除。ICP – MS 测定中常见干扰测定的多原子离子见表 2-3。氧化物干扰和双电荷干扰可通过调节仪器参数降低干扰程度。

表 2-2 ICP – MS 测定中常用干扰校正方程

质量数	干扰校正方程
51	[51] ×1 – [53] ×3.127 + [52] ×0.353 351
75	[75] ×1 – [77] ×3.127 + [82] ×2.548 505
82	[82] ×1 – [83] ×1.009
111	[111] ×1 – [108] ×1.073 + [106] ×0.764
114	[114] ×1 – [118] ×0.023 11
208	[208] ×1 + [206] ×1 + [207] ×1

表 2-3 ICP – MS 测定中常见干扰测定的多原子离子

多原子离子	质量	干扰元素	多原子离子	质量	干扰元素
ArC^+	52	Cr	SO_2^+、S_2^+	64	Zn
ZrO	106 ~ 112	Cd	PO_2^+	63	Cu
$^{35}ClOH^+$	52	Cr	$ArNa^+$	63	Cu
$^{37}ClO^+$	53	Cr	TiO	62 ~ 66	Ni、Cu、Zn
$^{34}SO^+$	50	Cr	MoO	108 ~ 116	Cd

2)非质谱型干扰

非质谱型干扰主要包括基体抑制干扰、空间电荷效应干扰、物理效应干扰等。非质谱型干扰程度与样品基体性质有关,通过内标法、仪器条件优化或标准加入法等措施可以消除。

5. 试剂和材料

除非另有说明,分析时均使用符合国家标准的优级纯化学试剂,实验用水为新制备的去离子水。

(1)盐酸(HCl,$\rho = 1.19$ g/mL):优级纯或高纯。

(2)硝酸(HNO_3,ρ=1.42 g/mL):优级纯或高纯。

(3)氢氟酸(HF,ρ=1.49 g/mL)。

(4)双氧水(H_2O_2,ω=30%)。

(5)2%硝酸溶液(2+98)。

(6)5%硝酸溶液(5+95)。

(7)单元素标准储备溶液(ρ=1 000 mg/L):可用高纯度的金属(纯度大于99.99%)或金属盐类(基准或高纯试剂)配制成1 000 mg/L 2%硝酸溶液的标准储备溶液。或可直接购买有证标准溶液。

(8)多元素标准储备溶液(ρ=100 mg/L):用2%硝酸溶液稀释单元素标准储备溶液(ρ=1 000 mg/L),或可直接购买多元素混合有证标准溶液。

(9)多元素标准使用溶液(ρ=1.00 mg/L):用2%硝酸溶液稀释标准储备溶液(ρ=1 000 mg/L或ρ=100 mg/L)。

(10)内标标准储备溶液(ρ=10.0 mg/L):宜选用^{6}Li、^{45}Sc、^{74}Ge、^{89}Y、^{103}Rh、^{115}In、^{185}Re、^{209}Bi为内标元素。可直接购买有证标准溶液配制,介质为2%硝酸溶液。

(11)质谱仪调谐溶液(ρ=10.0 μg/L):宜选用含有Li、Y、Be、Mg、Co、In、Tl、Pb和Bi元素的溶液为质谱仪的调谐溶液。可直接购买有证标准溶液配制。所有元素的标准溶液配制后均应在密封的聚乙烯或聚丙烯瓶中保存。

(12)氩气(纯度不低于99.99%)。

6. 仪器和设备

(1)电感耦合等离子体质谱仪(ICP-MS):能够扫描的质量范围为6~240 amu,在10%峰高处的缝宽应介于0.6~0.8 amu。

(2)微波消解装置:具备程式化功率设定功能,微波消解仪功率在1 200 W以上,配有聚四氟乙烯或同等材质的微波消解罐。

(3)自动消解装置。

(4)烘箱。

(5)温控电热板:控制精度2.5 ℃。

(6)天平:感量0.1 mg。

(7)赶酸仪:温度≥150 ℃。

(8)一般实验室仪器。

7. 分析步骤

1)试液的制备

(1)微波消解法。

准确称取0.1~0.2 g(准确至0.1 mg)经风干、研磨至粒径小于0.149 mm(100目)的土壤样品,置于消解罐中,加入1 mL盐酸和4 mL硝酸,1 mL氢氟酸和1 mL双氧水,将消解罐放入微波消解装置,设定程序,使样品在10 min内升高到175 ℃,并在175 ℃保持20 min。消解后冷却至室温,小心打开消解罐的盖子,最后将消解罐放在赶酸仪中,于150 ℃敞口赶酸,至内容物近干,冷却至室温后,用去离子水溶解内容物,最后将溶液转移至50 mL容量瓶中,用去离子水定容至50 mL。取上清液进行测定。

(2)高压密闭消解法。

准确称取0.1～0.2 g(准确到0.1 mg)经风干、研磨至粒径小于0.149 mm(100目)的土壤样品于内套聚四氟乙烯坩埚中,用几滴水润湿后,再加入硝酸3 mL、氢氟酸1.0 mL,摇匀后将坩埚放入不锈钢套筒中,拧紧,放在180 ℃的烘箱中消解8 h,取出。冷却至室温后,取出坩埚,用水冲洗坩埚盖的内壁,置于电热板上,在100～120 ℃加热除硅,待坩埚内剩余2～3 mL溶液时,加入1 mL高氯酸,调高温度至170 ℃,蒸至冒浓白烟后再缓缓蒸至近干,用2%稀硝酸溶液冲洗内壁,定容至50 mL。

(3)试液制备说明。

若通过验证能满足本方法的质量控制和质量保证要求,也可以使用电热板消解法、全自动消解仪法等其他消解方法;由于土壤种类较多,所含有机质差异较大,在消解时,要注意观察,各种酸的用量可视消解情况酌情增减,土壤消解液应呈白色或淡黄色(含铁量高的土壤),没有明显沉淀物存在;电热板温度不宜太高,否则会使聚四氟乙烯坩埚变形。

2)空白试样的制备

不加样品,按与试样消解相同步骤和条件进行处理,制备空白溶液。

3)仪器操作参考条件

不同型号仪器的最佳工作条件不同,标准模式和反应池模式应按照仪器使用说明书进行操作。

4)仪器调谐

点燃等离子体后,仪器需预热稳定30 min。用质谱仪调谐溶液(ρ=10.0 μg/L)进行仪器的灵敏度、氧化物和双电荷调谐,在仪器灵敏度、氧化物、双电荷满足要求的条件下,质谱仪给出的调谐液中所含元素信号强度的相对标准偏差≤5%。在涵盖待测元素的质量数范围进行质量校正和分辨率校验,如质量校正结果与真实值差别超过0.1 amu或调谐元素信号的分辨率在10%波峰高度处所对应的峰宽超过0.6～0.8 amu的范围,应按照仪器使用说明书的要求对质量校正到正确值。

5)校准曲线的绘制

分别取一定体积的多元素标准使用液(ρ=1.00 mg/L)和内标标准储备液(ρ=10.0 mg/L)于容量瓶中,用2%硝酸溶液进行稀释,配制成金属元素浓度分别为0、10.0 μg/L、20.0 μg/L、40.0 μg/L、60.0 μg/L、80 μg/L的校准系列。内标标准储备液(ρ=10.0 mg/L)既可以直接加入到标准系列中,也可在样品雾化之前通过蠕动泵在线加入。所选内标元素的浓度应远高于样品自身所含内标元素的浓度,常用的内标的浓度范围为50.0～1 000 μg/L。用ICP－MS进行测定,以各元素的浓度为横坐标,以响应值和内标响应值的比值为纵坐标,建立校准曲线。校准曲线的浓度范围可根据测量需要进行调整。

6)试样测定

每个试样测定前,用5%硝酸溶液冲洗系统直到信号降至最低,待分析信号稳定后才可开始测定。将制备好的试样加入与校准曲线相同量的内标标准溶液(ρ=10.0 mg/L),在相同的仪器分析条件下进行测定。若样品中待测元素浓度超出校准曲线范围,需经稀释后重新测定,稀释液使用2%硝酸溶液。

7)空白试样测定

按照与试样相同的测定条件测定空白试样。

8.结果计算与表示

土壤样品中各金属元素的含量ω(mg/kg),按下式进行计算:

$$\omega = \frac{(\rho - \rho_0) \times V \times f}{m \times \omega_{dm}} \times 10^{-3} \tag{2-1}$$

式中　ω——土壤样品中金属元素的含量,mg/kg;

ρ——由标准曲线计算所得试样中金属元素的质量浓度,μg/L;

ρ_0——实验室空白试样中对应金属元素的质量浓度,μg/L;

V——消解后试样的定容体积,mL;

f——稀释因子;

m——称取土壤样品的质量,g;

ω_{dm}——土壤样品干物质的含量(%)。

测定结果小数位数与方法检出限保持一致,最多保留三位有效数字。

9.质量保证和质量控制

(1)每批样品至少应分析2个空白试样,空白值应符合下列情况之一才能被认为是可接受的:空白值应低于方法检出限;或空白值低于标准限值10%;或空白值低于每一批样品最低测定值的10%。

(2)每次分析应建立标准曲线,曲线的相关系数应大于0.999。

(3)每分析20个样品,应分析一次校准曲线的中间浓度点,其测定结果与实际浓度值相对偏差应≤10%,否则应查找原因或重新建立校准曲线。每批样品分析完毕后,应进行一次曲线最低点的分析,其测定结果与实际浓度值相对偏差应≤30%。

(4)在每次分析时,试样中内标的响应值应介于校准曲线响应值的70%~130%,否则说明仪器响应已发生漂移或有干扰产生,应查找原因进行重新分析。如果是基体干扰,需要进行稀释后测定;如果是由于样品中含有内标元素,需要更换内标或提高内标元素浓度。

(5)在每批样品中,应至少分析一个试剂空白(2%硝酸)加标,其加标回收率应为80%~120%。也可使用有证标准物质代替加标,其测定值应在标准要求的范围内。

(6)每批样品应至少测定一个基体加标和一个基体重复加标,测定的加标回收率应为75%~125%,两个加标样品测定值的偏差在20%以内。若不在范围内,应考虑存在基体干扰,可采用稀释样品或增大内标浓度的方法消除干扰。

10.注意事项

(1)分析所用器皿均需用(1+1)HNO_3溶液浸泡24 h后,用去离子水洗净后方可使用。

(2)当向消解罐加入酸溶液时,应观察罐内的反应情况,若有强烈的化学反应,待反应结束后再将消解罐盖密封。

(3)使用微波消解样品时,注意消解罐使用的温度和压力限制,消解前后应检查消解罐的密封性。检测方法为:消解罐加入样品和消解液后,盖紧消解罐并称量(准确到0.01

g)，样品消解后待消解罐冷却到室温后，再次称量，记录下每个罐的质量。如果消解后的质量比消解前的质量减少超过10%，舍弃该样品，并查找原因。

2.3.1.2　电感耦合等离子体原子发射光谱法(ICP－AES)

1.编制依据

本方法依据《固体废物　22种金属元素的测定　电感耦合等离子体原子发射光谱法》(HJ 781—2016)编制。

2.适用范围

本方法规定了土壤中金属元素的电感耦合等离子体原子发射光谱法。

本方法适用于土壤中镉(Cd)、铬(Cr)、铜(Cu)、镍(Ni)、铅(Pb)、锌(Zn)等金属元素的测定。

称样量为0.25 g，消解后定容体积为25.0 mL时，本方法中各元素的检出限及测定下限见表2-4。

表2-4　元素的检出限及测定下限　(单位:mg/kg)

元素	检出限	测定下限	元素	检出限	测定下限
Cd	0.1	0.4	Ni	0.4	1.6
Cr	0.5	2.0	Pb	1.4	5.6
Cu	0.4	1.6	Zn	1.2	4.8

3.方法原理

土壤样品经酸消解后，进入等离子体发射光谱仪的雾化器中被雾化，由氩气载气带入等离子体火炬中，目标元素在等离子体火炬中被气化、电离、激发并辐射出特征谱线。特征光谱的强度与试样中待测元素的含量在一定范围内呈正比。

4.干扰和消除

1)光谱干扰

光谱干扰主要包括了连续背景和谱线重叠干扰，校正光谱干扰常用的方法是背景扣除法(根据单元素试验确定扣除背景的位置和方式)及干扰系数法，也可以在混合标准溶液中采用基体匹配的方法消除其影响。当存在单元素干扰时，可按如下公式求得干扰系数：

$$K_t = \frac{Q' - Q}{Q_t} \tag{2-2}$$

式中　K_t——干扰系数；

Q'——在分析元素波长位置测得的含量；

Q——分析元素的含量；

Q_t——干扰元素的含量。

通过配制一系列已知干扰元素含量的溶液，在分析元素波长的位置测定其Q'，根据公式求出K_t，然后进行人工扣除或计算机自动扣除。目标元素测定波长及元素间干扰见表2-5，目标元素测定波长、干扰元素及干扰系数见表2-6，注意不同仪器测定的干扰系数会有区别。

表2-5 目标元素测定波长及元素间干扰

测定元素	测定波长(nm)	干扰元素	测定元素	测定波长(nm)	干扰元素
镉 Cd	214.438	铁	锌 Zn	202.548	钴、镁
	226.502	铁、镍、钛、铈、钾、钴		206.200	镍、镧、铋
	228.806	砷、钴、钪		213.856	铜、铁、钛、镍
铅 Pb	220.353	铁、铝、钛、钴、铈、铜、镍、铋	铜 Cu	324.754、327.396	铁、铝、钛、钼
铬 Cr	202.550	铁、钼	镍 Ni	231.604	铁、钴
	205.552	铍、钼、镍		221.647	钨
	267.716	锰、钒、镁			
	283.563	铁、钼			
	357.869	铁			

表2-6 目标元素测定波长、干扰元素及干扰系数

测定元素及波长(nm)	干扰元素及干扰系数	测定元素及波长(nm)	干扰元素及干扰系数
镍231.604	铁0.000 058	铬283.563	铁0.001 234
铅220.353	铁0.000 041、铝0.000 193、钛0.000 043	铜324.754	铁0.000 039、铝0.000 575
锌213.856	铜0.004 23	锑206.833	铁0.000 182

2)非光谱干扰

非光谱干扰主要包括化学干扰、电离干扰、物理干扰以及去溶剂干扰等。在实际分析过程中各类干扰很难截然分开。是否予以补偿和校正,与样品中干扰元素的浓度有关。此外,物理干扰一般由样品的黏滞程度及表面张力变化导致,尤其是当样品中含有大量可溶盐或样品酸度过高时,都会对测定产生干扰。消除此类干扰的最简单方法是将样品稀释及采用标准加入法。

5. 试剂和材料

(1)硫酸(H_2SO_4,$\rho=1.84$ g/mL):优级纯。

(2)硝酸(HNO_3,$\rho=1.42$ g/mL):优级纯。

(3)盐酸(HCl,$\rho=1.19$ g/mL):优级纯。

(4)氢氟酸(HF,$\rho=1.49$ g/mL):优级纯。

(5)高氯酸($HClO_4$,$\rho=1.76$ g/mL):优级纯。

(6)过氧化氢(H_2O_2,$\varphi=30\%$):优级纯。

(7)硝酸溶液(1+1,V/V):用硝酸配制。

(8)1%硝酸溶液(1+99,V/V):用硝酸配制。

(9)盐酸溶液(1+1,V/V):用盐酸配制。

(10)单元素标准储备液($\rho=1\ 000$ mg/L):可用高纯度的金属(纯度大于99.99%)或金属盐类(基准或高纯试剂)配制成1 000 mg/L含1%硝酸的标准储备液。也可购买市

售有证标准溶液。单元素标准使用液:分取上述单元素标准储备液(ρ=1 000 mg/L)稀释配制。稀释时补加一定量的硝酸溶液(1+1),使标准使用液的硝酸含量为1%。

(11)多元素混合标准溶液:根据元素间相互干扰的情况与标准溶液的性质分组制备,其浓度应根据分析样品及待测项目而定,标准溶液的酸度尽量保持与待测样品溶液的酸度一致,均为1%硝酸。多元素混合溶液分组情况为 Cr、Cu、Ni、Pb、Zn 一组,Cd 单独配置。

(12)氩气(纯度不低于99.99%)。

6. 仪器和设备

(1)电感耦合等离子原子发射光谱仪。

(2)微波消解仪:具有程序温控功能,最大功率范围600~1 500 W。

(3)温控电热板:控制精度±2.5 ℃。

(4)分析天平:精度±0.000 1 g。

(5)聚四氟乙烯坩埚:50 mL。

(6)一般实验室常用仪器。

7. 分析步骤

1)试液的制备

(1)封闭酸溶消解法。

称取0.1~0.5 g(准确到0.1 mg)经风干、研磨至粒径小于0.149 mm(100目)的土壤样品,于内套聚四氟乙烯内罐(体积为50 mL)中,加入少许水润湿试样,再加入硝酸10 mL、氢氟酸5 mL,摇匀后将坩埚放入不锈钢套筒中,拧紧,放在180 ℃的烘箱中分解8 h。冷却至室温后取出,取出聚四氟乙烯内罐,加入1~2 mL高氯酸,置于电热板上,在100~120 ℃加热除硅,待坩埚内剩下2~3 mL溶液时,调高温度至170 ℃,蒸至冒浓白烟后再缓缓蒸至近干,取下坩埚稍冷,加入2 mL盐酸溶液(1+1)温热溶解残渣,冷却后用1%硝酸定容至50 mL(最终体积依待测成分的含量而定),摇匀,待测。

(2)微波消解法。

准确称取0.1~0.5 g(准确至0.000 1 g)经风干、研磨至粒径小于0.149 mm(100目)的土壤样品,置于微波消解罐中,用少量水润湿后加入2 mL盐酸和9 mL硝酸、3 mL氢氟酸和1 mL双氧水,按照表2-7的升温程序进行消解。微波消解后样品需冷却至少15 min后取出,用少量实验室用水将微波消解罐中全部内容物转移至50 mL聚四氟乙烯坩埚中,置于电热板上加热至160~180 ℃,驱赶至白烟冒尽,且内容物呈黏稠状。取下坩埚稍冷,加入2 mL硝酸溶液(1+1)温热溶解残渣,冷却至室温后转移至25 mL容量瓶中,用1%硝酸溶液定容至50 mL。混匀,待测。

表2-7 微波消解参考升温程序

升温时间(min)	消解温度(℃)	保持时间(min)
5	室温至120	3
3	120~160	3
3	160~180	10

(3)其他消解方法。

通过验证能满足本方法的质量控制和质量保证要求,可以使用电热板消解法、全自动消解仪法等其他消解方法。

(4)消解注意事项。

由于土壤种类较多,所含有机质差异较大,在消解时,要注意观察,各种酸的用量可视消解情况酌情增减。土壤消解液应呈白色或淡黄色(含铁量高的土壤),没有明显沉淀物存在。电热板温度不宜太高,否则会使聚四氟乙烯坩埚变形。

2)空白溶液的制备

不加样品,按与试样消解相同步骤和条件进行处理,制备空白溶液。

3)仪器参考测量条件

不同型号的仪器最佳测试条件不同,可根据仪器使用说明书进行选择。点燃等离子体后,按照厂家提供的工作参数进行设定,待仪器预热至各项指标稳定后开始进行测量。表 2-8 为仪器参考测量条件。

表 2-8　仪器参考测量条件

高频功率(kW)	反射功率(W)	载气流量(L/min)	蠕动泵转速(r/min)	流速(mL/min)	测定时间(s)
1.0～1.6	<5	1.0～1.5	100～120	0.2～2.5	1～20

4)校准曲线的绘制

依次配制一系列待测元素的标准溶液,可根据实际样品待测元素浓度情况调整校准曲线的浓度范围。分别移取一定体积的多元素混合标准溶液用硝酸溶液配制系列标准曲线,参考浓度见表 2-9。将标准溶液由低浓度到高浓度依次导入电感耦合等离子体发射光谱仪,按照仪器参考测量条件测量发射强度。以目标元素系列质量浓度为横坐标,发射强度值为纵坐标,建立目标元素的校准曲线。

表 2-9　标准系列溶液参考浓度　(单位:mg/L)

元素	浓度 1	浓度 2	浓度 3	浓度 4	浓度 5	浓度 6
镉(Cd)	0.00	0.20	0.40	0.60	0.80	1.00
铬(Cr)、铜(Cu)、镍(Ni)、铅(Pb)、锌(Zn)	0.00	1.00	2.00	3.00	4.00	5.00

5)样品测定

分析前,用 1% 硝酸溶液冲洗系统直到空白强度值降至最低,待分析信号稳定后,在与建立校准曲线相同的条件下分析试样。在试样测定过程中,若待测元素浓度超出校准曲线范围,试样需稀释后重新测定。按照与试样测定相同的操作步骤测定空白试样。

8. 结果计算与表示

土壤中待测金属元素的含量 ω(mg/kg)按下式进行计算:

$$\omega = \frac{(\rho - \rho_0) \times V}{m \times \omega_{dm}} \tag{2-3}$$

式中 ω——土壤中待测金属元素的含量，mg/kg；

ρ——由校准曲线计算测定试样中待测金属元素的浓度，mg/L；

ρ_0——空白试样中待测金属元素的浓度，mg/L；

V——消解后试样的定容体积，mL；

m——样品的称取量，g；

ω_{dm}——土壤样品干物质的含量（%）。

测定结果小数位数与方法检出限保持一致，最多保留三位有效数字。

9. 质量保证和质量控制

1）空白试验

每批样品至少做一个实验室空白，所测元素的空白值不得超过方法测定下限。若超出则须查找原因，重新分析直至合格之后才能分析样品。

2）校准

每批样品分析均须绘制校准曲线，校准曲线的相关系数应为 0.995。每分析 50 个样品须用一个校准曲线的中间浓度点浓度标准溶液进行校准核查，其测定结果与最近一次校准曲线该点浓度的相对偏差应小于等于 10%，否则应重新绘制校准曲线。

3）精密度

采用平行双样测定，每 10 个样品做一个平行双样，样品数量少于 10 个时，应至少测定一个平行双样，各元素测定结果的实验室内相对标准偏差应不大于 35%。

4）准确度

采用有证标准物质。对实际样品进行全量测定时，每批样品需带有证标准物质，其测定结果应在给出的不确定度范围内。

10. 注意事项

（1）实验中使用的坩埚和玻璃容器均需用硝酸溶液（1 + 1）浸泡 12 h 以上，用自来水和实验用水依次冲洗干净，置于干净的环境中晾干。新使用或疑似受污染的容器，应用热盐酸溶液（1 + 1）浸泡（温度高于 80 ℃，低于沸腾温度）2 h 以上，并用热硝酸溶液（1 + 1）浸泡 2 h 以上，用自来水和实验室用水依次冲洗干净，置于干净的环境中晾干。

（2）仪器点火后，应预热 30 min 以上，以防波长漂移。

（3）含量较低的元素，可适当增加样品称取量或减少定容体积，也可将消解液浓缩后测定。

2.3.1.3 石墨炉原子吸收分光光度法

1. 编制依据

本方法依据《土壤质量　铅、镉的测定　石墨炉原子吸收分光光度法》（GB/T 17141—1997）编制。

2. 适用范围

本方法规定了测定土壤中铅、镉的石墨炉原子吸收分光光度法。本方法的检出限（按称取 0.5 g 试样消解定容至 50 mL 计算）为：铅 0.1 mg/kg、镉 0.01 mg/kg。使用塞曼法、自吸收法和氘灯法扣除背景，并在磷酸氢二铵或氯化铵等基体改进剂存在下，直接测定试液中痕量铅、镉，未见干扰。

3. 方法原理

采用盐酸 - 硝酸 - 氢氟酸 - 高氯酸全分解的方法，彻底破坏土壤的矿物晶格，使试样中的待测元素全部进入试液中。然后，将试液注入石墨炉中。经过预先设定的干燥、灰化、原子化等升温程序使共存基体成分蒸发除去，同时在原子化阶段的高温下，铅、镉化合物离解为基态原子蒸汽，并对空心阴极灯发射的特征谱线产生选择性吸收。在选择的最佳测定条件下，通过背景扣除，测定铅、镉的吸光度。

4. 试剂和材料

本方法所用试剂除另有说明外，分析时均适用符合国家标准的分析纯试剂和去离子水或同等纯度的水。

(1) 盐酸(HCl, ρ = 1.19 g/mL)：优级纯。

(2) 硝酸(HNO_3, ρ = 1.42 g/mL)：优级纯。

(3) 硝酸溶液：(1 + 5, V/V)。

(4) 硝酸溶液：(0.2%, V/V)。

(5) 氢氟酸(HF, ρ = 1.49 g/mL)。

(6) 高氯酸($HClO_4$, ρ = 1.68 g/mL)：优级纯。

(7) 磷酸氢二铵[$(NH_4)_2HPO_4$，优级纯]水溶液，质量分数为 5%。

(8) 铅标准储备液(ρ = 500 mg/L)：准确称取 0.500 0 g(精确至 0.000 2 g)光谱纯金属铅于 50 mL 烧杯中，加入 20 mL 硝酸溶液(1 + 5)，微热溶解，冷却后转移至 1 000 mL 容量瓶中，用水定容至标线，摇匀。

(9) 镉标准储备液(ρ = 500 mg/L)：准确称取 0.500 0 g(精确至 0.000 2 g)光谱纯金属镉粒于 50 mL 烧杯中，加入 20 mL 硝酸溶液(1 + 5)，微热溶解，冷却后转移至 1 000 mL 容量瓶中，用水定容至标线，摇匀。

(10) 铅、镉混合标准使用液(铅 250 μg/L，镉 50 μg/L)：用 0.2% 硝酸溶液逐级稀释铅(ρ = 500 mg/L)、镉(ρ = 500 mg/L)标准储备液配制。

5. 样品制备

将采集的土壤样品(一般不少于 500 g)混匀后用四分法缩分至约 100 g。缩分后的土样经风干(自然风干或冷冻干燥)后，除去土样中石子和动植物残体等异物，用木棒或玛瑙棒研压，通过 2 mm 尼龙筛(除去 2 mm 以上的沙砾)，混匀。用玛瑙研钵将通过 2 mm 尼龙筛的土样研磨至全部通过孔径 0.149 mm(100 目)尼龙筛，混匀后备用。

6. 仪器和设备

(1) 一般实验室仪器。

(2) 石墨炉原子吸收分光光度计(带有背景扣除装置)。

(3) 铅空心阴极灯。

(4) 镉空心阴极灯。

(5) 温控电热板：控制精度 ±2.5 ℃。

(6) 氩气钢瓶。

(7) 10 μL 手动进样器。

(8) 仪器参数：不同型号仪器的最佳测定条件不同，可根据仪器使用说明书自行选择。通常本方法采用表 2-10 中的测量条件。

表 2-10 仪器测定条件

元素	铅	镉
测定波长(nm)	283.3	228.8
通带宽度(nm)	1.3	1.3
灯电流(mA)	7.5	7.5
干燥(℃/s)	80~100/20	80~100/20
灰化(℃/s)	700/20	500/20
原子化(℃/s)	2 000/5	1 500/5
清除(℃/s)	2 700/3	2 600/3
氩气流量(mL/min)	200	200
原子化阶段是否停气	是	是
送样量(μL)	10	10

7. 分析步骤

1) 试液的制备

制备过程:准确称取 0.1~0.3 g(精确至 0.000 2 g)试样于 50 mL 聚四氟乙烯坩埚中,用水润湿后加入 5 mL 盐酸,于通风橱内的电热板上低温加热,使样品初步分解,当蒸发至 2~3 mL 时,取下稍冷,然后加入 5 mL 硝酸、4 mL 氢氟酸、2 mL 高氯酸,加盖后于电热板上中温加热 1 h 后,然后开盖,继续加热除硅,为了达到良好的飞硅效果,应经常摇动坩埚。当加热至冒浓厚高氯酸白烟时,加盖,使黑色有机碳化物充分分解。待坩埚上的黑色有机物消失后,开盖驱赶高氯酸白烟并蒸至内容物呈黏稠状。视消解情况可再加入 2 mL 硝酸、2 mL 氢氟酸和 1 mL 高氯酸,重复上述消解过程。当白烟再次基本冒尽且坩埚内容物呈黏稠状时,取下稍冷,用水冲洗坩埚盖和内壁,并加入 1 mL 硝酸溶液(1+5)温热溶解残渣。然后将溶液转移至 25 mL 容量瓶中,加入 3 mL 磷酸氢二铵溶液(质量分数为 5%),冷却后定容,摇匀备测。

试液制备注意事项:由于土壤种类较多,所含有机质差异较大,在消解时,要注意观察,各种酸的用量可视消解情况酌情增减。土壤消解液应呈白色或淡黄色(含铁量高的土壤),没有明显沉淀物存在。电热板温度不宜太高,否则会使聚四氟乙烯坩埚变形。

2) 测定

按照仪器使用说明书调节仪器至最佳工作条件,测定试液的吸光度。

3) 空白试验

用水代替试样,采用和样品处理相同的步骤和试剂,制备全程序空白溶液,并按步骤进行测定。每批样品至少制备 2 个以上的空白溶液。

4）校准曲线

准确移取铅、镉混合标准使用液 0、0.50 mL、1.00 mL、2.00 mL、3.00 mL、5.00 mL，于 25 mL 容量瓶中。加入 3.0 mL 磷酸氢二铵溶液（质量分数为 5%），用硝酸溶液（体积分数为 0.2%）定容，该标准溶液含铅 0、5.0 μg/L、10.0 μg/L、20.0 μg/L、30.0 μg/L、50.0 μg/L，含镉 0、1.0 μg/L、2.0 μg/L、4.0 μg/L、6.0 μg/L、10.0 μg/L。按最佳工作条件由低到高浓度顺序测定标准溶液的吸光度。用减去空白的吸光度与相对应的元素含量（μg/L）分别绘制铅、镉的校准曲线。

8. 结果计算与表示

土壤样品中铅（Pb）、镉（Cd）的含量 ω（mg/kg）按下式计算：

$$\omega = \frac{c \times V}{m \times \omega_{dm}} \times 10^{-3} \tag{2-4}$$

式中 c——试液的吸光度减去空白试液的吸光度，在校准曲线上查得铅、镉的含量，μg/L；

V——试液定容的体积，mL；

m——称取土壤样品的质量，g；

ω_{dm}——土壤样品干物质的含量（%）。

9. 精密度和准确度

多个实验室用本方法分析 ESS 系列土壤标样中铅、镉的精密度和准确度见表 2-11。

表 2-11 方法的精密度和准确度

元素	实验室数	土壤标样	保证值（mg/kg）	总均值（mg/kg）	室内相对标准偏差（%）	室间相对标准偏差（%）	相对误差（%）
Pb	19	ESS－1	23.6±1.2	23.7	4.2	7.3	0.42
	21	ESS－3	33.3±1.3	33.7	3.9	8.6	1.2
Cd	25	ESS－1	0.083±0.011	0.080	3.6	6.2	－3.6
	28	ESS－3	0.044±0.014	0.045	4.1	8.4	2.3

2.3.1.4 火焰原子吸收分光光度法

1. 编制依据

本方法依据《土壤和沉积物 铜、锌、铅、镍、铬的测定 火焰原子吸收分光光度法》（HJ 491—2019）编制。

2. 适用范围

本方法适用于土壤和沉积物中铜、锌、铅、镍和铬的测定。

当取样量为 0.2 g、消解后定容体积为 25 mL 时，铜、锌、铅、镍和铬的方法检出限分别为 1 mg/kg、1 mg/kg、10 mg/kg、3 mg/kg 和 4 mg/kg，测定下限分别为 4 mg/kg、4 mg/kg、40 mg/kg、12 mg/kg 和 16 mg/kg。

3. 方法原理

土壤和沉积物经酸消解后，试样中铜、锌、铅、镍和铬在空气－乙炔火焰中原子化，其基态原子分别对铜、锌、铅、镍和铬的特征谱线产生选择性吸收，其吸收强度在一定范围内与铜、锌、铅、镍和铬的浓度成正比。

4. 干扰和消除

低于 1 000 mg/L 的铁对锌的测定无干扰。

低于 2 000 mg/L 的钾、钠、镁、铁、铝和低于 1 000 mg/L 的钙对铅的测定无干扰。

使用 232.0 nm 作测定镍的吸收线时，存在波长相近的镍三线光谱影响，选择 0.2 nm 的光谱通带可减少影响。

5. 试剂和材料

本方法所用试剂除非另有说明，分析时均适用符合国家标准的优级纯试剂，实验用水为新制备的去离子水。

(1)盐酸(HCl,ρ = 1.19 g/mL)。

(2)硝酸(HNO_3,ρ = 1.42 g/mL)。

(3)氢氟酸(HF,ρ = 1.49 g/mL)。

(4)高氯酸($HClO_4$,ρ = 1.68 g/mL):优级纯。

(5)金属铜:光谱纯。

(6)金属锌:光谱纯。

(7)金属铅:光谱纯。

(8)金属镍:光谱纯。

(9)金属铬:光谱纯。

(10)盐酸溶液:1 +1。

(11)硝酸溶液:1 +1。

(12)硝酸溶液:1 +99。

(13)铜标准储备液:ρ(Cu) = 1 000 mg/L。准确称取 1 g(精确到 0.1 mg)金属铜，用 30 mL 硝酸溶液(1 +1)加热溶解，冷却后用水定容至 1 L。储存于聚乙烯瓶中，4 ℃以下冷藏保存，有效期两年。也可直接购买市售有证标准溶液。

(14)锌标准储备液:ρ(Zn) = 1 000 mg/L。准确称取 1 g(精确到 0.1 mg)金属锌，用 40 mL 盐酸加热溶解，冷却后用水定容至 1 L。储存于聚乙烯瓶中，4 ℃以下冷藏保存，有效期两年。也可直接购买市售有证标准溶液。

(15)铅标准储备液:ρ(Pb) = 1 000 mg/L。准确称取 1 g(精确到 0.1 mg)金属铅，用 30 mL 硝酸溶液(1 +1)加热溶解，冷却后用水定容至 1 L。储存于聚乙烯瓶中，4 ℃以下冷藏保存，有效期两年。也可直接购买市售有证标准溶液。

(16)镍标准储备液:ρ(Ni) = 1 000 mg/L。准确称取 1 g(精确到 0.1 mg)金属镍，用 30 mL 硝酸溶液(1 +1)加热溶解，冷却后用水定容至 1 L。储存于聚乙烯瓶中，4 ℃以下冷藏保存，有效期两年。也可直接购买市售有证标准溶液。

(17)铬标准储备液:ρ(Cr) = 1 000 mg/L。准确称取 1 g(精确到 0.1 mg)金属铬，用 30 mL 硝酸溶液(1 +1)加热溶解，冷却后用水定容至 1 L。储存于聚乙烯瓶中，4 ℃以下冷藏保存，有效期两年。也可直接购买市售有证标准溶液。

(18)铜标准使用液:ρ(Cu) = 100 mg/L。准确移取铜标准储备液[ρ(Cu) = 1 000 mg/L]10.00 mL 于 100 mL 容量瓶中，用硝酸溶液(1 +99)定容至标线，摇匀。储存于聚

乙烯瓶中,4 ℃以下冷藏保存,有效期 1 年。

(19)锌标准使用液[ρ(Zn) = 100 mg/L]:准确移取锌标准储备液[ρ(Zn) = 1 000 mg/L]10.00 mL 于 100 mL 容量瓶中,用硝酸溶液(1 +99)定容至标线,摇匀。储存于聚乙烯瓶中,4 ℃以下冷藏保存,有效期 1 年。

(20)铅标准使用液[ρ(Pb) = 100 mg/L]:准确移取铅标准储备液[ρ(Pb) = 1 000 mg/L]10.00 mL 于 100 mL 容量瓶中,用硝酸溶液(1 +99)定容至标线,摇匀。储存于聚乙烯瓶中,4 ℃以下冷藏保存,有效期 1 年。

(21)镍标准使用液[ρ(Ni) =100 mg/L]:准确移取镍标准储备液[ρ(Ni) =1 000 mg/L]10.00 mL 于 100 mL 容量瓶中,用硝酸溶液(1 +99)定容至标线,摇匀。储存于聚乙烯瓶中,4 ℃以下冷藏保存,有效期 1 年。

(22)铬标准使用液[ρ(Cr) =100 mg/L]:准确移取铬标准储备液[ρ(Cr) =1 000 mg/L]10.00 mL 于 100 mL 容量瓶中,用硝酸溶液(1 +99)定容至标线,摇匀。储存于聚乙烯瓶中,4 ℃以下冷藏保存,有效期 1 年。

(23)燃气:乙炔,纯度≥99.5%。

(24)助燃气:空气,进入燃烧器前应除去其中的水分、油和其他杂质。

6. 仪器和设备

(1)火焰原子吸收分光光度计。

(2)光源:铜、锌、铅、镍、铬元素锐线光源或连续光源。

(3)电热消解装置:温控电热板或石墨电热消解仪,温控精度 ±5 ℃。

(4)微波消解仪:功率 600 ~1 500 W,配备微波消解罐。

(5)聚四氟乙烯坩埚或聚四氟乙烯消解管:50 mL。

(6)分析天平:感量为 0.1 mg。

(7)一般实验室常用器皿和设备。

7. 样品

(1)样品的采集和保存:土壤样品按照 HJ/T 166 的相关要求进行采集和保存。

(2)样品的制备:除去样品中的异物(枝棒、叶片、石子等),按照 HJ/T 166 的要求,将采集的样品在实验室中风干、破碎、过筛,保存备用。

(3)水分的测定:土壤样品干物质含量按照 HJ/T 166 测定。

(4)试样制备。

①电热板消解法:准确称取 0.2 ~0.3 g(准确至 0.1 mg)样品于 50 mL 聚四氟乙烯坩埚中,用水润湿后加入 10 mL 盐酸,于通风橱内的电热板上 90 ~100 ℃加热,使样品初步分解,待消解液蒸发至剩 3 mL 左右时,加入 9 mL 硝酸,加盖加热至无明显颗粒,加入5 ~8 mL 氢氟酸,开盖,于 150 ℃加热飞硅 30 min,稍冷,加入 1 mL 高氯酸,于 150 ~170 ℃加热至冒白烟,加热时应经常摇动坩埚。若坩埚壁上有黑色碳化物,加入 1 mL 高氯酸加盖继续加热至黑色碳化物消失;再开盖,加热赶酸至内容物呈不流动的液球状(趁热观察)。加入 3 mL 硝酸溶液(1 +99),温热溶解可溶性残渣,全量转移至 25 mL 容量瓶中,用硝酸溶液(1 +99)定容至标线,摇匀,保存于聚四氟乙烯瓶中,静置,取上清液待测。于 30 d 内完成分析。

②石墨电热消解法：准确称取0.2～0.3 g(准确至0.1 mg)样品于50 mL聚四氟乙烯消解管中，用水润湿后加入5 mL盐酸，于通风橱内石墨电热消解仪上100 ℃加热45 min，加入9 mL硝酸加热30 min，加入5 mL氢氟酸加热30 min，稍冷，加入1 mL高氯酸，加盖120 ℃加热3 h；开盖，于150 ℃加热至冒白烟，加热时需摇动消解管。若消解管内壁上有黑色碳化物，加入0.5 mL高氯酸加盖继续加热至黑色碳化物消失，开盖，160 ℃加热赶酸至内容物呈不流动的液球状(趁热观察)。加入3 mL硝酸溶液(1+99)，温热溶解可溶性残渣，全量转移至25 mL容量瓶中，用硝酸溶液(1+99)定容至标线，摇匀，保存于聚四氟乙烯瓶中，静置，取上清液待测。于30 d内完成分析。(注1：土壤样品种类复杂，基体差异较大，在消解时视消解情况，可适当补加硝酸、高氯酸等酸，调整消解温度和时间等条件；注2：石墨电热消解法也可参考仪器推荐的消解程序，方法性能须满足本方法要求；注3：视样品情况，试样定容体积可适当调整。)

③微波消解法：准确称取0.2～0.3 g(准确至0.1 mg)样品于消解罐中，用水润湿后加入3 mL盐酸、6 mL硝酸、2 mL氢氟酸，按照HJ 832消解方法一消解样品。试样定容后，保存于聚四氟乙烯瓶中，静置，取上清液待测。于30 d内完成分析。

(5)空白试样的制备：不称取样品，按照与试样制备相同的步骤进行空白试样的制备。

8. 分析步骤

1)仪器测量条件

根据仪器操作说明书调节仪器至最佳工作状态。仪器参考测量条件见表2-12。

表2-12　仪器参考测量条件

元素	铜	锌	铅	镍	铬
光源	锐线光源(铜空心阴极灯)	锐线光源(锌空心阴极灯)	锐线光源(铅空心阴极灯)	锐线光源(镍空心阴极灯)	锐线光源(铬空心阴极灯)
灯电流(mA)	5.0	5.0	8.0	4.0	9.0
测定波长(nm)	324.7	213.0	283.3	232.0	357.9
通带宽度(nm)	0.5	1.0	0.5	0.2	0.2
火焰类型	中性	中性	中性	中性	还原性

注：测定铬时，应调节燃烧器高度，使光斑通过火焰的亮蓝色部分。

2)标准曲线的建立

取100 mL容量瓶，按表2-13用硝酸溶液(1+99)分别稀释各元素标准使用液，配置成标准系列。

按照最佳仪器条件，用标准曲线零浓度点调节仪器零点，由低浓度到高浓度依次测定标准系列的吸光度，以各元素标准系列质量浓度为横坐标，相应的吸光度为纵坐标，建立标准曲线。

表 2-13　各元素标准系列

元素	标准系列					
铜	0.00	0.10	0.50	1.00	3.00	5.00
锌	0.00	0.10	0.20	0.30	0.50	0.80
铅	0.00	0.50	1.00	5.00	8.00	10.0
镍	0.00	0.10	0.50	1.00	3.00	5.00
铬	0.00	0.10	0.50	1.00	3.00	5.00

注：可根据仪器灵敏度或试样的浓度调整标准系列范围，至少配置 6 个浓度点（含零浓度点）。

3）试样测定

按照与标准曲线的建立相同的仪器条件进行试样的测定。

4）空白试验

按照与试样测定相同的仪器条件进行空白试样的测定。

9. 结果计算与表示

土壤中铜、锌、铅、镍、铬的质量分数 ω_i（mg/kg）按下式计算：

$$\omega_i = \frac{(\rho_i - \rho_{0i}) \times V}{m \times \omega_{dm}} \tag{2-5}$$

式中　ω_i——土壤中元素的质量分数，mg/kg；

ρ_i——试样中元素的质量浓度，mg/L；

ρ_{0i}——空白试样中元素的质量浓度，mg/L；

V——消解后试样的定容体积，mL；

m——土壤样品的称样量，g；

ω_{dm}——土壤样品的干物质含量（%）。

当测定结果小于 100 mg/kg 时，结果保留至整数位；当测定结果大于或等于 100 mg/kg 时，结果保留三位有效数字。

10. 精密度与准确度

1）精密度

六家实验室对不同类型的土壤和沉积物统一样品进行了测定，方法的重复性限和再现性限等精密度数据见表 2-14。

表 2-14　土壤和沉积物方法精密度汇总数据

元素	样品类型	测定均值	实验室内相对标准偏差（%）	实验室间相对标准偏差（%）	重复性限（mg/kg）	再现性限（mg/kg）
铜	黄壤	22	1.4～4.0	3.7	2	3
	棕壤	106	1.6～3.9	2.3	8	10
	河流沉积物	16	1.1～6.7	4.0	2	3
	湖泊沉积物	63	1.0～3.0	3.0	4	7

续表 2-14

元素	样品类型	测定均值	实验室内相对标准偏差(%)	实验室间相对标准偏差(%)	重复性限(mg/kg)	再现性限(mg/kg)
锌	黄壤	49	1.0~3.5	3.2	4	6
	棕壤	165	1.1~3.6	4.7	11	24
	河流沉积物	61	1.1~3.8	4.0	5	8
	湖泊沉积物	190	1.3~4.5	4.3	15	27
铅	黄壤	102	1.8~4.7	1.3	48	49
	棕壤	561	0.7~3.1	2.0	6	8
	河流沉积物	116	2.9~6.5	5.4	16	23
	湖泊沉积物	152	2.1~6.4	3.1	16	20
镍	黄壤	24	1.8~7.0	3.4	3	4
	棕壤	35	1.9~4.0	2.9	3	4
	河流沉积物	20	2.2~8.1	4.2	3	4
	湖泊沉积物	36	2.1~6.7	3.7	4	6
铬	黄壤	68	1.6~8.2	4.5	10	12
	棕壤	82	1.5~8.8	5.5	10	16
	河流沉积物	60	2.3~4.5	4.1	6	9
	湖泊沉积物	82	2.0~6.1	6.8	9	18

2)准确度

六家实验室对土壤和沉积物有证标准样品进行了测定,方法准确度汇总数据见表2-15。六家实验室对土壤和沉积物的统一样品进行了加标回收测定,方法加标回收率汇总数据见表2-16。

表 2-15　土壤和沉积物方法准确度汇总数据

元素	标样信息	保证值(mg/kg)	测定平均值(mg/kg)	相对误差范围(%)	相对误差均值(%)	相对误差标准偏差(%)	相对误差终值(%)
铜	GSS-12	29±1	29	-2.4~2.2	-0.7	1.7	-0.7±3.4
	GSS-5	144±6	144	-2.8~3.5	0.1	2.2	0.1±4.4
	GSS-9	25±3	24	-4.4~0.4	-2.7	1.8	-2.7±3.6
	GSD-5a	118±4	117	-2.5~1.6	-1.1	1.7	-1.1±3.4

续表 2-15

元素	标样信息	保证值（mg/kg）	测定平均值（mg/kg）	相对误差范围（%）	相对误差均值（%）	相对误差标准偏差（%）	相对误差终值（%）
锌	GSS－12	78±5	77	－4.9～4.9	－1.3	3.5	－1.3±7.0
	GSS－5	494±25	498	－4.6～4.0	0.9	3.0	0.9±6.0
	GSS－9	61±5	60	－5.7～6.6	－1.3	4.4	－1.3±8.8
	GSD－5a	263±5	263	－0.8～1.1	0.0	1.0	0.0±2.0
铅	GSS－5	552±29	561	－0.5～3.0	1.7	1.4	1.7±2.8
	GSD－5a	102±4	102	－1.9～2.9	0.3	2.1	0.3±4.2
镍	GSS－12	32±1	32	－2.9～1.2	－1.4	1.5	－1.4±3.0
	GSS－5	40±4	38	－8.9～6.0	－4.1	5.8	－4.1±11.6
	GSS－9	33±3	32	－8.0～6.1	－1.5	5.5	－1.5±11.0
	GSD－5a	31±1	31	－2.2～2.8	－0.6	1.5	－0.6±3.0
铬	GSS－12	59±2	59	－2.2～2.8	0.4	2.0	0.4±4.0
	GSS－5	118±7	115	－4.2～－0.8	－2.6	1.3	－2.6±2.6
	GSS－9	75±5	73	－4.5～0.4	－2.3	2.0	－2.3±4.0
	GSD－5a	68±2	66	－2.1～2.4	－0.3	1.9	－0.3±3.8

注：土壤标准样品编号 GBW 07426（GSS－12）、GBW 07405（GSS－5）；沉积物标准样品编号 GBW 07423（GSS－9）、GBW 07305a（GSD－5a）。

表 2-16　土壤和沉积物方法加标回收率汇总数据

元素	标样信息	实际样品平均值（mg/kg）	加标量（mg/kg）	回收率范围（%）	回收率均值（%）	回收率标准偏差（%）	回收率终值（%）
铜	黄壤	22	17	88.9～105	96.9	6.2	96.9±12.4
		22	42	92.7～98.5	95.5	2.1	95.5±4.2
	河流沉积物	16	17	87.4～100	94.3	4.5	94.3±9.0
		16	42	91.1～102	96.0	4.5	96.0±9.0
锌	黄壤	49	17	90.5～108	98.1	6.9	98.1±13.8
		49	42	86.7～104	95.4	6.3	95.4±12.6
	河流沉积物	61	17	88.7～102	96.2	4.9	96.2±9.8
		61	42	90.0～109	98.4	7.1	98.4±14.2

续表 2-16

元素	标样信息	实际样品平均值(mg/kg)	加标量(mg/kg)	回收率范围(%)	回收率均值(%)	回收率标准偏差(%)	回收率终值(%)
铅	棕壤	116	17	90.3~104	97.5	5.1	97.5±10.2
		116	42	94.1~99.8	97.5	2.6	97.5±5.2
	河流沉积物	152	17	87.2~106	92.8	4.1	92.8±8.2
		152	42	84.7~101	92.5	6.3	92.5±12.6
镍	黄壤	24	17	87.6~100	95.9	5.2	95.9±10.4
		24	42	93.6~100	97.6	2.5	97.6±5.0
	河流沉积物	20	17	91.5~101	97.7	3.5	97.7±7.0
		20	42	84.9~104	95.0	6.8	95.0±13.6
铬	黄壤	68	17	89.2~105	96.9	5.7	96.9±11.4
		68	42	90.8~104	96.1	4.8	96.1±9.6
	河流沉积物	60	17	92.0~102	98.5	3.8	98.5±7.6
		60	42	88.8~109	96.2	9.8	96.2±19.6

11. 质量保证和质量控制

(1)每批样品至少做两个实验室空白,空白中锌的测定结果应低于测定下限,其余元素的测定结果应低于方法检出限。

(2)每次分析应建立标准曲线,其相关系数应≥0.999。

(3)每20个样品或每批次(少于20个样品/批)分析结束后,需进行标准系列零浓度点和中间浓度点核查。零浓度点测定结果应低于方法检出限,中间浓度点测定值与标准值的相对误差应在±10%以内。

(4)每20个样品或每批次(少于20个样品/批)应分析一个平行样,平行样测定结果偏差应≤20%。

(5)每20个样品或每批次(少于20个样品/批)应同时测定一个有证标准样品,其测定结果与保证值的相对误差应在±15%以内;或20个样品或每批次(少于20个样品/批)应分析一个基体加标样品,加标回收率应为80%~120%。

12. 废物处理

实验中产生的废物应分类收集,并做好相应标识,委托有资质的单位进行处理。

13. 注意事项

(1)样品消解时应注意各种酸的加入顺序。

(2)空白试样制备时的加酸量要与试样制备时的加酸量保持一致。

(3)若样品基体复杂,可适当提高试样酸度,同时应注意标准曲线的酸度与试样酸度保持一致。

(4)对于基体复杂的土壤样品,测定时需要采用仪器背景校正功能。

2.3.2 土壤中总镉的测定

2.3.2.1 电感耦合等离子体质谱法(ICP－MS)

同2.3.1.1。

2.3.2.2 石墨炉原子吸收分光光度法

同2.3.1.3。

2.3.3 土壤中总铬的测定

2.3.3.1 电感耦合等离子体发射光谱法(ICP－AES)

同2.3.1.2。

2.3.3.2 电感耦合等离子体质谱法(ICP－MS)

同2.3.1.1。

2.3.3.3 火焰原子吸收分光光度法

同2.3.1.4。

2.3.4 土壤中总汞的测定(原子荧光法)

2.3.4.1 编制依据

本方法依据《土壤质量 总汞、总砷、总铅的测定 原子荧光法 第1部分:土壤中总汞的测定》(GB/T 22105.1—2008)编制。

2.3.4.2 适用范围

本方法规定了土壤中总汞的原子荧光光谱测定方法。

本方法适用于土壤中总汞的测定。

当称取0.500 0 g试样消解定容至50 mL时,方法检出限为0.002 mg/kg。

2.3.4.3 方法原理

采用硝酸－盐酸混合试剂在沸水浴中加热消解土壤试样,再用硼氢化钾(KBH_4)或硼氢化钠($NaBH_4$)将样品中所含汞还原成原子态汞,由载气(氩气)导入原子化器中,在特制汞空心阴极灯照射下,基态汞原子被激发至高能态,在去活化回到基态时,发射出特征波长的荧光,其荧光强度与汞的含量成正比。与标准系列比较,求得样品中汞的含量。

2.3.4.4 试剂和材料

本部分所用试剂除另有说明外,均为分析纯试剂,试验用水为去离子水。

(1)盐酸($HCl, \rho=1.19$ g/mL):优级纯。

(2)硝酸($HNO_3, \rho=1.42$ g/mL):优级纯。

(3)硫酸($H_2SO_4, \rho=1.84$ g/mL):优级纯。

(4)氢氧化钾(KOH):优级纯。

(5)硼氢化钾(KBH_4):优级纯。

(6)重铬酸钾($K_2Cr_2O_7$):优级纯。

(7)氯化汞($HgCl_2$):优级纯。

(8)硝酸 - 盐酸混合试剂[(1 + 1)王水]:取 1 份硝酸与 3 份盐酸混合,然后用去离子水稀释一倍。

(9)还原剂[0.01% 硼氢化钾(KBH_4) + 0.2% 氢氧化钾(KOH)溶液]:称取 0.2 g 氢氧化钾(优级纯)放入烧杯中,用少量水溶解,称取 0.01 g 硼氢化钾(优级纯)放入氢氧化钾溶液中,用水稀释至 100 mL,此溶液现用现配。

(10)载液[(1 + 19)硝酸溶液]:量取 25 mL 硝酸,缓缓倒入放有少量去离子水的 500 mL 容量瓶中,用去离子水定容至刻度,摇匀。

(11)保存液:称取 0.5 g 重铬酸钾(优级纯),用少量水溶解,加入 50 mL 硝酸(ρ = 1.42 g/mL),用水稀释至 1 000 mL,摇匀。

(12)稀释液:称取 0.2 g 重铬酸钾(优级纯),用少量水溶解,加入 28 mL 硫酸(ρ = 1.84 g/mL),用水稀释至 1 000 mL,摇匀。

(13)汞标准储备液:称取经干燥处理的 0.135 4 g 氯化汞(优级纯),用保存液[(1 + 1)王水]溶解后,转移至 1 000 mL 容量瓶中,再用保存液稀释至刻度,摇匀。此标准溶液汞的浓度为 100 mg/L(有条件的单位可以到国家认可的部门直接购买标准储备液)。

(14)汞标准中间溶液:吸取 10.00 mL 汞标准储备液注入 1 000 mL 容量瓶中,用保存液稀释至刻度,摇匀。此标准溶液汞的浓度为 1.00 mg/L。

(15)汞标准工作溶液:吸取 2.00 mL 汞标准中间溶液注入 100 mL 容量瓶中,用保存液稀释至刻度,摇匀。此标准溶液汞的浓度为 20.0 μg/L(现用现配)。

2.3.4.5　仪器和设备

(1)原子荧光光度计。

(2)汞空心阴极灯。

(3)水浴锅。

(4)一般实验室仪器。

2.3.4.6　分析步骤

(1)试样制备:称取 0.2 ~ 1.0 g(精确至 0.2 mg)经风干、研磨至粒径小于 0.149 mm(100 目)的土壤样品,于 50 mL 具塞比色管中,加少许水润湿样品,加入 10 mL(1 + 1)王水,加塞后摇匀,于沸水浴中消解 2 h,取出冷却,立即加入 10 mL 保存液,用稀释液稀释至刻度,摇匀后放置,取上清液待测。同时做空白试验。

(2)空白试验:采用与试样制备相同的试剂和步骤,制备全程序空白溶液。每批样品至少制备 2 个以上空白溶液。

(3)校准曲线:分别准确吸取 0、0.50 mL、1.00 mL、2.00 mL、3.00 mL、5.00 mL、10.00 mL 汞标准工作液置于 7 个 50 mL 容量瓶中,加入 10 mL 保存液,用稀释液稀释至刻度,摇匀,即得含汞量分别为 0、0.20 μg/L、0.40 μg/L、0.80 μg/L、1.20 μg/L、2.00 μg/L、4.00 μg/L 的标准系列溶液。此标准系列适用于一般样品的测定。

(4)仪器参考条件:不同型号仪器的最佳参数不同,可根据仪器使用说明书自行选择。表 2-17 列出了本部分通常采用的仪器参数。

表 2-17　仪器参数

负高压(V)	280	原子化器预加热温度(℃)	200
A 道灯电流(mA)	35	载气流量(mL/min)	300
B 道灯电流(mA)	0	屏蔽气流量(mL/min)	900
观测高度(mm)	8	测量方法	校准曲线
读数方式	峰面积	读数时间(s)	10
延迟时间(s)	1	测量重复次数	2

(5)测定:将仪器调至最佳工作条件,在还原剂和载液的带动下,测定标准系列各点的荧光强度(校准曲线是减去标准空白后的荧光强度对浓度绘制的校准曲线),然后测定样品空白、试样的荧光强度。

2.3.4.7　**结果计算与表示**

土壤样品总汞含量 ω 以质量分数计,数值以毫克每千克(mg/kg)表示,按下式计算:

$$\omega = \frac{(c - c_0) \times V}{m \times \omega_{dm} \times 1\ 000} \tag{2-6}$$

式中　c——从校准曲线上查得汞元素含量,μg/L;

c_0——试剂空白液测定浓度,μg/L;

V——样品消解后定容体积,mL;

m——试样质量,g;

ω_{dm}——土壤样品干物质的含量(%);

1 000——换算系数。

重复试验结果以算术平均值表示,保留三位有效数字。

2.3.4.8　**精密度和准确度**

测定土壤中总汞的相对误差绝对值不得超过 5%。在重复条件下,获得的两次独立测定结果的相对偏差不得超过 12%。

2.3.4.9　**注意事项**

(1)操作中要注意检查全程序的试剂空白,发现试剂或器皿玷污,应重新处理,严格筛选,并妥善保管,防止交叉污染。

(2)硝酸 - 盐酸消解体系不仅由于氧化能力强使样品中大量有机物得以分解,而且能提取各种无机形态的汞。而在盐酸存在的条件下,大量 Cl^- 与 Hg^{2+} 作用形成稳定的 $[HgCl_4]^{2-}$ 络离子,可抑制汞的吸附和挥发。但应避免使用沸腾的王水处理样品,以防止汞以氯化物的形式挥发而损失。样品中含有较多的有机物时,可适当增大硝酸 - 盐酸混合试剂的浓度和用量。

(3)由于环境因素的影响及仪器稳定性的限制,每批样品测定时须同时绘制校准曲线。若样品中汞含量太高,不能直接测量,应适当减少称样量,使试样含汞量保持在校准曲线的直线范围内。

(4)样品消解完毕,通常要加保存液并以稀释液定容,以防止汞的损失。样品试液宜尽早测定,一般情况下只允许保存 2 ~3 d。

2.3.5 土壤中总砷的测定(原子荧光法)

2.3.5.1 编制依据

本方法依据《土壤质量　总汞、总砷、总铅的测定　原子荧光法　第 2 部分:土壤中总砷的测定》(GB/T 22105.2—2008)编制。

2.3.5.2 适用范围

本方法规定了土壤中总砷的原子荧光测定方法。

本方法适用于土壤中总砷的测定。本方法检出限为 0.01 mg/kg。

2.3.5.3 方法原理

样品中的砷经加热消解后,加入硫脲使五价砷还原为三价砷,再加入硼氢化钾将其还原为砷化氢,由氩气导入石英原子化器进行原子化成为原子态砷,在特制砷空心阴极灯的发射光激发下产生原子荧光,产生的荧光强度与试样中被测元素含量成正比,与标准系列比较,求得样品中砷的含量。

2.3.5.4 试剂和材料

本部分所用试剂除另有说明外,均为分析纯试剂,试验用水为去离子水。

(1)盐酸(HCl,ρ = 1.19 g/mL):优级纯。

(2)硝酸(HNO_3,ρ = 1.42 g/mL):优级纯。

(3)氢氧化钾(KOH):优级纯。

(4)硼氢化钾(KBH_4):优级纯。

(5)硫脲(H_2NOSNH_2):分析纯。

(6)抗坏血酸($C_6H_3O_6$):分析纯。

(7)三氧化二砷(As_2O_3):优级纯。

(8)(1 +1)王水:取 1 份硝酸与 3 份盐酸混合,然后用去离子水稀释 1 倍。

(9)还原剂[1% 硼氢化钾(KBH_4) +0.2% 氢氧化钾(KOH)溶液]:称取 0.2 g 氢氧化钾(优级纯)放入烧杯中,用少量水溶解,称取 1.0 g 硼氢化钾(优级纯)放入氢氧化钾溶液中,溶解后用水稀释至 100 mL,此溶液用时现配。

(10)载液[(1 +9)盐酸溶液]:量取 50 mL 盐酸,加水定容至 500 mL,混匀。

(11)硫脲溶液(5%):称取 10 g 硫脲(分析纯),溶解于 200 mL 水中,摇匀。用时现配。

(12)抗坏血酸(5%):称取 10 g 抗坏血酸(分析纯),溶解于 200 mL 水中,摇匀。用时现配。

(13)砷标准储备液:称取 0.660 0 g 三氧化二砷(优级纯)(在 105 ℃烘 2 h)于烧杯中,加入 10 mL 10% 氢氧化钠溶液,加热溶解,冷却后移入 500 mL 容量瓶中,并用水稀释至刻度,摇匀。此溶液砷浓度为 1 000 mg/L(有条件的单位可以到国家认可的部门直接购买标准储备液)。

(14)砷标准中间溶液:吸取 10.00 mL 砷标准储备液(1 000 mg/L)注入 100 mL 容量瓶中,用(1 +9)盐酸溶液稀释至刻度,摇匀。此溶液砷的浓度为 100 mg/L。

(15)砷标准工作溶液:吸取1.00 mL砷标准中间溶液(100 mg/L)注入100 mL容量瓶中,用(1+9)盐酸溶液稀释至刻度,摇匀。此溶液砷的浓度为1.00 mg/L。

2.3.5.5 仪器和设备

(1)氢化物发生原子荧光光谱仪。

(2)砷空心阴极灯。

(3)水浴锅。

(4)一般实验室仪器。

2.3.5.6 分析步骤

1. 试液的制备

称取0.2~1.0 g(精确至0.2 mg)经风干、研磨至粒径小于0.149 mm(100目)的土壤样品于50 mL具塞比色管中,加少许水润湿样品,加入10 mL(1+1)王水,加塞后摇匀于沸水浴中消解2 h,中间摇动几次,取出冷却,用水稀释至刻度,摇匀后放置。吸取一定量的消解试液于50 mL比色管中,加3 mL盐酸、5 mL硫脲溶液(5%)、5 mL抗坏血酸溶液(5%),用水稀释至刻度,摇匀放置,取上清液待测。同时做空白试验。

2. 空白试验

采用与试液制备相同的试剂和步骤,制备全程序空白溶液。每批样品至少制备2个以上空白溶液。

3. 校准曲线

分别准确吸取0、0.50 mL、1.00 mL、1.50 mL、2.00 mL、4.00 mL砷标准工作溶液(1.00 mg/L)置于6个50 mL容量瓶中,分别加入5 mL盐酸、5 mL硫脲溶液(5%)、5 mL抗坏血酸溶液(5%),然后用水稀释至刻度,摇匀,即得含砷量分别为0、10.0 μg/L、20.0 μg/L、30.0 μg/L、40.0 μg/L、80.0 μg/L的标准系列溶液。此标准系列适用于一般样品的测定。

4. 仪器参考条件

不同型号仪器的最佳参数不同,可根据仪器使用说明书自行选择。表2-18列出了本部分通常采用的仪器参数。

表2-18 仪器参数

负高压(V)	300	原子化器预加热温度(℃)	200
A道灯电流(mA)	0	载气流量(mL/min)	400
B道灯电流(mA)	60	屏蔽气流量(mL/min)	1 000
观测高度(mm)	8	测量方法	校准曲线
读数方式	峰面积	读数时间(s)	10
延迟时间(s)	1	测量重复次数	2

5. 测定

将仪器调至最佳工作条件,在还原剂和载液的带动下,测定标准系列各点的荧光强度(校准曲线是减去标准空白后的荧光强度对浓度绘制的校准曲线),然后测定样品空白、试样的荧光强度。

2.3.5.7 **结果计算与表示**

土壤样品总砷含量 ω 以质量分数计,数值以毫克每千克(mg/kg)表示,按下式计算:

$$\omega = \frac{(c - c_0) \times V_2 \times V_{总} / V_1}{m \times \omega_{dm} \times 1\ 000} \tag{2-7}$$

式中 c——从校准曲线上查得砷元素含量,μg/L;

c_0——试剂空白液测定浓度,μg/L;

V_2——测定时分取样品溶液稀释定容体积,mL;

$V_{总}$——样品消解后定容体积,mL;

V_1——测定时分取样品消解液体积,mL;

m——试样质量,g;

ω_{dm}——土壤样品干物质的含量(%);

1 000——换算系数。

重复试验结果以算术平均值表示,保留三位有效数字。

2.3.5.8 **精密度和准确度**

测定土壤中总砷的相对误差绝对值不得超过5%。在重复条件下,获得的两次独立测定结果的相对偏差不得超过7%。

2.3.6 土壤中总镍的测定

2.3.6.1 **电感耦合等离子体发射光谱法(ICP-AES)**

同2.3.1.2。

2.3.6.2 **电感耦合等离子体质谱法(ICP-MS)**

同2.3.1.1。

2.3.6.3 **火焰原子吸收分光光度法**

同2.3.1.4。

2.3.7 土壤中总铜的测定

2.3.7.1 **电感耦合等离子体发射光谱法(ICP-AES)**

同2.3.1.2。

2.3.7.2 **电感耦合等离子体质谱法(ICP-MS)**

同2.3.1.1。

2.3.7.3 **火焰原子吸收分光光度法**

同2.3.1.4。

2.3.8 土壤中总锌的测定

2.3.8.1 **电感耦合等离子体发射光谱法(ICP-AES)**

同2.3.1.2。

2.3.8.2 **电感耦合等离子体质谱法(ICP-MS)**

同2.3.1.1。

2.3.8.3 火焰原子吸收分光光度法

同2.3.1.4。

2.3.9 土壤中pH的测定(玻璃电极法)

2.3.9.1 编制依据

本方法依据《土壤检测　第2部分:pH的测定》(NY/T 1121.2—2006)编制。

2.3.9.2 适用范围

本方法适用于各类土壤的pH测定。

2.3.9.3 方法原理

当把pH玻璃电极和甘汞电极浸入土壤悬浊液时,构成电池反应,两者之间产生一个电位差,由于参比电极和电位是固定的,因而该电位差的大小取决于试液中的氢离子活度,其负对数即为pH,在pH计上直接读出。

2.3.9.4 试剂和材料

(1)邻苯二甲酸氢钾。

(2)磷酸二氢钾。

(3)磷酸氢二钠。

(4)去除CO_2的蒸馏水:将水注入烧瓶中(水量不超过烧瓶体积的2/3),煮沸10 min,放置冷却,用装有碱石灰干燥管的橡皮塞塞紧。如制备10~20 L较大体积的不含二氧化碳的水,可插入一玻璃管到容器底部,通氮气到水中1~2 h,以除去被水吸收的二氧化碳。

(5)pH=4.01(25 ℃)标准缓冲溶液:称取10.21 g于110~120 ℃干燥2~3 h的邻苯二甲酸氢钾($C_6H_4CO_2HCO_2K$),溶于水,转移至1 L容量瓶中,用水稀释至刻度,混匀,储于塑料瓶。也可使用市售的pH标准缓冲溶液。

(6)pH=6.87(25 ℃)标准缓冲溶液:称取3.39 g于110~120 ℃烘干2~3 h的磷酸二氢钾(KH_2PO_4)和3.53 g磷酸氢二钠(Na_2HPO_4)溶于水,转移到1 L容量瓶中,用水稀释至刻度,混匀,储于塑料瓶。也可使用市售的pH标准缓冲溶液。

(7)pH=9.18(25 ℃)标准缓冲溶液:将硼砂($Na_2B_4O_7 \cdot 10H_2O$)放在盛有蔗糖和食盐饱和水溶液的干燥器内平衡48 h,称取3.80 g溶于无CO_2水中,转移到1 L容量瓶中,用水稀释至刻度,混匀,储于塑料瓶。也可使用市售的pH标准缓冲溶液。

2.3.9.5 仪器和设备

1.仪器校准

将仪器温度补偿器调节至与试液、标准缓冲溶液同一温度值。将电极插入pH=4.01的标准缓冲溶液中,调节仪器,使标准缓冲溶液的pH与仪器标示值一致。移出电极,用水冲洗,以滤纸吸干,插入pH=6.87的标准缓冲溶液中,检查仪器读数,两校准溶液之间允许绝对差值0.1pH单位。反复几次,直至仪器稳定。如超过规定允许差,则要检查仪器电极或标准缓冲溶液是否有问题。当仪器校准无误后,方可用于样品测定。

2.土壤水浸pH的测定

称取通过2 mm孔径筛的风干样品(10.0±0.1)g于50 mL的高型烧杯中,加无CO_2水25 mL(土液比为1:2.5),用搅拌器1 min,使土粒充分分散,放置30 min后进行测定。将电极插入试样悬液中(注意玻璃电极球泡下部位于土液界面处,甘汞电极插入上部清液)，轻轻转动烧杯以除去电极的水膜，促使快速平衡，静置片刻，按下读数开关，待读数稳定时记下 pH。放开读数开关，取出电极，以水洗净，用滤纸条吸干水分后即可进行下一个样品测定。每测 5 ~6 个样品需用标准缓冲溶液检查定位。

2.3.9.6　结果计算与表示

用酸度计测定 pH 时，可直接读取 pH，不需计算。

2.3.9.7　质量保证和质量控制

重复试验结果允许绝对差值：中性、酸性土壤 0.1pH 单位，碱性土壤 0.2pH 单位。

2.3.9.8　注意事项

(1)长时间存放不用的玻璃电极需要在水中浸泡 24 h，使之活化后才能使用。暂时不用的可浸泡在水中，长期不用时，要干燥保存。玻璃电极表面受到污染时，需进行处理。甘汞电极腔内要充满饱和氯化钾溶液，在室温下应该有少许氯化钾结晶存在，但氯化钾结晶不宜过多，以防堵塞电极与被测溶液的通路。玻璃电极的内电极与球泡之间、甘汞电极内电极和多孔陶瓷末端芯之间不得有气泡。

(2)电极在悬液中所处的位置对测定结果有影响，要求将甘汞电极插入上部清液中，尽量避免与泥浆接触。

(3)pH 读数时摇动烧杯会使读数偏低，要在摇动后稍加静止再读数。

(4)操作过程避免酸碱蒸汽侵入。

(5)温度影响电极电位和水的电离平衡，测定时，要用温度补偿器调节至与标准缓冲溶液、待测试液温度保持一致。标准缓冲溶液 pH 随温度稍有变化，校准仪器时可参照表 2-19。

表 2-19　不同温度下各标准缓冲溶液的 pH

温度(℃)	pH		
	标准缓冲溶液(pH = 4.01)	标准缓冲溶液(pH = 6.87)	标准缓冲溶液(pH = 9.18)
0	4.003	6.984	9.464
5	3.999	6.951	9.395
10	3.998	6.923	9.332
15	3.999	6.900	9.276
20	4.002	6.881	9.225
25	4.008	6.865	9.180
30	4.015	6.853	9.139
35	4.024	6.844	9.102
38	4.030	6.840	9.081
40	4.035	6.838	9.068
45	4.047	6.834	9.038

(6)在连续测量 pH >7.5 以上的样品后，建议将玻璃电极在 0.1 mol/L 盐酸溶液中浸泡一下，防止电极由碱引起的响应迟钝。

第3章　植株样品中重金属污染物的测定

3.1　植株样品的采集及制备

植株样品的采集主要参考《农药残留分析样本的采样方法》(NY/T 789—2004)规定执行。新鲜样品用均质机匀浆制备,然后冷冻保存。制备过程谨防交叉污染。

3.2　植株样品中重金属污染物的测定

3.2.1　植株中铅的测定

3.2.1.1　电感耦合等离子体质谱法

1. 编制依据

本方法依据《食品安全国家标准　食品中多元素的测定》(GB 5009.268—2016)第一法编制。

2. 适用范围

本方法规定了食品中多元素测定的电感耦合等离子体质谱法(ICP－MS)。

本方法适用于食品中硼、钠、镁、铝、钾、钙、钛、钒、铬、锰、铁、钴、镍、铜、锌、砷、硒、锶、钼、镉、锡、锑、钡、汞、铊、铅的测定。

3. 原理

试样经消解后,由电感耦合等离子体质谱仪测定,以元素特定质量数(质荷比,m/z)定性,采用外标法,以待测元素质谱信号与内标元素质谱信号的强度比与待测元素的浓度成正比进行定量分析。

4. 试剂和材料

除非另有说明,本方法所用试剂均为优级纯,水为GB/T 6682规定的一级水。

(1)硝酸(HNO_3):优级纯或更高纯度。

(2)氩气(Ar):氩气(≥99.995%)或液氩。

(3)氦气(He):氦气(≥99.995%)。

(4)金元素(Au)溶液(1 000 mg/L)。

(5)硝酸溶液(5＋95):取50 mL硝酸,缓慢加入950 mL水中,混匀。

(6)汞标准稳定剂:取2 mL金元素(Au)溶液,用硝酸溶液(5＋95)稀释至1 000 mL,用于汞标准溶液的配制。

注:汞标准稳定剂也可采用2 g/L半胱氨酸盐酸盐＋硝酸(5＋95)混合溶液,或其他等效稳定剂。

(7)元素储备液(1 000 mg/L 或 100 mg/L):铅、镉、砷、汞、硒、铬、锡、铜、铁、锰、锌、镍、铝、锑、钾、钠、钙、镁、硼、钡、锶、钼、铊、钛、钒和钴,采用经国家认证并授予标准物质证书的单元素或多元素标准储备液。

(8)内标元素储备液(1 000 mg/L):钪、锗、铟、铑、铼、铋等采用经国家认证并授予标准物质证书的单元素或多元素内标标准储备液。

(9)混合标准工作溶液:吸取适量单元素标准储备液或多元素混合标准储备液,用硝酸溶液(5 +95)逐级稀释配成混合标准工作溶液系列,各元素质量浓度见表 3-1。

(10)汞标准工作溶液:取适量汞储备液,用汞标准稳定剂逐级稀释配成标准工作溶液系列,其质量浓度见表 3-1。

注:依据样品消解溶液中元素质量浓度水平,适当调整标准系列中各元素质量浓度范围。

表 3-1　ICP – MS 方法中元素的标准溶液系列质量浓度

序号	元素	单位	标准溶液系列质量浓度					
			系列 1	系列 2	系列 3	系列 4	系列 5	系列 6
1	Cu	μg/L	0.00	10.0	50.0	100	300	500
2	Zn	μg/L	0.00	10.0	50.0	100	300	500
3	As	μg/L	0.00	1.00	5.00	10.0	30.0	50.0
4	Cd	μg/L	0.00	1.00	5.00	10.0	30.0	50.0
5	Pb	μg/L	0.00	1.00	5.00	10.0	30.0	50.0
6	Ni	μg/L	0.00	1.00	5.00	10.0	30.0	50.0
7	Cr	μg/L	0.00	1.00	5.00	10.0	30.0	50.0
8	Hg	μg/L	0.00	0.100	0.500	1.00	1.50	2.00

(11)内标使用液:取适量内标单元素储备液或内标多元素标准储备液,用硝酸溶液(5 +95)配制合适浓度的内标使用液。由于不同仪器采用的蠕动泵管内径有所不同,当在线加入内标时,需考虑使内标元素在样液中的浓度、样液混合后的内标元素参考浓度为 25 ~ 100 μg/L,低质量数元素可以适当提高使用液浓度。

注:内标溶液既可在配制混合标准工作溶液和样品消化液中手动定量加入,也可由仪器在线加入。

5. 仪器和设备

(1)电感耦合等离子体质谱仪(ICP – MS)。

(2)天平:感量为 0.1 mg 和 1 mg。

(3)微波消解仪:配有聚四氟乙烯消解内罐。

(4)压力消解罐:配有聚四氟乙烯消解内罐。

(5)恒温干燥箱。

(6)控温电热板。

(7)超声水浴箱。

(8)样品粉碎设备:匀浆机、高速粉碎机。

6. 分析步骤

1)试样制备

固态样品。干样:豆类、谷物、菌类、茶叶、干制水果、焙烤食品等低含水量样品,取可食部分,必要时经高速粉碎机粉碎均匀;对于固体乳制品、蛋白粉、面粉等呈均匀状的粉状样品,摇匀;鲜样:蔬菜、水果、水产品等高含水量样品必要时洗净,晾干,取可食部分匀浆均匀;对于肉类、蛋类等样品取可食部分匀浆均匀;速冻及罐头食品:经解冻的速冻食品及罐头样品,取可食部分匀浆均匀。

液态样品:软饮料、调味品等样品摇匀。

半固态样品:搅拌均匀。

2)试样消解

注:可根据试样中待测元素的含量水平和检测水平要求选择相应的消解方法及消解容器。

微波消解法:称取固体样品0.2~0.5 g(精确至0.001 g,含水分较多的样品可适当增加取样量至1 g)或准确移取液体试样1.00~3.00 mL于微波消解内罐中,含乙醇或二氧化碳的样品先在电热板上低温加热除去乙醇或二氧化碳,加入5~10 mL硝酸,加盖放置1 h或过夜,旋紧罐盖,按照微波消解仪标准操作步骤进行消解(样品消解参考条件见表3-2)。冷却后取出,缓慢打开罐盖排气,用少量水冲洗内盖,将消解罐放在控温电热板上或超声水浴箱中,于100 ℃加热30 min或超声脱气2~5 min,用水定容至25 mL或50 mL,混匀备用,同时做空白试验。

表3-2 样品消解参考条件

消解方式	消解方式步骤	控制温度(℃)	升温时间(min)	恒温时间
微波消解	1	120	5	5 min
	2	150	5	10 min
	3	190	5	20 min
压力罐消解	1	80	—	2 h
	2	120	—	2 h
	3	160~170	—	4 h

压力罐消解法:称取固体干样0.2~1 g(精确至0.001 g,含水分较多的样品可适当增加取样量至2 g)或准确移取液体试样1.00~5.00 mL于消解内罐中,含乙醇或二氧化碳的样品先在电热板上低温加热除去乙醇或二氧化碳,加入5 mL硝酸,放置1 h或过夜,旋紧不锈钢外套,放入恒温干燥箱消解(消解参考条件见表3-2),于150~170 ℃消解4 h,冷却后,缓慢旋松不锈钢外套,将消解内罐取出,在控温电热板上或超声水浴箱中,于100 ℃加热30 min或超声脱气2~5 min,用水定容至25 mL或50 mL,混匀备用,同时做空白试验。

3)仪器参考条件

电感耦合等离子体质谱仪操作参考条件见表3-3,电感耦合等离子体质谱仪元素分析模式见表3-4。

表3-3 电感耦合等离子体质谱仪操作参考条件

参数名称	参数	参数名称	参数
射频功率	1 500 W	雾化器	高盐/同心雾化器
等离子体气流量	15 L/min	采样锥/截取锥	镍/铂锥
载气流量	0.80 L/min	采样深度	8~10 mm
辅助气流量	0.40 L/min	采集模式	跳峰(Spectrum)
氦气流量	4~5 mL/min	检测方式	自动
雾化室温度	2 ℃	每峰测定点数	1~3
样品提升速率	0.3 r/s	重复次数	2~3

表3-4 电感耦合等离子体质谱仪元素分析模式

序号	元素名称	元素符号	分析模式
1	铜	Cu	碰撞反应池
2	锌	Zn	碰撞反应池
3	砷	As	碰撞反应池
4	镉	Cd	碰撞反应池
5	铅	Pb	普通/碰撞反应池
6	镍	Ni	碰撞反应池
7	铬	Cr	碰撞反应池
8	汞	Hg	普通/碰撞反应池

注:对没有合适消除干扰模式的仪器,需采用干扰校正方程对测定结果进行校正,砷、镉、铅等元素干扰校正方程见表3-5。

表3-5 元素干扰校正方程

同位素	推荐的校正方程
^{75}As	$[^{75}As]=[75]-3.1278\times[77]+1.0177\times[78]$
^{114}Cd	$[^{114}Cd]=[114]-1.6285\times[108]-0.0149\times[118]$
^{208}Pb	$[^{208}Pb]=[206]+[207]+[208]$

测定参考条件:在调谐仪器达到测定要求后,编辑测定方法,根据待测元素的性质选择相应的内标元素,待测元素推荐选择的同位素和内标元素的 m/z 见表3-6。

表3-6 待测元素推荐选择的同位素和内标元素的 m/z

序号	元素	m/z	内标
1	Cu	63/65	$^{72}Ge/^{103}Rh/^{115}In$
2	Zn	66	$^{72}Ge/^{103}Rh/^{115}In$
3	As	75	$^{72}Ge/^{103}Rh/^{115}In$
4	Cd	111	$^{103}Rh/^{115}In$
5	Pb	206/207/208	$^{185}Re/^{209}Bi$
6	Ni	60	$^{72}Ge/^{103}Rh/^{115}In$
7	Cr	52/53	$^{45}Sc/^{72}Ge$
8	Hg	200/202	$^{185}Re/^{209}Bi$

4)标准曲线的制作

将混合标准溶液注入电感耦合等离子体质谱仪中,测定待测元素和内标元素的信号响应值,以待测元素的浓度为横坐标,待测元素与所选内标元素响应信号值的比值为纵坐标,绘制标准曲线。

5)试样溶液的测定

将空白溶液和试样溶液分别注入电感耦合等离子体质谱仪中,测定待测元素和内标元素的信号响应值,根据标准曲线得到消解液中待测元素的浓度。

7. 分析结果的表述

1)低含量待测元素的计算

试样中低含量待测元素的含量按下式计算:

$$X = \frac{(\rho - \rho_0) \times V \times f}{m \times 1\ 000} \tag{3-1}$$

式中 X——试样中待测元素含量,mg/kg 或 mg/L;

ρ——试样溶液中被测元素质量浓度,μg/L;

ρ_0——试样空白液中被测元素质量浓度,μg/L;

V——试样消化液定容体积,mL;

f——试样稀释倍数;

m——试样称取质量或移取体积,g 或 mL;

1 000——换算系数。

计算结果保留三位有效数字。

2)高含量待测元素的计算

试样中高含量待测元素的含量按下式计算:

$$X = \frac{(\rho - \rho_0) \times V \times f}{m} \tag{3-2}$$

式中 X——试样中待测元素含量,mg/kg 或 mg/L;

ρ——试样溶液中被测元素质量浓度,mg/L;

ρ_0——试样空白液中被测元素质量浓度,mg/L;

V——试样消化液定容体积,mL;

f——试样稀释倍数;

m——试样称取质量或移取体积,g 或 mL。

计算结果保留三位有效数字。

8. 精密度

样品中各元素含量大于 1 mg/kg 时,在重复性条件下获得的两次独立测定结果的绝对差值不得超过算术平均值的 10%;小于或等于 1 mg/kg 且大于 0.1 mg/kg 时,在重复条件下获得的两次独立测定结果的绝对差值不得超过算术平均值的 15%;小于或等于 0.1 mg/kg 时,在重复性条件下获得的两次独立测定结果的绝对差值不得超过算术平均值的 20%。

9. 其他

固体样品以 0.5 g 定容体积至 50 mL,液体样品以 2 mL 定容体积至 50 mL 计算,本方法各元素的检出限及定量限见表 3-7。

表 3-7　电感耦合等离子体质谱法(ICP－MS)检出限及定量限

序号	元素名称	元素符号	检出限 1(mg/kg)	检出限 2(mg/kg)	定量限 1(mg/kg)	定量限 2(mg/kg)
1	铜	Cu	0.05	0.02	0.2	0.05
2	锌	Zn	0.5	0.2	2	0.5
3	砷	As	0.002	0.000 5	0.005	0.002
4	镉	Cd	0.002	0.000 5	0.005	0.002
5	铅	Pb	0.02	0.005	0.05	0.02
6	镍	Ni	0.2	0.05	0.5	0.2
7	铬	Cr	0.05	0.02	0.2	0.05
8	汞	Hg	0.001	0.000 3	0.003	0.001

3.2.1.2　石墨炉原子吸收分光光度法

1. 编制依据

本方法依据《食品安全国家标准　食品中铅的测定》(GB/T 5009.12—2017)第一法编制。

2. 适用范围

本方法规定了食品中铅含量测定的石墨炉原子吸收光谱法。

本方法适用于各类食品中铅含量的测定。

3. 方法原理

试样消解处理后,经石墨炉原子化,在 283.3 nm 处测定吸光度。在一定浓度范围内铅的吸光度值与铅含量成正比,与标准系列比较定量。

4. 试剂和材料

除非另有说明，本方法所用试剂均为优级纯，水为 GB/T 6682 规定的二级水。

(1)硝酸(HNO_3)。

(2)高氯酸($HClO_4$)。

(3)磷酸二氢铵($NH_4H_2PO_4$)。

(4)硝酸钯[$Pd(NO_3)_2$]。

(5)硝酸溶液(5 +95)：量取 50 mL 硝酸，缓慢加入到 950 mL 水中，混匀。

(6)硝酸溶液(1 +9)：量取 50 mL 硝酸，缓慢加入到 450 mL 水中，混匀。

(7)磷酸二氢铵 - 硝酸钯溶液：称取 0.02 g 硝酸钯，加少量硝酸溶液(1 +9)溶解后，再加入 2 g 磷酸二氢铵，溶解后用硝酸溶液(5 +95)定容至 100 mL，混匀。

(8)硝酸铅[$Pb(NO_3)_2$，CAS 号：10099 - 74 - 8]：纯度 >99.99%。或经国家认证并授予标准物质证书的一定浓度的铅标准溶液。

(9)铅标准储备液(1 000 mg/L)：准确称取 1.598 5 g(精确至 0.000 1 g)硝酸铅，用少量硝酸溶液(1 +9)溶解，移入 1 000 mL 容量瓶，加水至刻度，混匀。

(10)铅标准中间液(1.00 mg/L)：准确吸取铅标准储备液(1 000 mg/L)1.00 mL 于 1 000 mL 容量瓶中，加硝酸溶液(5 +95)至刻度，混匀。

(11)铅标准系列溶液：分别吸取铅标准中间液(1.00 mg/L)0、0.50 mL、1.00 mL、2.00 mL、3.00 mL 和 4.00 mL 于 100 mL 容量瓶中，加硝酸溶液(5 +95)至刻度，混匀。此铅标准系列溶液的质量浓度分别为 0、5.00 μg/L、10.00 μg/L、20.00 μg/L、30.00 μg/L 和 40.00 μg/L。

注：可根据仪器的灵敏度及样品中铅的实际含量确定标准系列溶液中铅的质量浓度。

5. 仪器和设备

注：所有玻璃器皿及聚四氟乙烯消解内罐均需硝酸溶液(1 +5)浸泡过夜，用自来水反复冲洗，最后用水冲洗干净。

(1)原子吸收光谱仪：配石墨炉原子化器，附铅空心阴极灯。

(2)分析天平：感量 0.1 mg 和 1 mg。

(3)可调式电热炉。

(4)可调式电热板。

(5)微波消解系统：配聚四氟乙烯消解内罐。

(6)恒温干燥箱。

(7)压力消解罐：配聚四氟乙烯消解内罐。

6. 分析步骤

1)试样制备

注：在采样和试样制备过程中，应避免试样污染。

粮食、豆类样品：样品去除杂物后，粉碎，储于塑料瓶中。

蔬菜、水果、鱼类、肉类等样品：样品用水洗净，晾干，取可食部分，制成匀浆，储于塑料瓶中。

饮料、酒、醋、酱油、食用植物油、液态乳等液体样品：将样品摇匀。

2）试样前处理

湿法消解：称取固体试样 0.2～3 g（精确至 0.001 g）或准确移取液体试样 0.500～5.00 mL 于带刻度消化管中，加入 10 mL 硝酸和 0.5 mL 高氯酸，在可调式电热炉上消解（参考条件：120 ℃/（0.5～1）h；升至 180 ℃/（2～4）h、升至 200～220 ℃）。若消化液呈棕褐色，再加少量硝酸，消解至冒白烟，消化液呈无色透明或略带黄色，取出消化管，冷却后用水定容至 10 mL，混匀备用。同时做试剂空白试验。也可采用锥形瓶，于可调式电热板上，按上述操作方法进行湿法消解。

微波消解：称取固体试样 0.2～0.8 g（精确至 0.001 g）或准确移取液体试样 0.500～3.00 mL 于微波消解罐中，加入 5 mL 硝酸，按照微波消解的操作步骤消解试样。冷却后取出消解罐，在电热板上于 140～160 ℃赶酸至 1 mL 左右。消解罐放冷后，将消化液转移至 10 mL 容量瓶中，用少量水洗涤消解罐 2～3 次，合并洗涤液于容量瓶中并用水定容至刻度，混匀备用。同时，做试剂空白试验。微波消解升温程序见表 3-8。

表 3-8　微波消解升温程序

步骤	设定温度（℃）	升温时间（min）	恒温时间（min）
1	120	5	5
2	160	5	10
3	180	5	10

压力罐消解：称取固体试样 0.2～1 g（精确至 0.001 g）或准确移取液体试样 0.500～5.00 mL 于消解内罐中，加入 5 mL 硝酸。盖好内盖，旋紧不锈钢外套，放入恒温干燥箱，于 140～160 ℃下保持 4～5 h。冷却后缓慢旋松外罐，取出消解内罐，放在可调式电热板上于 140～160 ℃赶酸至 1 mL 左右。冷却后将消化液转移至 10 mL 容量瓶中，用少量水洗涤内罐和内盖 2～3 次，合并洗涤液于容量瓶中并用水定容至刻度，混匀备用。同时做试剂空白试验。

7. 测定

1）仪器参考条件

根据各自仪器性能调至最佳状态。石墨炉原子吸收光谱法仪器参考条件见表 3-9。

表 3-9　石墨炉原子吸收光谱法仪器参考条件

元素	波长（nm）	狭缝（nm）	灯电流（mA）	干燥	灰化	原子化
铅	283.3	0.5	8～12	85～120 ℃/（40～50）s	750 ℃/（20～30）s	2 300 ℃/（4～5）s

2）标准曲线的制作

按质量浓度由低到高的顺序分别将 10 μL 铅标准系列溶液和 5 μL 磷酸二氢铵－硝酸钯溶液（可根据所使用的仪器确定最佳进样量）同时注入石墨炉，原子化后测其吸光度值，以质量浓度为横坐标，吸光度值为纵坐标，制作标准曲线。

3）试样溶液的测定

在与测定标准溶液相同的实验条件下，将 10 μL 空白溶液或试样溶液与 5 μL 磷酸二氢铵－硝酸钯溶液(可根据所使用的仪器确定最佳进样量)同时注入石墨炉,原子化后测其吸光度值,与标准系列比较定量。

8.分析结果的表述

试样中铅的含量按下式计算:

$$X = \frac{(\rho - \rho_0) \times V}{m \times 1\,000} \tag{3-3}$$

式中　X——试样中铅的含量,mg/kg或mg/L;

ρ——试样溶液中铅的质量浓度,μg/L;

ρ_0——空白溶液中铅的质量浓度,μg/L;

V——试样消化液的定容体积,mL;

m——试样称样量或移取体积,g或mL;

1 000——换算系数。

当铅含量≥1.00 mg/kg(或mg/L)时,计算结果保留三位有效数字;当铅含量<1.00 mg/kg(或mg/L)时,计算结果保留两位有效数字。

9.精密度

在重复性条件下获得的两次独立测定结果的绝对差值不得超过算术平均值的20%。

10.其他

当称样量为0.5 g(或0.5 mL)、定容体积为10 mL时,方法的检出限为0.02 mg/kg(或0.02 mg/L),定量限为0.04 mg/kg(或0.04 mg/L)。

3.2.1.3　火焰原子吸收分光光度法

1.编制依据

本方法依据《食品安全国家标准　食品中铅的测定》(GB/T 5009.12—2017)第三法编制。

2.适用范围

本方法规定了食品中铅含量测定的火焰原子吸收光谱法。

本方法适用于各类食品中铅含量的测定。

3.方法原理

试样经处理后,铅离子在一定pH条件下与二乙基二硫代氨基甲酸钠(DDTC)形成络合物,经4－甲基－2－戊酮(MIBK)萃取分离,导入原子吸收光谱仪中,经火焰原子化,在283.3 nm处测定吸光度。在一定浓度范围内铅的吸光度值与铅含量成正比,与标准系列比较定量。

4.试剂和材料

注:除非另有说明,本方法所用试剂均为分析纯,水为GB/T 6682规定的二级水。

(1)硝酸(HNO_3):优级纯。

(2)高氯酸($HClO_4$):优级纯。

(3)硫酸铵[$(NH_4)_2SO_4$]。

(4)柠檬酸铵[$C_6H_5O_7(NH_4)_3$]。

(5)溴百里酚蓝($C_{27}H_{28}O_5SBr_2$)。

(6)二乙基二硫代氨基甲酸钠[DDTC,$(C_2H_5)_2NCSSNa \cdot 3H_2O$]。

(7)氨水($NH_3 \cdot H_2O$):优级纯。

(8)4-甲基-2-戊酮(MIBK,$C_6H_{12}O$)。

(9)盐酸(HCl):优级纯。

(10)硝酸溶液(5+95):量取50 mL硝酸,加入到950 mL水中,混匀。

(11)硝酸溶液(1+9):量取50 mL硝酸,加入到450 mL水中,混匀。

(12)硫酸铵溶液(300 g/L):称取30 g硫酸铵,用水溶解并稀释至100 mL,混匀。

(13)柠檬酸铵溶液(250 g/L):称取25 g柠檬酸铵,用水溶解并稀释至100 mL,混匀。

(14)溴百里酚蓝水溶液(1 g/L):称取0.1 g溴百里酚蓝,用水溶解并稀释至100 mL,混匀。

(15)DDTC溶液(50 g/L):称取5 g DDTC,用水溶解并稀释至100 mL,混匀。

(16)氨水溶液(1+1):吸取100 mL氨水,加入100 mL水,混匀。

(17)盐酸溶液(1+11):吸取10 mL盐酸,加入110 mL水,混匀。

(18)硝酸铅[$Pb(NO_3)_2$,CAS号:10099-74-8]:纯度>99.99%。或经国家认证并授予标准物质证书的一定浓度的铅标准溶液。

(19)铅标准储备液(1 000 mg/L):准确称取1.598 5 g(精确至0.000 1 g)硝酸铅,用少量硝酸溶液(1+9)溶解,移入1 000 mL容量瓶,加水至刻度,混匀。

(20)铅标准使用液(10.0 mg/L):准确吸取铅标准储备液(1 000 mg/L)1.00 mL于100 mL容量瓶中,加硝酸溶液(5+95)至刻度,混匀。

5. 仪器和设备

注:所有玻璃器皿均需硝酸(1+5)浸泡过夜,用自来水反复冲洗,最后用水冲洗干净。

(1)原子吸收光谱仪:配火焰原子化器,附铅空心阴极灯。

(2)分析天平:感量0.1 mg和1 mg。

(3)可调式电热炉。

(4)可调式电热板。

6. 分析步骤

1)试样制备

注:在采样和试样制备过程中,应避免试样污染。

粮食、豆类样品:样品去除杂物后,粉碎,储于塑料瓶中。

蔬菜、水果、鱼类、肉类等样品:样品用水洗净,晾干,取可食部分,制成匀浆,储于塑料瓶中。

饮料、酒、醋、酱油、食用植物油、液态乳等液体样品:将样品摇匀。

2)试样前处理

湿法消解:称取固体试样0.2~3 g(精确至0.001 g)或准确移取液体试样0.500~5.00 mL于带刻度消化管中,加入10 mL硝酸和0.5 mL高氯酸,在可调式电热炉上消解(参考条件:120 ℃/(0.5~1)h;升至180 ℃/(2~4)h、升至200~220 ℃)。若消化液呈棕褐色，再加少量硝酸，消解至冒白烟，消化液呈无色透明或略带黄色，取出消化管，冷却后用水定容至10 mL，混匀备用。同时做试剂空白试验。也可采用锥形瓶，于可调式电热板上，按上述操作方法进行湿法消解。

微波消解：称取固体试样0.2～0.8 g（精确至0.001 g）或准确移取液体试样0.500～3.00 mL于微波消解罐中，加入5 mL硝酸，按照微波消解的操作步骤消解试样。冷却后取出消解罐，在电热板上于140～160 ℃赶酸至1 mL左右。消解罐放冷后，将消化液转移至10 mL容量瓶中，用少量水洗涤消解罐2～3次，合并洗涤液于容量瓶中并用水定容至刻度，混匀备用。同时做试剂空白试验。微波消解升温程序见表3-10。

表3-10　微波消解升温程序

步骤	设定温度（℃）	升温时间（min）	恒温时间（min）
1	120	5	5
2	160	5	10
3	180	5	10

压力罐消解：称取固体试样0.2～1 g（精确至0.001 g）或准确移取液体试样0.500～5.00 mL于消解内罐中，加入5 mL硝酸。盖好内盖，旋紧不锈钢外套，放入恒温干燥箱，于140～160 ℃下保持4～5 h。冷却后缓慢旋松外罐，取出消解内罐，放在可调式电热板上于140～160 ℃赶酸至1 mL左右。冷却后将消化液转移至10 mL容量瓶中，用少量水洗涤内罐和内盖2～3次，合并洗涤液于容量瓶中并用水定容至刻度，混匀备用。同时做试剂空白试验。

7. 测定

1）仪器参考条件

根据各自仪器性能调至最佳状态。火焰原子吸收光谱法仪器参考条件见表3-11。

表3-11　火焰原子吸收光谱法仪器参考条件

元素	波长（nm）	狭缝（nm）	灯电流（mA）	燃烧头高度（mm）	空气流量（L/min）
铅	283.3	0.5	8～12	6	8

2）标准曲线的制作

分别吸取铅标准使用液0、0.25 mL、0.50 mL、1.00 mL、1.50 mL和2.00 mL（相当0、2.50 μg、5.00 μg、10.00 μg、15.00 μg和20.00 μg铅）于125 mL分液漏斗中，补加水至60 mL。加2 mL柠檬酸铵溶液（250 g/L）、溴百里酚蓝水溶液（1 g/L）3～5滴，用氨水溶液（1+1）调pH至溶液由黄变蓝，加硫酸铵溶液（300 g/L）10 mL、DDTC溶液（1 g/L）10 mL，摇匀。放置5 min左右，加入10 mL MIBK，剧烈振摇提取1 min，静置分层后，弃去水层，将MIBK层放入10 mL带塞刻度管中，得到标准系列溶液。

将标准系列溶液按质量由低到高的顺序分别导入火焰原子化器，原子化后测其吸光度值，以铅的质量为横坐标，吸光度值为纵坐标，制作标准曲线。

3）试样溶液的测定

将试样消化液及试剂空白溶液分别置于125 mL分液漏斗中，补加水至60 mL。加2

mL 柠檬酸铵溶液(250 g/L)、溴百里酚蓝水溶液(1 g/L)3 ~5 滴,用氨水溶液(1 +1)调 pH 至溶液由黄变蓝,加硫酸铵溶液(300 g/L)10 mL、DDTC 溶液(1 g/L)10 mL,摇匀。放置 5 min 左右,加入 10 mL MIBK,剧烈振摇提取 1 min,静置分层后,弃去水层,将 MIBK 层放入 10 mL 带塞刻度管中,得到试样溶液和空白溶液。

将试样溶液和空白溶液分别导入火焰原子化器,原子化后测其吸光度值,与标准系列比较定量。

8. 分析结果的表述

试样中铅的含量按下式计算:

$$X = \frac{m_1 - m_0}{m_2} \tag{3-4}$$

式中 X——试样中铅的含量,mg/kg 或 mg/L;

m_1——试样溶液中铅的质量,μg;

m_0——空白溶液中铅的质量,μg;

m_2——试样称样量或移取体积,g 或 mL。

当铅含量≥10.0 mg/kg(或 mg/L)时,计算结果保留三位有效数字;当铅含量 <10.0 mg/kg(或 mg/L)时,计算结果保留两位有效数字。

9. 精密度

在重复性条件下获得的两次独立测定结果的绝对差值不得超过算术平均值的 20%。

10. 其他

以称样量 0.5 g(或 0.5 mL)计算,方法的检出限为 0.4 mg/kg(或 0.4 mg/L),定量限为 1.2 mg/kg(或 1.2 mg/L)。

3.2.2 植株中镉的测定

3.2.2.1 电感耦合等离子体质谱法(ICP - MS)

同 3.2.1.1。

3.2.2.2 石墨炉原子吸收分光光度法

1. 编制依据

本方法依据《食品安全国家标准　食品中镉的测定》(GB/T 5009.15—2014)编制。

2. 适用范围

本方法规定了农产品中镉的石墨炉原子吸收光谱测定方法。

本方法适用于农产品中镉的测定。本方法检出限:0.001 mg/kg,定量限为 0.003 mg/kg。

3. 方法原理

试样经灰化或酸消解后,注入一定量样品消化液于原子吸收分光光度计石墨炉中,电热原子化后吸收 228.8 nm 共振线,在一定浓度范围,其吸收值与镉含量成正比,采用标准曲线法定量。

4. 试剂和材料

注:除非另有说明,本方法所用试剂均为分析纯,水为 GB/T 6682 规定的二级水。

(1)硝酸(HNO_3):优级纯。

(2)盐酸(HCl):优级纯。

(3)过氧化氢(H_2O_2,30%)。

(4)高氯酸($HClO_4$):优级纯。

(5)硝酸溶液(1%):取10.0 mL硝酸加入100 mL水中,稀释至1 000 mL。

(6)盐酸溶液(1+1):取50 mL盐酸慢慢加入50 mL水中。

(7)硝酸-高氯酸混合溶液(9+1):取9份硝酸与1份高氯酸混合。

(8)磷酸二氢铵溶液($NH_4H_2PO_4$,10 g/L):称取10.0 g磷酸二氢铵,用100 mL硝酸溶液(1%)溶解后定量移入1 000 mL容量瓶,用硝酸溶液(1%)定容至刻度。

(9)混合酸:硝酸+高氯酸(4+1):取4份硝酸与1份高氯酸混合。

(10)镉标准储备液(1 000 mg/L):准确称取1 g金属镉标准品(99.99%,精确至0.000 1 g)于小烧杯中,分次加20 mL盐酸(1+1)溶解,加2滴硝酸,移入1 000 mL容量瓶,加水至刻度,混匀,或购买经国家认证并授予标准物质证书的标准物质。

(11)镉标准使用液(100 ng/mL):吸取镉标准储备液10.0 mL于100 mL容量瓶中,用硝酸溶液(1%)定容至刻度。如此经多次稀释成每毫升含100.0 ng镉的标准使用液。

(12)镉标准曲线工作液:准确吸取镉标准使用液0、0.5 mL、1.0 mL、1.5 mL、2.0 mL、3.0 mL于100 mL容量瓶中,用硝酸溶液(1%)定容至刻度,即得到含镉量分别为0、0.5 ng/mL、1.0 ng/mL、1.5 ng/mL、2.0 ng/mL、3.0 ng/mL的标准系列溶液。

5.仪器和设备

注:所用玻璃仪器均需以硝酸(1+4)浸泡24 h以上,用水反复冲洗,最后用去离子水冲洗干净。

(1)原子吸收分光光度计,附石墨炉。

(2)镉空心阴极灯。

(3)电子天平:感量为0.1 mg和1 mg。

(4)可调式电热板、可调温式电炉。

(5)马弗炉。

(6)恒温干燥箱。

(7)压力消解器、压力消解罐。

(8)微波消解系统,配聚四氟乙烯或其他合适的压力罐。

(9)一般实验室仪器。

6.分析步骤

1)试样预处理

在样品制备过程中,应注意防止样品被污染;粮食样品晾干、去杂物、去皮后磨碎,使样品全部通过40~60目尼龙塑料筛后,混合均匀,装入洁净聚乙烯瓶中,密封保存备用。

2)试样消解(可根据实验室条件选用以下任何一种方法消解)

压力消解罐消解法:称取干样0.3~0.5 g(精确至0.000 1 g)于聚四氟乙烯内罐,加硝酸5 mL浸泡过夜。再加过氧化氢(30%)2~3 mL(总量不能超过罐容积的1/3),盖好内盖,旋紧不锈钢外套,放入恒温干燥箱,120~160 ℃保持4~6 h,在箱内自然冷却至室温,打开后加热赶酸至近干,将消化液洗入10~25 mL容量瓶中,用少量硝酸溶液(1%)

洗涤内罐和内盖 3 次，洗液合并于容量瓶中并用硝酸溶液（1%）定容至刻度，混匀备用；同时做试剂空白试验。

微波消解：称取干样 0.3 ~ 0.5 g（精确至 0.000 1 g）置于微波消解罐中，加硝酸 5 mL 和 2 mL 过氧化氢（30%）。微波消化程序可以根据仪器型号调至最佳条件。消解完毕，待消解罐冷却后打开，消化液呈无色或淡黄色，打开后加热赶酸至近干，将消化液洗入 10 ~ 25 mL 容量瓶中，用少量硝酸溶液（1%）冲洗消解罐 3 次，洗液合并于容量瓶中并用硝酸溶液（1%）定容至刻度，混匀备用；同时做试剂空白试验。

湿式消解法：称取干样 0.3 ~ 0.5 g（精确至 0.000 1 g）于锥形瓶中，放数粒玻璃珠，加 10 mL 硝酸 - 高氯酸混合溶液（9 + 1），加盖浸泡过夜，加一小漏斗于电热板上消化，若变棕黑色，再加硝酸，直至冒白烟，消化液呈无色透明或略带微黄色，放冷后将试样消化液洗入 10 mL 或 25 mL 容量瓶中，用少量硝酸溶液（1%）洗锥形瓶 3 次，洗液合并于容量瓶中并用硝酸溶液（1%）定容至刻度，混匀备用；同时做试剂空白试验。

干法灰化：称取干样 0.3 ~ 0.5 g（精确至 0.000 1 g）于瓷坩埚中，先小火在可调式电热板上炭化至无烟，移入马弗炉 500 ℃灰化 6 ~ 8 h，冷却。若个别试样灰化不彻底，则加 1 mL 混合酸在可调式电炉上小火加热，将混合酸蒸干后，再转入马弗炉中 500 ℃继续灰化 1 ~ 2 h，直至试样消化完全，呈灰白色或浅灰色，放冷，用硝酸溶液（1%）将灰分溶解，将试样消化液移入 10 mL 或 25 mL 容量瓶中，用少量硝酸溶液（1%）多次洗涤瓷坩埚，洗液合并于容量瓶中并用硝酸溶液（1%）定容至刻度，混匀备用；同时做试剂空白试验。

注：实验要在通风良好的通风橱内进行。

3）测定

仪器条件：根据各自仪器性能调至最佳状态。原子吸收分光光度计（附石墨炉及镉空心阴极灯）测定参考条件如下：波长 228.8 nm，狭缝 0.2 ~ 1.0 nm，灯电流 2 ~ 10 mA；干燥温度 105 ℃，干燥时间 20 s；灰化温度 400 ~ 700 ℃，灰化时间 20 ~ 40 s，原子化温度：1 300 ~ 2 300 ℃，原子化时间 3 ~ 5 s，背景校正为氘灯或塞曼效应。

标准曲线的制作：将标准曲线工作液按浓度由低到高的顺序各取 20 μL，注入石墨炉，测得其吸光度值，以标准曲线工作液的浓度为横坐标，相应的吸光度值为纵坐标，绘制标准曲线并求得吸光度值与浓度关系的一元线性回归方程。标准系列溶液应不少于 5 个点的不同浓度的镉标准溶液，相关系数不应小于 0.995。如果有自动进样装置，也可用程序稀释来配制标准系列。

试样溶液的测定：于测定标准曲线工作液相同的实验条件下，吸取样品消化液和试剂空白液各 20 μL（可根据使用仪器选择最佳进样量），注入石墨炉，测得其吸光度值，代入标准系列的一元线性回归方程中求得样液中镉含量。平行测定次数不少于两次。若测定结果超出标准曲线范围，用硝酸溶液（1%）稀释后再行测定。

基体改进剂的使用：对有干扰试样，和样品消化液一起注入石墨炉 5 μL 基体改进剂磷酸二氢铵溶液（10 g/L），绘制镉标准曲线时也要加入与试样测定时等量的基体改进剂。

7. 结果计算与表示

试样中镉含量按下式进行计算：

$$X = \frac{(c_1 - c_0) \times V}{m \times 1\ 000} \tag{3-5}$$

式中　X——试样中镉含量，mg/kg；

c_1——试样消化液中镉含量，ng/mL；

c_0——空白液中镉含量，ng/mL；

V——试样消化液定容总体积，mL；

m——试样质量，g；

1 000——换算系数。

当分析结果≥0.100 mg/kg时，保留三位有效数字；当分析结果<0.100 mg/kg时，保留两位有效数字。

8. 质量保证和质量控制

在重复性条件下获得的两次独立测定结果的绝对差值不得超过算术平均值的20%。

3.2.3　植株中铬的测定

3.2.3.1　电感耦合等离子体质谱法（ICP－MS）

同3.2.1.1。

3.2.3.2　石墨炉原子吸收分光光度法

1. 编制依据

本方法依据《食品安全国家标准　食品中铬的测定》（GB/T 5009.123—2014）。

2. 适用范围

本方法规定了农产品中铬的石墨炉原子吸收测定方法。

本方法适用于农产品中总铬的含量测定，以称样量0.5 g、定容10 mL计算，本方法检出限为0.01 mg/kg、定量限为0.03 mg/kg。

3. 方法原理

试样经消解处理后，采用石墨炉原子吸收光谱法，在357.9 nm处测定吸收值，在一定范围内其吸收值与标准系列溶液比较定量。

4. 试剂和材料

注：除非另有规定，本方法所用试剂均为优级纯，水为GB/T 6682规定的二级水。

（1）硝酸（HNO_3，5＋95）：量取50 mL硝酸慢慢倒入950 mL水中，混匀。

（2）硝酸（HNO_3，1＋1）：量取250 mL硝酸慢慢倒入250 mL水中，混匀。

（3）高氯酸（$HClO_4$）。

（4）磷酸二氢铵溶液（$NH_4H_2PO_4$，20 g/L）：称取2.0 g磷酸二氢铵，溶于水中，并定容至100 mL，混匀。

（5）铬标准储备溶液：称取基准物质重铬酸钾（110 ℃，烘2 h）1.413 5 g（精确至0.000 1 g）溶于水中，移入500 mL容量瓶中，用硝酸溶液（5＋95）稀释至刻度，混匀。此溶液每毫升含1.000 mg铬。或购置经国家认证并授予标准物质证书的铬标准储备液。

（6）铬标准使用液：将铬标准储备液用硝酸溶液（5＋95）逐级稀释至100 ng/mL。

5. 仪器和设备

注：所用玻璃仪器均需硝酸溶液（1+4）浸泡 24 h 以上，用水反复冲洗，再用去离子水冲洗干净。

（1）原子吸收分光光度计，带石墨炉原子化器，附铬空心阴极灯。

（2）微波消解系统，配有消解内罐。

（3）可调式电热炉。

（4）可调式电热板。

（5）压力消解器，配有消解内罐。

（6）马弗炉。

（7）恒温干燥箱。

（8）电子天平：感量为 0.1 mg 和 1 mg。

（9）一般实验室常用仪器设备。

6. 分析步骤

1）试样的预处理

在样品制备过程中，应注意防止样品被污染；粮食样品晾干、去杂物、去皮后磨碎，使样品全部通过 40～60 目尼龙塑料筛后，混合均匀，装入洁净聚乙烯瓶中，密封保存备用。

2）试样消解（可根据实验室条件选用以下任何一种方法消解）

微波消解：准确称取试样 0.2～0.6 g（精确至 0.001 g），于微波消解罐中加入 5 mL 硝酸，按照微波消解的操作步骤消解试样，微波消解参考条件见表 3-12。冷却后取出消解罐，在电热板上于 140～160 ℃赶酸至 0.5～1.0 mL，消解罐放冷后，将消化液移到 10 mL 容量瓶中，用少量水洗涤消解罐 2～3 次，合并洗涤液，用水定容至刻度。同时做试剂空白试验。

表 3-12　微波消解参考条件

步骤	功率（1 200 W）变化（%）	设定温度（℃）	升温时间（min）	恒温时间（min）
1	0～80	120	5	5
2	0～80	160	5	10
3	0～80	180	5	10

湿法消解：准确称取试样 0.5～3 g（精确至 0.001 g），于消化管中加入 10 mL 硝酸、0.5 mL 高氯酸，在可调式电热炉上消解（参考条件：120 ℃保持 0.5～1 h；升温至 180 ℃保持 2～4 h，升温至 200～220 ℃）。若消化液呈棕褐色，再加硝酸，消解至冒白烟，消化液呈无色或略带黄色，取出消化管，冷却后用水定容至 10 mL。同时做试剂空白试验。

高压消解：取试样 0.3～1 g（精确至 0.001 g），于消解内罐中加入 5.0 mL 硝酸轻轻摇匀，盖好内盖，旋紧不锈钢外套，放入恒温干燥箱中，于 140～160 ℃下保持 4～5 h，在箱内自然冷却至室温，缓慢旋松外罐，取出消解内罐，打开上盖，放在可调式电热板上于 140～160 ℃赶酸至 0.5～1.0 mL，冷却后将消解液移入 10 mL 容量瓶中，用少量水将消解内罐和内盖冲洗 2～3 次，合并洗液于容量瓶中，并用水定容至刻度，混匀。同时做试剂空白试验。

干法灰化：称取试样0.5～3.0 g（精确至0.001 g）于坩埚中，小火加热，炭化至无烟，转移至马弗炉中，于550 ℃恒温3～4 h，取出冷却，对于灰化不彻底的试样，加数滴硝酸，小火加热，小心蒸干，再转入550 ℃高温炉中，继续灰化1～2 h，至试样呈白灰状，从高温炉中取出冷却后，用硝酸溶液（1+1）溶解并用水定容至10 mL，混匀。同时做试剂空白试验。

3）标准曲线的制备

分别吸取铬标准使用液（100 ng/mL）0、0.50 mL、1.00 mL、2.00 mL、3.00 mL、4.00 mL于25 mL容量瓶中，用5+95硝酸稀释至刻度，混匀。各容量瓶中每毫升分别含铬0、2.00 ng、4.00 ng、8.00 ng、12.0 ng、16.0 ng，或采用石墨炉自动进样器自动配制。

4）测定

仪器测试条件应根据各自仪器性能调至最佳状态。

参考条件：波长357.9 nm，狭缝0.2 nm，灯电流5～7 mA，干燥85～120 ℃，40～50 s；灰化900 ℃，20～30 s；原子化2 700 ℃，4～5 s。

背景校正：塞曼效应或氘灯。

标准曲线的制作：将标准系列溶液工作液按浓度由低到高的顺序分别取10 μL（可根据使用仪器选择最佳进样量），注入石墨管，原子化后测其吸光度值，以浓度为横坐标，吸光度值为纵坐标，绘制标准曲线。

试样测定：在与测定标准溶液相同的实验条件下，将空白溶液和样品溶液分别取10 μL（可根据使用仪器选择最佳进样量），注入石墨管，原子化后测其吸光度值，与标准系列溶液比较定量。

对有干扰的试样应注入5 μL（可根据使用仪器选择最佳进样量）的磷酸二氢铵溶液（20.0 g/L）。

7. 结果计算与表示

试样中铬含量按下式进行计算：

$$X = \frac{(c_1 - c_0) \times V}{m \times 1\,000} \tag{3-6}$$

式中　X——试样中铬含量，mg/kg；

c_1——测定样液中铬的含量，ng/mL；

c_0——空白液中铬的含量，ng/mL；

V——样品消化液的定容总体积，mL；

m——样品称样量，g；

1 000——换算系数。

当分析结果≥0.100 mg/kg时，保留三位有效数字；当分析结果<0.100 mg/kg时，保留两位有效数字。

8. 质量保证和质量控制

在重复性条件下获得的两次独立测定结果的绝对差值不得超过算术平均值的20%。

3.2.4　植株中汞的测定

3.2.4.1　电感耦合等离子体质谱法(ICP - MS)

同3.2.1.1。

3.2.4.2　氢化物发生原子荧光法

1. 编制依据

本方法依据《食品安全国家标准　食品中总汞及有机汞的测定》(GB/T 5009.17—2014)第一篇第一法编制。

2. 适用范围

本方法规定了用原子荧光法测定农产品中总汞的含量。

本方法适用于农产品中总汞的测定。当称样量为0.5 g、定容体积为25 mL时,方法检出限为0.003 mg/kg,方法定量限为0.010 mg/kg。

3. 方法原理

试样经酸加热消解后,在酸性介质中,试样中汞被硼氢化钾(KBH_4)或硼氢化钠($NaBH_4$)还原成原子态汞,由载气(氩气)带入原子化器中,在汞空心阴极灯照射下,基态汞原子被激发至高能态,在由高能态回到基态时,发射出特征波长的荧光,其荧光强度与汞含量成正比,与标准系列溶液比较定量。

4. 试剂和材料

注:除非另有说明,本方法所用试剂均为优级纯,水为GB/T 6682规定的一级水。

(1)硝酸(HNO_3)。

(2)过氧化氢(H_2O_2,30%)。

(3)硫酸(H_2SO_4)。

(4)硝酸溶液(1 +9):量取50 mL硝酸,缓缓倒入450 mL水中,混匀。

(5)硝酸溶液(5 +95):量取5 mL硝酸,缓缓倒入95 mL水中,混匀。

(6)氢氧化钾溶液(5 g/L):称取5.0 g氢氧化钾,溶于纯水中,稀释定容至1 000 mL,混匀。

(7)硼氢化钾溶液(分析纯,5 g/L):称取5.0 g硼氢化钾,溶于5.0 g/L的氢氧化钾溶液中,并定容至1 000 mL,混匀,现用现配。

(8)重铬酸钾的硝酸溶液(0.5 g/L):称取0.05 g重铬酸钾溶于100 mL硝酸溶液(5 +95)中。

(9)硝酸 - 高氯酸混合溶液(5 +1):量取500 mL硝酸、100 mL高氯酸,混匀。

(10)汞标准储备溶液(1.00 mg/mL):准确称取0.135 4 g干燥过的氯化汞($HgCl_2$,纯度≥99%),用重铬酸钾的硝酸溶液(0.5 g/L)溶解后移入100 mL容量瓶中,稀释至刻度,混匀,此溶液为1.00 mg/mL。于4 ℃冰箱中避光保存,可保存2年。或购买经国家认证并授予标准物质证书的标准溶液物质。

(11)汞标准中间液(10 μg/mL):吸取1.00 mL汞标准储备液(1.00 mg/mL)于100 mL容量瓶中,用重铬酸钾的硝酸溶液(0.5 g/L)稀释至刻度,混匀,此溶液浓度为10 μg/mL。于4 ℃冰箱中避光保存,可保存2年。

(12)汞标准使用溶液(50 ng/mL):吸取0.5 mL汞标准中间液(10 μg/mL)于100 mL

容量瓶中，用重铬酸钾的硝酸溶液(0.5 g/L)稀释至刻度，混匀，此溶液浓度为50 ng/mL，现用现配。

5. 仪器和设备

注：玻璃仪器及聚四氟乙烯消解内罐均需以硝酸(1+4)浸泡24 h，用水反复冲洗，最后用去离子水冲洗干净。

(1)原子荧光光谱仪。

(2)天平：感量为0.1 mg和1 mg。

(3)微波消解系统。

(4)压力消解器。

(5)恒温干燥箱：50~300 ℃。

(6)控温电热板：50~200 ℃。

(7)超声水浴箱。

(8)一般实验室仪器。

6. 分析步骤

1)试样预处理

在样品制备过程中，应注意防止样品被污染；粮食样品晾干、去杂物、去皮后磨碎，使样品全部通过40~60目尼龙塑料筛后，混合均匀，装入洁净聚乙烯瓶中，密封保存备用。

2)试样消解(可根据实验室条件选用以下任何一种方法消解)

压力罐消解法：称取固体试样0.2~1.0 g(精确到0.001 g)置于消解内罐中，加入5 mL硝酸，混匀后放置过夜，盖上内盖，放入不锈钢外套中，旋紧密封，放入恒温干燥箱中140~160 ℃保持恒温4~5 h，在箱内自然冷至室温，然后缓慢旋松不锈钢外套，将消解罐取出，用少量水冲洗内盖，放在控温电热板上或超声水浴箱中，于80 ℃加热或超声脱气2~5 min，赶去棕色气体。取出消解内罐，将消化液转移至25 mL容量瓶中，用少量水分3次洗涤内罐，洗涤液合于容量瓶中并定容至刻度，摇匀备用。同时做试剂空白试验。

微波消解法：称取固体试样0.2~0.5 g(精确到0.001 g)置于消解罐中，加5~8 mL硝酸，混匀后加盖放置过夜，旋紧罐盖，按照微波消解仪的标准操作步骤进行消解，分析条件见表3-13，冷却后取出，缓慢打开罐盖排气，用少量水冲洗内盖，将消解罐放在控温电热板上或超声水浴箱中，于80 ℃加热或超声脱气2~5 min，赶去棕色气体。取出消解内罐，将消化液转移至25 mL塑料容量瓶中，用少量水分三次洗涤内罐，洗涤液合于容量瓶中并定容至刻度，摇匀备用。同时，做空白试验。

表3-13 粮食、蔬菜、鱼肉类试样微波分析条件

步骤	1	2	3
功率(%)	50	75	90
压力(kPa)	343	686	1 096
升压时间(min)	30	30	30
保压时间(min)	5	7	5
排风量(%)	100	100	100

回流消解法(粮食):称取试样 1.0 ~4.0 g(精确到 0.001 g)置于消化装置锥形瓶中,加玻璃珠数粒,加 45 mL 硝酸、10 mL 硫酸,转动锥形瓶防止局部炭化。装上冷凝管后,小火加热,待开始发泡即停止加热,发泡停止后,加热回流 2 h。如加热过程中溶液变棕色,再加 5 mL 硝酸,继续回流 2 h,消解到样品完全溶解,一般呈淡黄色或无色,放冷后从冷凝管上端小心加 20 mL 水,继续加热回流 10 min,放冷,用适量水冲洗冷凝管,冲洗液并入消化液中,将消化液经玻璃棉过滤于 100 mL 容量瓶内,用少量水洗涤锥形瓶、滤器,洗涤液并入容量瓶内,加水至刻度,混匀,同时做空白试验。

3)标准系列配制

分别吸取 50 ng/mL 汞标准使用液 0、0.20 mL、0.50 mL、1.00 mL、1.50 mL、2.00 mL、2.50 mL 于 50 mL 容量瓶中,用硝酸溶液(1 +9)稀释至刻度,混匀。各自相当于汞浓度 0、0.20 ng/mL、0.50 ng/mL、1.00 ng/mL、1.50 ng/mL、2.00 ng/mL、2.50 ng/mL。此标准系列适用于一般试样测定。

4)试样溶液的测定

设定好仪器最佳条件,连续用硝酸溶液(1 +9)进样,待读数稳定之后,转入标准系列测量,绘制标准曲线。转入试样测量,先用硝酸溶液(1 +9)进样,使读数基本回零,再分别测定试样空白和试样消化液,每测不同的试样前都应清洗进样器。

5)仪器参考条件

光电倍增管负高压 240 V、汞空心阴极灯电流 30 mA、原子化器温度 300 ℃、载气流速 500 mL/min、屏蔽气流速 1 000 mL/min。

7.结果计算与表示

试样中汞的含量按下式进行计算:

$$X = \frac{(c_1 - c_0) \times V}{m \times 1\ 000} \tag{3-7}$$

式中　X——试样中汞含量,mg/kg;

c_1——测定样液中汞含量,ng/mL;

c_0——空白液中汞含量,ng/mL;

V——试样消化液定容总体积,mL;

m——试样质量,g;

1 000——换算系数。

当分析结果≥0.100 mg/kg 时,保留三位有效数字;当分析结果 <0.100 mg/kg 时,保留两位有效数字。

8.质量保证和质量控制

在重复性条件下获得的两次独立测定结果的绝对差值不得超过算术平均值的 20%。

3.2.4.3　冷原子吸收法

1.编制依据

本方法依据《食品安全国家标准　食品中总汞及有机汞的测定》(GB/T 5009.17—2014)第一篇第二法编制。

2. 适用范围

本方法规定了用冷原子吸收法测定农产品中总汞的含量。

本方法适用于农产品中总汞的测定。检出限：当称样为0.5 g、定容体积为25 mL时，方法检出限为0.002 mg/kg，方法定量限为0.007 mg/kg。

3. 方法原理

汞蒸气对波长253.7 nm的共振线具有强烈的吸收作用。试样经过酸消解或催化酸消解使汞转为离子状态，在强酸性介质中以氯化亚锡还原成元素汞，载气将元素汞吹入汞测定仪，进行冷原子吸收测定，在一定浓度范围，其吸收值与汞含量成正比，外标法定量。

4. 试剂和材料

注：除非另有说明，本方法所用试剂均为优级纯，水为GB/T 6682规定的一级水。

(1) 硝酸(HNO_3)。

(2) 盐酸(HCl)。

(3) 过氧化氢(H_2O_2，30%)。

(4) 硝酸(5+95)：取5 mL硝酸慢慢加入95 mL水中，混匀。

(5) 高锰酸钾($KMnO_4$，分析纯)溶液(50 g/L)：称取5.0 g高锰酸钾置于100 mL棕色瓶中，以水溶解稀释至100 mL。

(6) 硝酸－重铬酸钾($K_2Cr_2O_7$，分析纯)溶液(0.5 g/L)：称取0.05 g重铬酸钾溶于100 mL硝酸溶液(5+95)中。

(7) 氯化亚锡($SnCl_2$，分析纯)溶液(100 g/L)：称取10 g氯化亚锡溶于20 mL盐酸中，90 ℃水浴中加热，轻微振荡，待氯化亚锡溶解成透明状后，冷却，以纯水稀释定容至100 mL，加入几粒金属锡，置阴凉、避光处保存。一经发现浑浊应重新配制。

(8) 硝酸溶液(1+9)：量取50 mL硝酸，缓缓倒入450 mL水中，混匀。

(9) 无水氯化钙($CaCl_2$，分析纯)。

(10) 汞标准储备溶液(1.00 mg/mL)：准确称取0.135 4 g干燥过的氯化汞($HgCl_2$，纯度≥99%)，用重铬酸钾的硝酸溶液(0.5 g/L)溶解并转移至100 mL容量瓶中，并稀释至刻度，混匀，此溶液浓度为1.00 mg/mL。于4 ℃冰箱中避光保存，可保存2年。或购买经国家认证并授予标准物质证书的标准溶液物质。

(11) 汞标准中间液(10 μg/mL)：吸取1.00 mL汞标准储备液(1 mg/mL)于100 mL容量瓶中，用重铬酸钾的硝酸溶液(0.5 g/L)稀释和定容，混匀，此溶液浓度为10 μg/mL。于4 ℃冰箱中避光保存，可保存2年。

(12) 汞标准使用溶液(50 ng/mL)：吸取0.5 mL汞标准中间液(10 μg/mL)于100 mL容量瓶中，用重铬酸钾的硝酸溶液(0.5 g/L)稀释和定容，混匀，此溶液浓度为50 ng/mL，现用现配。

5. 仪器和设备

注：所有玻璃仪器及聚四氟乙烯消解内罐均需以硝酸(1+4)浸泡24 h，用水反复冲洗，最后用去离子水冲洗干净。

(1) 测汞仪(附气体循环汞、气体干燥装置、汞蒸气发生装置及汞蒸气吸收瓶)，或全自动测汞仪。

(2)天平:感量为0.1 mg和1 mg。

(3)微波消解系统。

(4)压力消解器。

(5)恒温干燥箱:50～300 ℃。

(6)控温电热板:50～200 ℃。

(7)超声水浴箱。

(8)一般实验室仪器。

6.分析步骤

1)试样预处理

在样品制备过程中,应注意防止样品被污染。

粮食样品晾干、去杂物、去皮后磨碎,使样品全部通过40～60目尼龙塑料筛后,混合均匀,装入洁净聚乙烯瓶中,密封保存备用。

2)试样消解(可根据实验室条件选用以下任何一种方法消解)

压力罐消解法:称取固体试样0.2～1.0 g(精确到0.001 g)置于消解内罐中,加入5 mL硝酸,混匀后放置过夜,盖上内盖,放入不锈钢外套中,旋紧密封,放入恒温干燥箱中140～160 ℃保持恒温4～5 h,在箱内自然冷至室温,然后缓慢旋松不锈钢外套,将消解罐取出,用少量水冲洗内盖,放在控温电热板上或超声水浴箱中,于80 ℃加热或超声脱气2～5 min,赶去棕色气体。取出消解内罐,将消化液转移至25 mL容量瓶中,用少量水分3次洗涤内罐,洗涤液合于容量瓶中并定容至刻度,摇匀备用。同时做试剂空白试验。

微波消解法:称取固体试样0.2～0.5 g(精确到0.001 g)置于消解罐中,加5～8 mL硝酸,混匀后加盖放置过夜,旋紧罐盖,按照微波消解仪的标准操作步骤进行消解,分析条件见表3-14,冷却后取出,缓慢打开罐盖排气,用少量水冲洗内盖,将消解罐放在控温电热板上或超声水浴箱中,于80 ℃加热或超声脱气2～5 min,赶去棕色气体。取出消解内罐,将消化液转移至25 mL塑料容量瓶中,用少量水分3次洗涤内罐,洗涤液合于容量瓶中并定容至刻度,摇匀备用。同时,做空白试验。

表3-14　粮食、蔬菜、鱼肉类试样微波分析条件

步骤	1	2	3
功率(%)	50	75	90
压力(kPa)	343	686	1 096
升压时间(min)	30	30	30
保压时间(min)	5	7	5
排风量(%)	100	100	100

回流消解法:称取试样1.0～4.0 g(精确到0.001 g),置于消化装置锥形瓶中,加玻璃珠数粒,加45 mL硝酸、10 mL硫酸,转动锥形瓶防止局部炭化。装上冷凝管后,小火加热,待开始发泡即停止加热,发泡停止后,加热回流2 h。如加热过程中溶液变棕色,再加5 mL硝酸,继续回流2 h,消解到样品完全溶解,一般呈淡黄色或无色,放冷后从冷凝管上

端小心加20 mL水，继续加热回流10 min，放冷，用适量水冲洗冷凝管，冲洗液并入消化液中，将消化液经玻璃棉过滤于100 mL容量瓶内，用少量水洗涤锥形瓶、滤器，洗涤液并入容量瓶内，加水至刻度，混匀，同时做空白试验。

3）仪器参考条件

打开测汞仪，预热1 h，并将仪器性能调至最佳状态。

4）标准曲线的制作

分别吸取50 ng/mL汞标准使用液0、0.20 mL、0.50 mL、1.00 mL、1.50 mL、2.00 mL、2.50 mL于50 mL容量瓶中，用硝酸溶液（1+9）稀释至刻度，混匀。各自相当于汞浓度0、0.20 ng/mL、0.50 ng/mL、1.00 ng/mL、1.50 ng/mL、2.00 ng/mL和2.50 ng/mL，此标准系列适用于一般试样测定。将标准系列溶液分别置于测汞仪的蒸气发生器中，连接抽气装置，沿壁迅速加入3 mL还原剂氯化亚锡溶液（100 g/L），迅速盖紧瓶塞，随后有气泡产生，立即通过流速为1.0 L/min的氮气或经活性炭处理的空气，使汞蒸气经过氯化钙干燥管进入测汞仪中，从仪器读数显示的最高点测得其吸收值。然后打开吸收瓶上的三通阀，将产生的剩余汞蒸气吸收于高锰酸钾溶液（50 g/L）中，待测汞仪上的读数达到零点时进行下一次测定。同时做试剂空白试验。求得吸光度值与汞质量关系的一元线性回归方程。

5）试样溶液的测定

分别吸收样液和试剂空白各5.0 mL置于测汞仪的蒸气发生器的还原瓶中，连接抽气装置，沿壁迅速加入3 mL还原剂氯化亚锡溶液（100 g/L），迅速盖紧瓶塞，随后有气泡产生，立即通过流速为1.0 L/min的氮气或经活性炭处理的空气，使汞蒸气经过氯化钙干燥管进入测汞仪中，从仪器读数显示的最高点测得其吸收值。然后，打开吸收瓶上的三通阀，将产生的剩余汞蒸气吸收于高锰酸钾溶液（50 g/L）中，待测汞仪上的读数达到零点时进行下一次测定。同时做试剂空白试验。将所测得吸光度值，代入标准系列溶液的一元线性回归方程中求得试样溶液中汞含量。

7. 结果计算与表示

试样中汞的含量按下式进行计算：

$$X = \frac{(m_1 - m_2) \times V_1}{m \times V_2 \times 1\,000} \tag{3-8}$$

式中　X——试样中汞含量，mg/kg；

m_1——测定样液中汞质量，ng；

m_2——空白液中汞质量，ng；

V_1——试样消化液定容总体积，mL；

m——试样质量，g；

V_2——测定样液体积，mL；

1 000——换算系数。

当分析结果≥0.100 mg/kg时，保留三位有效数字；当分析结果<0.100 mg/kg时，保留两位有效数字。

8. 质量保证和质量控制

在重复性条件下获得的两次独立测定结果的绝对差值不得超过算术平均值的20%。

3.2.5 植株中砷的测定

3.2.5.1 电感耦合等离子体质谱法(ICP-MS)

1. 编制依据

本方法依据《食品安全国家标准　食品中总砷及无机砷的测定》(GB/T 5009.11—2014)第一篇第一法编制。

2. 适用范围

本方法规定了用电感耦合等离子体质谱法测定农产品中总砷的含量。

本方法适用于农产品中总砷的测定。当称样量为1 g、定容体积为25 mL时,方法检出限为0.003 mg/kg,方法定量限为0.010 mg/kg。

3. 方法原理

样品经酸消解处理为样品溶液,样品溶液经雾化由载气送入ICP炬管中,经过蒸发、解离、原子化和离子化等过程,转化为带电荷的离子,经离子采集系统进入质谱仪,质谱仪根据质荷比进行分离。对于一定的质荷比,质谱的信号强度与进入质谱仪的离子数成正比,即质谱信号强度与样品浓度成正比。通过测量质谱的信号强度对样品溶液中砷元素进行测定。

4. 试剂和材料

注:除非另有说明,本方法所用试剂均为优级纯,水为GB/T 6682规定的一级水。

(1)硝酸[HNO_3,MOS级(电子工业专用高纯化学品)、BV(Ⅲ)级]溶液(2+98):量取20 mL硝酸,缓缓倒入980 mL水中,混匀。

(2)内标溶液Ge或Y(1.0 μg/mL):量取1.0 mL浓度为100 μg/mL的内标储备液,用硝酸溶液(2+98)稀释并定容至100 mL。

(3)氢氧化钠(NaOH)溶液(100 g/L):称取10.0 g氢氧化钠,用水溶解和定容至100 mL。

(4)砷标准溶液。

砷标准储备液:(100 mg/L,按As计):准确称取100 ℃干燥2 h以上的三氧化二砷(As_2O_3标准品,纯度99.5%)0.013 2 g,加100 g/L氢氧化钠1 mL和少量水溶解,转入100 mL容量瓶中,加入适量盐酸调整其酸度近中性,加水稀释至刻度。4 ℃避光保存,保存期1年。或购买经国家认证并授予标准物质证书的标准溶液物质。

砷标准使用液(含砷1.00 mg/L,按As计):准确吸取1.00 mL砷标准储备液(100 mg/L)于100 mL容量瓶中,用硝酸溶液(2+98)稀释定容至刻度。现用现配。

5. 仪器和设备

注:玻璃器皿及聚四氟乙烯消解内罐均需以硝酸溶液(1+4)浸泡24 h,用水反复冲洗,最后用去离子水冲洗干净。

(1)电感耦合等离子体质谱仪(ICP-MS)。

(2)微波消解系统。

(3)压力消解器。

(4)恒温干燥箱:50 ~ 300 ℃。

(5)控温电热板:50 ~ 200 ℃。

(6)超声水浴箱。

(7)天平:感量为 0.1 mg 和 1 mg。

(8)一般实验室仪器。

6. 分析步骤

1)样品预处理

在样品制备过程中,应注意防止样品被污染。

粮食样品晾干、去杂物、去皮后磨碎,使样品全部通过 40 ~ 60 目尼龙塑料筛后,混合均匀,装入洁净聚乙烯瓶中,密封保存备用。

2)样品消解(可根据实验室条件选用以下任何一种方法消解)

微波消解法:称取 0.2 ~ 0.5 g(精确 0.001 g)样品于消解罐中,加入 5 mL 硝酸,放置 30 min,盖好安全阀,将消解罐放入微波消解系统中,按表 3-15 设置微波消解条件,按相关步骤进行消解,消解完全后赶酸,将消化液转移至 25 mL 容量瓶或比色管中,用少量水洗涤内罐 3 次,合并洗涤液并定容至刻度,混匀。同时,作空白试验。

表 3-15　农产品样品微波消解参考条件

步骤	功率		升温时间(min)	控制温度(℃)	保持时间(min)
1	1 200 W	100%	5	120	6
2	1 200 W	100%	5	160	6
3	1 200 W	100%	5	190	20

高压密闭消解法:称取 0.20 ~ 1 g(精确 0.001 g)样品于消解罐中,加入硝酸 5 mL 浸泡过夜。盖好内盖,旋紧不锈钢外套,放入恒温干燥箱 140 ~ 160 ℃保持 3 ~ 4 h,自然冷却至室温,然后缓慢旋松不锈钢外套,将消解内罐取出,用少量水冲洗内盖,置于控温电热板上于 120 ℃赶去棕色气体。取出消解内罐,将消化液移至 25 mL 容量瓶或比色管中,用少量水洗涤内罐 3 次,合并洗涤液并定容至刻度,混匀。同时,做空白试验。

3)仪器参考条件

RF 功率 1 550 W、载气流速 1.14 L/min、采样深度 7 mm、雾化室温度 2 ℃、采样锥、截取锥。

质谱干扰主要来源于同量异位素、多原子、双电荷离子等,可采用最优化仪器条件、干扰校正方程校正或采用碰撞池、动态反应池技术方法消除干扰。砷的干扰校正方程为:$^{75}As = ^{75}As - ^{77}M(3.127) + ^{82}M(2.733) - ^{83}M(2.757)$,采用内标校正、稀释样品等方法校正非质谱干扰。砷的 m/z 为 75,选 ^{74}Ge 为内标元素。

推荐使用碰撞/反应池技术,在没有碰撞/反应池技术的情况下使用干扰方程消除干扰的影响。

4)标准系列制作

吸取适量砷标准使用液(1.00 mg/L)用(2 + 98)硝酸配制砷浓度分别为 0、1.0 ng/mL、

5.0 ng/mL、10.0 ng/mL、50.0 ng/mL、100.0 ng/mL 的标准系列溶液。

当仪器真空度达到要求时，用调谐液调整仪器灵敏度、氧化物、双电荷、分辨率等各项指标；当仪器各项指标达到测定要求时，编辑测定方法、选择相关消除干扰方法，引入内标，观测内标灵敏度、脉冲与模拟式的线性拟合，符合要求后，将标准系列引入仪器。进行相关数据处理，绘制标准曲线、计算回归方程。

5）样品溶液的测定

相同条件，将试剂空白、样品溶液分别引入仪器进行测定。根据回归方程计算出样品中砷元素的浓度。

7. 结果计算与表示

试样中砷含量按下式计算：

$$X = \frac{(c - c_0) \times V \times 1\,000}{m \times 1\,000 \times 1\,000} \tag{3-9}$$

式中 X——试样中的砷含量，mg/kg；

c——试样消化液中砷的测定浓度，ng/mL；

c_0——试样空白消化液中砷的测定浓度，ng/mL；

V——试样消化液总体积，mL；

m——试样的质量，g；

1 000——换算系数。

当分析结果≥0.100 mg/kg 时，保留三位有效数字；当分析结果 <0.100 mg/kg 时，保留两位有效数字。

8. 质量保证和质量控制

在重复条件下获得两次独立测定结果的绝对差值不得超过算术平均值的 20%。

3.2.5.2 氢化物发生原子荧光法

1. 编制依据

本方法依据《食品安全国家标准　食品中总砷及无机砷的测定》（GB/T 5009.11—2014）第一篇第二法编制。

2. 适用范围

本方法规定了用氢化物发生原子荧光法测定农产品中总砷的含量。

本方法适用于农产品样品中总砷的测定。当称样量为 1 g、定容体积为 25 mL 时，方法检出限为 0.010 mg/kg，方法定量限为 0.040 mg/kg。

3. 方法原理

样品经湿消解或干灰化法处理后，加入硫脲使五价砷预还原为三价砷，再加入硼氢化钾或硼氢化钠使还原生成砷化氢，由氩气载入石英原子化器中分解为原子态砷，在高强度砷空心阴极灯的发射光激发下产生原子荧光，其荧光强度在固定条件下与被测液中的砷浓度成正比，与标准系列比较定量。

4. 试剂和材料

注：除非另有说明，本方法所用试剂均为优级纯，水为 GB/T 6682 规定的一级水。

（1）氢氧化钾（KOH）溶液（5 g/L）：称取 5.0 g 氢氧化钾，溶于水并稀释至 1 000 mL。

(2)硼氢化钾(KBH_4,分析纯)溶液(20 g/L):称取硼氢化钾20.0 g,溶于1 000 mL 5 g/L氢氧化钾溶液中,混匀。

(3)硫脲溶液($CH_4N_2O_2S$,分析纯)+抗坏血酸($C_6H_8O_6$)溶液:称取10.0 g硫脲,加约80 mL水,加热溶解,待冷却后加入10.0 g抗坏血酸,稀释至100 mL,现用现配。

(4)氢氧化钠(NaOH)溶液(100 g/L):称取10.0 g氢氧化钠,溶于水并稀释至100 mL。

(5)硝酸镁溶液(150 g/L):称取15.0 g硝酸镁[$Mg(NO_3)_2 \cdot 6H_2O$,分析纯],溶于水并稀释至100 mL。

(6)盐酸(HCl)溶液(1+1):量取100 mL盐酸,缓缓倒入100 mL水中,混匀。

(7)硫酸溶液(1+9):量取硫酸100 mL,小心倒入900 mL水中,混匀。

(8)硝酸(HNO_3)溶液(2+98):量取20 mL硝酸,缓缓倒入980 mL水中,混匀。

(9)砷标准储备液(100 mg/L,按As计):准确称取100 ℃干燥2 h以上的三氧化二砷(As_2O_3标准品,纯度99.5%)0.013 2 g加100 g/L氢氧化钠1 mL和少量水溶解,转入100 mL容量瓶中,加入适量盐酸调整其酸度近中性,加水稀释至刻度。4 ℃避光保存,保存期一年。或购买经国家认证并授予标准物质证书的标准溶液物质。

(10)砷标准使用液(含砷1.00 mg/L,按As计):准确吸取1.00 mL砷标准储备液(100 mg/L)于100 mL容量瓶中,用硝酸(2+98)稀释至刻度。现用现配。

湿消解试剂:硝酸(HNO_3)、硫酸(H_2SO_4)、高氯酸($HClO_4$)。

(11)干灰化试剂:六水硝酸镁(150 g/L)、氧化镁(MgO,分析纯)、盐酸(1+1)。

5.仪器和设备

注:玻璃器皿及聚四氟乙烯消解内罐均需以硝酸溶液(1+4)浸泡24 h,用水反复冲洗,最后用去离子水冲洗干净。

(1)原子荧光光谱仪。

(2)天平:感量为0.1 mg和1 mg。

(3)组织匀浆器。

(4)高速粉碎机。

(5)控温电热板:50~200 ℃。

(6)马弗炉。

(7)一般实验室仪器。

6.分析步骤

1)样品预处理

在样品制备过程中,应注意防止样品被污染;粮食样品晾干、去杂物、去皮后磨碎,使样品全部通过40~60目尼龙塑料筛后,混合均匀,装入洁净聚乙烯瓶中,密封保存备用。

2)样品消解(可根据实验室条件选用以下任何一种方法消解)

湿法消解:称取1.0~2.5 g(精确0.001 g)样品置入50~100 mL锥形瓶中,同时做两份试剂空白。加硝酸20 mL、高氯酸4 mL、硫酸1.25 mL,摇匀后放置过夜。次日置于电热板上加热消解。若消解液处理至1 mL左右时仍有未分解物质或色泽变深,取下放冷,补加硝酸5~10 mL,再消解至2 mL左右观察,如此反复两三次,注意避免炭化。如仍不能消解完全，则加入高氯酸 1 ~ 2 mL，继续加热至消解完全后，再持续蒸发至高氯酸的白烟散尽，硫酸的白烟开始冒出。冷却，加水 25 mL，再蒸发至冒硫酸白烟，冷却。用水将内容物转入 25 mL 容量瓶或比色管中，加入硫脲 + 抗坏血酸溶液 2 mL，补水至刻度并混匀，放置 30 min，待测。按同一操作方法做空白试验。

干法灰化：称取 1.0 ~ 2.5 g（精确 0.001 g）样品于 50 ~ 100 mL 坩埚中，同时做两份试剂空白。加 150 g/L 硝酸镁 10 mL 混匀，低热蒸干，将氧化镁 1 g 仔细覆盖在干渣上，于电炉上炭化至无黑烟，移入 550 ℃马弗炉灰化 4 h。取出放冷，小心加入（1 + 1）盐酸 10 mL 以中和氧化镁并溶解灰分，转入 25 mL 容量瓶或比色管中，向容量瓶或比色管中加入硫脲 + 抗坏血酸溶液 2 mL，另用硫酸溶液（1 + 9）分次洗涤坩埚后合并洗涤液至 25 mL 刻度，混匀，放置 30 min，待测。按同一操作方法做空白试验。

3）仪器参考条件

负高压：260 V；砷空心阴极灯电流：50 ~ 80 mA；载气：氩气；载气流速：500 mL/min；屏蔽气流速：800 mL/min；测量方式：荧光强度；读数方式：峰面积。

4）标准系列制作

取 25 mL 容量瓶或比色管 6 支，依次准确加入 1.00 mg/L 砷标准使用液 0、0.10 mL、0.25 mL、0.50 mL、1.50 mL、3.00 mL（分别相当于砷浓度 0、4.0 ng/mL、10.0 ng/mL、20.0 ng/mL、60.0 ng/mL、120.0 ng/mL），再分别各加（1 + 9）硫酸 12.5 mL、硫脲 + 抗坏血酸溶液 2 mL，补加水至刻度。混匀后放置 30 min 后测定。

仪器预热稳定后，将试剂空白、标准系列溶液依次引入仪器进行原子荧光强度的测定，以原子荧光强度为纵坐标，砷浓度为横坐标绘制标准曲线，得到回归方程。

5）试样溶液的测定

相同条件，将样品溶液分别引入仪器进行测定。根据回归方程计算出样品砷元素的浓度。

7. 结果计算与表示

试样中总砷含量按下式计算：

$$X = \frac{(c - c_0) \times V \times 1\,000}{m \times 1\,000 \times 1\,000} \tag{3-10}$$

式中　X——试样中的砷含量，mg/kg；

c——试样被测液中砷的测定浓度，ng/mL；

c_0——试样空白消化液中砷的测定浓度，ng/mL；

V——试样消化液总体积，mL；

m——试样的质量，g；

1 000——换算系数。

当分析结果 ≥ 0.100 mg/kg 时，保留三位有效数字；当分析结果 < 0.100 mg/kg 时，保留两位有效数字。

8. 质量保证和质量控制

在重复条件下获得两次独立测定结果的绝对差值不得超过算术平均值的 20%。

3.2.6 植株中镍的测定

3.2.6.1 电感耦合等离子体质谱法(ICP-MS)

同3.2.1.1。

3.2.6.2 石墨炉原子吸收分光光度法

1. 编制依据

本方法依据《食品安全国家标准 食品中镍的测定》(GB/T 5009.138—2017)编制。

2. 适用范围

本方法规定了食品中镍含量测定的石墨炉原子吸收光谱法。

本方法适用于各类食品中镍含量的测定。

3. 方法原理

试样消解处理后,经石墨炉原子化,在232.0 nm处测定吸光度。在一定浓度范围内镍的吸光度值与镍含量成正比,与标准系列比较定量。

4. 试剂和材料

除非另有说明,本方法所用试剂均为优级纯,水为GB/T 6682规定的二级水。

(1)硝酸(HNO_3)。

(2)高氯酸($HClO_4$)。

(3)硝酸钯[$Pd(NO_3)_2$]。

(4)磷酸二氢铵($NH_4H_2PO_4$)。

(5)硝酸溶液(0.5 mol/L):吸取硝酸3.2 mL,加水稀释至100 mL,混匀。

(6)硝酸溶液(1+1):量取500 mL硝酸,与500 mL水混合均匀。

(7)磷酸二氢铵-硝酸钯溶液:称取0.02 g硝酸钯,分几次加入少量硝酸溶液(1+1)溶解后,再加入2 g磷酸二氢铵,用硝酸溶液(1+1)定容至100 mL,混匀。

(8)金属镍(Ni,CAS号:7440-02-0):纯度>99.99%,或经国家认证并授予标准物质证书的一定浓度的镍标准溶液。

(9)镍标准储备液(1 000 mg/L):准确称取1 g(精确至0.000 1 g)金属镍,加入30 mL硝酸溶液(1+1),加热溶解,移入1 000 mL容量瓶中,加水稀释至刻度,混匀。

(10)镍标准中间液(1.00 mg/L):准确吸取镍标准储备液(1 000 mg/L)0.1 mL于100 mL容量瓶中,加硝酸溶液(0.5 mol/L)定容至刻度,混匀。

(11)镍标准系列溶液:分别准确吸取镍标准中间液0、0.50 mL、1.00 mL、2.00 mL、4.00 mL和5.00 mL于100 mL容量瓶中,加硝酸溶液(0.5 mol/L)稀释至刻度,混匀。此镍标准系列溶液的质量浓度分别为0、5.0 μg/L、10.0 μg/L、20.0 μg/L、40.0 μg/L和50.0 μg/L。

注:可根据仪器的灵敏度及样品中镍的实际含量确定标准系列溶液中镍的质量浓度。

5. 仪器和设备

注:所有玻璃器皿及聚四氟乙烯消解内罐均需硝酸溶液(1+5)浸泡过夜,用自来水反复冲洗,最后用水冲洗干净。

(1)原子吸收光谱仪,配石墨炉原子化器,附镍空心阴极灯。

(2)分析天平:感量为0.1 mg和1 mg。

(3)可调式电热炉。

(4)可调式电热板。

(5)微波消解系统:配聚四氟乙烯消解内罐。

(6)压力消解罐:配聚四氟乙烯消解内罐。

(7)恒温干燥箱。

(8)马弗炉。

6. 分析步骤

1)试样制备

注:在采样和试样制备过程中,应避免试样污染。

粮食、豆类样品:样品去除杂物后,粉碎,储于塑料瓶中。

蔬菜、水果、鱼类、肉类等样品:样品用水洗净,晾干,取可食部分,制成匀浆,储于塑料瓶中。

饮料、酒、醋、酱油、食用植物油、液态乳等液体样品:将样品摇匀。

2)试样消解

湿法消解:称取固体试样0.2～3 g(精确至0.001 g)或准确移取液体试样0.500～5.00 mL于带刻度消化管中,加入10 mL硝酸、0.5 mL高氯酸,在可调式电热炉上消解[参考条件:120 ℃/(0.5～1)h、升至180 ℃/(2～4)h、升至200～220 ℃]。若消化液呈棕褐色,加少量硝酸,消解至冒白烟,消化液呈无色透明或略带黄色,取出消化管,冷却后用水定容至10 mL,混匀备用。同时做试剂空白试验。也可采用锥形瓶,于可调式电热板上,按上述操作方法进行湿法消解。

微波消解:称取固体试样0.2～0.8 g(精确至0.001 g)或准确移取液体试样0.500～3.00 mL于微波消解罐中,加入5 mL硝酸,按照微波消解的操作步骤消解试样,消解条件参考表3-16。冷却后取出消解罐,在电热板上于140～160 ℃赶酸至1 mL左右。消解罐放冷后,将消化液转移至10 mL容量瓶中,用少量水洗涤消解罐2～3次,合并洗涤液于容量瓶中并用水定容至刻度,混匀备用。同时做试剂空白试验。

表3-16　微波消解推荐升温程序

步骤	设定温度(℃)	升温时间(min)	恒温时间(min)
1	120	5	5
2	160	5	10
3	180	5	10

压力罐消解:称取固体试样0.2～1 g(精确至0.001 g)或准确移取液体试样0.500～5.00 mL于消解内罐中,加入5 mL硝酸。盖好内盖,旋紧不锈钢外套,放入恒温干燥箱,于140～160 ℃下保持4～5 h。冷却后缓慢旋松外罐,取出消解内罐,放在可调式电热板上于140～160 ℃赶酸至1 mL左右。冷却后将消化液转移至10 mL容量瓶中,用少量水洗涤内罐和内盖2～3次,合并洗涤液于容量瓶中并用水定容至刻度,混匀备用。同时做

试剂空白试验。

干法灰化:称取固体试样0.5～5 g(精确至0.001 g)或准确移取液体试样0.500～10.0 mL于坩埚中,小火加热,炭化至无烟,转移至马弗炉中,于550 ℃灰化3～4 h。冷却,取出,对于灰化不彻底的试样,加数滴硝酸,小火加热,小心蒸干,再转入550 ℃马弗炉中,继续灰化1～2 h,至试样呈白灰状,冷却,取出,用适量硝酸溶液(1+1)溶解并用水定容至10 mL。同时做试剂空白试验。

3)测定

仪器参考条件:根据各自仪器性能调至最佳状态。石墨炉推荐升温程序见表3-17。

表3-17　石墨炉推荐升温程序

步骤	程序	温度(℃)	升温时间(s)	保持(s)	氩气流量(L/min)
1	干燥	85	5	10	0.3
		120	5	20	0.3
2	灰化	400	10	10	0.3
		1 000	10	10	0.3
3	原子化	2 700	1	3	停气
4	净化	2 750	1	4	0.3

标准曲线的制作:按质量浓度由低到高的顺序分别将10 μL镍标准系列溶液和5 μL磷酸二氢铵－硝酸钯溶液(可根据所使用的仪器确定最佳进样量)同时注入石墨炉,原子化后测其吸光度值,以质量浓度为横坐标,吸光度值为纵坐标,制作标准曲线。

试样溶液的测定:在与测定标准溶液相同的实验条件下,将10 μL空白溶液或试样溶液与5 μL磷酸二氢铵－硝酸钯溶液(可根据所使用的仪器确定最佳进样量)同时注入石墨炉,原子化后测其吸光度值,与标准系列比较定量。

7.分析结果的表述

试样中镍的含量按下式计算:

$$X = \frac{(\rho - \rho_0) \times V}{m \times 1\,000} \tag{3-11}$$

式中　X——试样中镍的含量,mg/kg或mg/L;

ρ——试样溶液中镍的质量浓度,μg/L;

ρ_0——空白溶液中镍的质量浓度,μg/L;

V——试样消化液的定容体积,mL;

m——试样称样量或移取体积,g或mL;

1 000——换算系数。

当镍含量≥1.00 mg/kg(或mg/L)时,计算结果保留三位有效数字;当镍含量<1.00 mg/kg(或mg/L)时,计算结果保留两位有效数字。

8.精密度

在重复性条件下获得的两次独立测定结果的绝对差值不得超过算术平均值的20%。

9. 其他

当称样量为0.5 g(或0.5 mL)、定容体积为10 mL 时,方法的检出限为0.02 mg/kg(或0.02 mg/L),定量限为0.05 mg/kg(或0.05 mg/L)。

3.2.7 植株中铜的测定

3.2.7.1 电感耦合等离子体质谱法(ICP - MS)

同3.2.1.1。

3.2.7.2 石墨炉原子吸收分光光度法

1. 编制依据

本方法依据《食品安全国家标准 食品中铜的测定》(GB/T 5009.13—2017)第一法编制。

2. 适用范围

本方法规定了食品中铜含量测定的石墨炉原子吸收光谱法。

本方法适用于各类食品中铜含量的测定。

3. 方法原理

试样消解处理后,经石墨炉原子化,在324.8 nm 处测定吸光度。在一定浓度范围内,铜的吸光度值与铜含量成正比,与标准系列比较定量。

4. 试剂和材料

除非另有说明,本方法所用试剂均为优级纯,水为 GB/T 6682 规定的二级水。

(1)硝酸(HNO_3)。

(2)高氯酸($HClO_4$)。

(3)磷酸二氢铵($NH_4H_2PO_4$)。

(4)硝酸钯[$Pd(NO_3)_2$]。

(5)硝酸溶液(5 +95):量取50 mL 硝酸,缓慢加入到950 mL 水中,混匀。

(6)硝酸溶液(1 +1):量取250 mL 硝酸,缓慢加入到250 mL 水中,混匀。

(7)磷酸二氢铵 - 硝酸钯溶液:称取0.02 g 硝酸钯,加少量硝酸溶液(1 +1)溶解后,再加入2 g 磷酸二氢铵,溶解后用硝酸溶液(5 +95)定容至100 mL,混匀。

(8)五水硫酸铜($CuSO_4 \cdot 5H_2O$,CAS 号:7758 -99 -8):纯度 >99.99%,或经国家认证并授予标准物质证书的一定浓度的铜标准溶液。

(9)铜标准储备液(1 000 mg/L):准确称取3.928 9 g(精确至0.000 1 g)五水硫酸铜,用少量硝酸溶液(1 +1)溶解,移入1 000 mL 容量瓶,加水至刻度,混匀。

(10)铜标准中间液(1.00 mg/L):准确吸取铜标准储备液(1 000 mg/L)1.00 mL 于1 000 mL 容量瓶中,加硝酸溶液(5 +95)至刻度,混匀。

(11)铜标准系列溶液:分别吸取铜标准中间液(1.00 mg/L)0、0.50 mL、1.00 mL、2.00 mL、3.00 mL 和4.00 mL 于100 mL 容量瓶中,加硝酸溶液(5 +95)至刻度,混匀。此铜标准系列溶液的质量浓度分别为0、5.0 μg/L、10.0 μg/L、20.0 μg/L、30.0 μg/L 和40.0 μg/L。

注:可根据仪器的灵敏度及样品中铜的实际含量确定标准系列溶液中铜元素的质量

浓度。

5. 仪器和设备

注：所有玻璃器皿及聚四氟乙烯消解内罐均需硝酸（1+5）浸泡过夜，用自来水反复冲洗，最后用水冲洗干净。

（1）原子吸收光谱仪：配石墨炉原子化器，附铜空心阴极灯。

（2）分析天平：感量0.1 mg和1 mg。

（3）可调式电热炉。

（4）可调式电热板。

（5）微波消解系统：配聚四氟乙烯消解内罐。

（6）压力消解罐：配聚四氟乙烯消解内罐。

（7）恒温干燥箱。

（8）马弗炉。

6. 分析步骤

1）试样制备

在采样和试样制备过程中，应避免试样污染。

粮食、豆类样品：样品去除杂物后，粉碎，储于塑料瓶中。

蔬菜、水果、鱼类、肉类等样品：样品用水洗净，晾干，取可食部分，制成匀浆，储于塑料瓶中。

饮料、酒、醋、酱油、食用植物油、液态乳等液体样品：将样品摇匀。

2）试样前处理

湿法消解：称取固体试样0.2～3 g（精确至0.001 g）或准确移取液体试样0.500～5.00 mL于带刻度消化管中，加入10 mL硝酸、0.5 mL高氯酸，在可调式电热炉上消解［参考条件：120 ℃/（0.5～1）h、升至180 ℃/（2～4）h、升至200～220 ℃］。若消化液呈棕褐色，再加少量硝酸，消解至冒白烟，消化液呈无色透明或略带黄色，取出消化管，冷却后用水定容至10 mL，混匀备用。同时做试剂空白试验。也可采用锥形瓶，于可调式电热板上，按上述操作方法进行湿法消解。

微波消解：称取固体试样0.2～0.8 g（精确至0.001 g）或准确移取液体试样0.500～3.00 mL于微波消解罐中，加入5 mL硝酸，按照微波消解的操作步骤消解试样，消解条件参考表3-18。冷却后取出消解罐，在电热板上于140～160 ℃赶酸至1 mL左右。消解罐放冷后，将消化液转移至10 mL容量瓶中，用少量水洗涤消解罐2～3次，合并洗涤液于容量瓶中，用水定容至刻度，混匀备用。同时做试剂空白试验。

表3-18　微波消解参考条件

步骤	设定温度（℃）	升温时间（min）	恒温时间（min）
1	120	5	5
2	160	5	10
3	180	5	10

压力罐消解:称取固体试样0.2~1 g(精确至0.001 g)或准确移取液体试样0.500~5.00 mL于消解内罐中,加入5 mL硝酸。盖好内盖,旋紧不锈钢外套,放入恒温干燥箱,于140~160 ℃下保持4~5 h。冷却后缓慢旋松外罐,取出消解内罐,放在可调式电热板上于140~160 ℃赶酸至1 mL左右。冷却后将消化液转移至10 mL容量瓶中,用少量水洗涤内罐和内盖2~3次,合并洗涤液于容量瓶中并用水定容至刻度,混匀备用。同时做试剂空白试验。

干法灰化:称取固体试样0.5~5 g(精确至0.001 g)或准确移取液体试样0.500~10.0 mL于坩埚中,小火加热,炭化至无烟,转移至马弗炉中,于550 ℃灰化3~4 h。冷却,取出,对于灰化不彻底的试样,加数滴硝酸,小火加热,小心蒸干,再转入550 ℃马弗炉中,继续灰化1~2 h,至试样呈白灰状,冷却,取出,用适量硝酸溶液(1+1)溶解并用水定容至10 mL。同时做试剂空白试验。

3)测定

仪器参考条件:根据各自仪器性能调至最佳状态。参考条件见表3-19。

表3-19 石墨炉原子吸收光谱法仪器参考条件

元素	波长(nm)	狭缝(nm)	灯电流(mA)	干燥	灰化	原子化
铜	324.8	0.5	8~12	5~120 ℃/(40~50)s	800 ℃/(20~30)s	2 350 ℃/(4~5)s

标准曲线的制作:按质量浓度由低到高的顺序分别将10 μL铜标准系列溶液和5 μL磷酸二氢铵-硝酸钯溶液(可根据所使用的仪器确定最佳进样量)同时注入石墨炉,原子化后测其吸光度值,以质量浓度为横坐标,吸光度值为纵坐标,制作标准曲线。

试样溶液的测定:与测定标准溶液相同的实验条件下,将10 μL空白溶液或试样溶液与5 μL磷酸二氢铵-硝酸钯溶液(可根据所使用的仪器确定最佳进样量)同时注入石墨炉,注入石墨管,原子化后测其吸光度值,与标准系列比较定量。

7.分析结果的表述

试样中铜的含量按下式计算:

$$X = \frac{(\rho - \rho_0) \times V}{m \times 1\,000} \tag{3-12}$$

式中 X——试样中铜的含量,mg/kg或mg/L;

ρ——试样溶液中铜的质量浓度,μg/L;

ρ_0——空白溶液中铜的质量浓度,μg/L;

V——试样消化液的定容体积,mL;

m——试样称样量或移取体积,g或mL;

1 000——换算系数。

当铜含量≥1.00 mg/kg(或mg/L)时,计算结果保留三位有效数字;当铜含量<1.00 mg/kg(或mg/L)时,计算结果保留两位有效数字。

8.精密度

在重复性条件下获得的两次独立测定结果的绝对差值不得超过算术平均值的20%。

9. 其他

当称样量为0.5 g(或0.5 mL)、定容体积为10 mL时,方法的检出限为0.02 mg/kg(或0.02 mg/L),定量限为0.05 mg/kg(或0.05 mg/L)。

3.2.7.3　火焰原子吸收分光光度法

1. 编制依据

本方法依据《食品安全国家标准　食品中铜的测定》(GB/T 5009.13—2017)第二法编制。

2. 适用范围

本方法规定了食品中铜含量测定的火焰原子吸收光谱法。

本方法适用于各类食品中铜含量的测定。

3. 方法原理

试样消解处理后,经火焰原子化,在324.8 nm处测定吸光度。在一定浓度范围内铜的吸光度值与铜含量成正比,与标准系列比较定量。

4. 试剂和材料

(1)硝酸(HNO_3)。

(2)高氯酸($HClO_4$)。

(3)硝酸溶液(5+95):量取50 mL硝酸,缓慢加入到950 mL水中,混匀。

(4)硝酸溶液(1+1):量取250 mL硝酸,缓慢加入到250 mL水中,混匀。

(5)五水硫酸铜($CuSO_4 \cdot 5H_2O$,CAS号:7758-99-8):纯度>99.99%,或经国家认证并授予标准物质证书的一定浓度的铜标准溶液。

(6)铜标准储备液(1 000 mg/L):准确称取3.928 9 g(精确至0.000 1 g)五水硫酸铜,用少量硝酸溶液(1+1)溶解,移入1 000 mL容量瓶,加水至刻度,混匀。

(7)铜标准中间液(10.0 mg/L):准确吸取铜标准储备液(1 000 mg/L)1.00 mL于100 mL容量瓶中,加硝酸溶液(5+95)至刻度,混匀。

(8)铜标准系列溶液:分别吸取铜标准中间液(10.0 mg/L)0、1.00 mL、2.00 mL、4.00 mL、8.00 mL和10.0 mL于100 mL容量瓶中,加硝酸溶液(5+95)至刻度,混匀。此铜标准系列溶液的质量浓度分别为0、0.100 mg/L、0.200 mg/L、0.400 mg/L、0.800 mg/L和1.00 mg/L。

注:可根据仪器的灵敏度及样品中铜的实际含量确定标准系列溶液中铜元素的质量浓度。

5. 仪器设备

注:所有玻璃器皿及聚四氟乙烯消解内罐均需硝酸(1+5)浸泡过夜,用自来水反复冲洗,最后用水冲洗干净。

(1)原子吸收光谱仪:配火焰原子化器,附铜空心阴极灯。

(2)分析天平:感量0.1 mg和1 mg。

(3)可调式电热炉。

(4)可调式电热板。

(5)微波消解系统:配聚四氟乙烯消解内罐。

(6)压力消解罐:配聚四氟乙烯消解内罐。

(7)恒温干燥箱。

(8)马弗炉。

6. 分析步骤

1)试样制备

在采样和试样制备过程中,应避免试样污染。

粮食、豆类样品:样品去除杂物后,粉碎,储于塑料瓶中。

蔬菜、水果、鱼类、肉类等样品:样品用水洗净,晾干,取可食部分,制成匀浆,储于塑料瓶中。

饮料、酒、醋、酱油、食用植物油、液态乳等液体样品:将样品摇匀。

2)试样前处理

湿法消解:称取固体试样 0.2 ~ 3 g(精确至 0.001 g)或准确移取液体试样 0.500 ~ 5.00 mL 于带刻度消化管中,加入 10 mL 硝酸、0.5 mL 高氯酸,在可调式电热炉上消解(参考条件:120 ℃/(0.5 ~ 1)h、升至 180 ℃/(2 ~ 4)h、升至 200 ~ 220 ℃)。若消化液呈棕褐色,再加少量硝酸,消解至冒白烟,消化液呈无色透明或略带黄色,取出消化管,冷却后用水定容至 10 mL,混匀备用。同时做试剂空白试验。也可采用锥形瓶,于可调式电热板上,按上述操作方法进行湿法消解。

微波消解:称取固体试样 0.2 ~ 0.8 g(精确至 0.001 g)或准确移取液体试样 0.500 ~ 3.00 mL 于微波消解罐中,加入 5 mL 硝酸,按照微波消解的操作步骤消解试样,消解条件参考表 3-20。冷却后取出消解罐,在电热板上于 140 ~ 160 ℃赶酸至 1 mL 左右。消解罐放冷后,将消化液转移至 10 mL 容量瓶中,用少量水洗涤消解罐 2 ~ 3 次,合并洗涤液于容量瓶中,用水定容至刻度,混匀备用。同时做试剂空白试验。

表 3-20　微波消解参考条件

步骤	设定温度(℃)	升温时间(min)	恒温时间(min)
1	120	5	5
2	160	5	10
3	180	5	10

压力罐消解:称取固体试样 0.2 ~ 1 g(精确至 0.001 g)或准确移取液体试样 0.500 ~ 5.00 mL 于消解内罐中,加入 5 mL 硝酸。盖好内盖,旋紧不锈钢外套,放入恒温干燥箱,于 140 ~ 160 ℃下保持 4 ~ 5 h。冷却后缓慢旋松外罐,取出消解内罐,放在可调式电热板上于 140 ~ 160 ℃赶酸至 1 mL 左右。冷却后将消化液转移至 10 mL 容量瓶中,用少量水洗涤内罐和内盖 2 ~ 3 次,合并洗涤液于容量瓶中并用水定容至刻度,混匀备用。同时做试剂空白试验。

干法灰化:称取固体试样 0.5 ~ 5 g(精确至 0.001 g)或准确移取液体试样 0.500 ~ 10.0 mL 于坩埚中,小火加热,炭化至无烟,转移至马弗炉中,于 550 ℃灰化 3 ~ 4 h。冷却,取出,对于灰化不彻底的试样,加数滴硝酸,小火加热,小心蒸干,再转入 550 ℃马弗炉中，继续灰化1～2 h，至试样呈白灰状，冷却，取出，用适量硝酸溶液（1+1）溶解并用水定容至10 mL。同时做试剂空白试验。

3）测定

仪器测试条件：根据各自仪器性能调至最佳状态。参考条件见表3-21。

表3-21　火焰原子吸收光谱法仪器参考条件

元素	波长（nm）	狭缝（nm）	灯电流（mA）	燃烧头高度（mm）	空气流量（L/min）	乙炔流量（L/min）
铜	324.8	0.5	8～12	6	9	2

标准曲线的制作：将铜标准系列溶液按质量浓度由低到高的顺序分别导入火焰原子化器，原子化后测其吸光度值，以质量浓度为横坐标，吸光度值为纵坐标，制作标准曲线。

试样测定：在与测定标准溶液相同的实验条件下，将空白溶液和试样溶液分别导入火焰原子化器，原子化后测其吸光度值，与标准系列比较定量。

7. 分析结果的表述

试样中铜的含量按下式计算：

$$X = \frac{(\rho - \rho_0) \times V}{m} \tag{3-13}$$

式中　X——试样中铜的含量，mg/kg或mg/L；

ρ——试样溶液中铜的质量浓度，mg/L；

ρ_0——空白溶液中铜的质量浓度，mg/L；

V——试样消化液的定容体积，mL；

m——试样称样量或移取体积，g或mL。

当铜含量≥10.0 mg/kg（或mg/L）时，计算结果保留三位有效数字；当铜含量<10.0 mg/kg（或mg/L）时，计算结果保留两位有效数字。

8. 精密度

在重复性条件下获得的两次独立测定结果的绝对差值不得超过算术平均值的10%。

9. 其他

当称样量为0.5 g（或0.5 mL）、定容体积为10 mL时，方法的检出限为0.2 mg/kg（或0.2 mg/L）。

3.2.8　植株中锌的测定

3.2.8.1　电感耦合等离子体质谱法（ICP-MS）

同3.2.1.1。

3.2.8.2　火焰原子吸收分光光度法

1. 编制依据

本方法依据现行《食品安全国家标准　食品中锌的测定》（GB/T 5009.14）第一法编制。

2. 适用范围

本方法规定了食品中锌含量测定的火焰原子吸收光谱法。

本方法适用于各类食品中锌含量的测定。

3. 方法原理

试样消解处理后，经火焰原子化，在213.9 nm处测定吸光度。在一定浓度范围内锌的吸光度值与锌含量成正比，与标准系列比较定量。

4. 试剂和材料

除非另有说明，本方法所用试剂均为优级纯，水为GB/T 6682规定的二级水。

(1)硝酸(HNO_3)。

(2)高氯酸($HClO_4$)。

(3)硝酸溶液(5+95)：量取50 mL硝酸，缓慢加入到950 mL水中，混匀。

(4)硝酸溶液(1+1)：量取250 mL硝酸，缓慢加入到250 mL水中，混匀。

(5)氧化锌(ZnO，CAS号：1314-13-2)：纯度>99.99%，或经国家认证并授予标准物质证书的一定浓度的锌标准溶液。

(6)锌标准储备液(1 000 mg/L)：准确称取1.244 7 g(精确至0.000 1 g)氧化锌，加少量硝酸溶液(1+1)，加热溶解，冷却后移入1 000 mL容量瓶，加水至刻度，混匀。

(7)锌标准中间液(10.0 mg/L)：准确吸取锌标准储备液(1 000 mg/L)1.00 mL于100 mL容量瓶中，加硝酸溶液(5+95)至刻度，混匀。

(8)锌标准系列溶液：分别准确吸取锌标准中间液0、1.00 mL、2.00 mL、4.00 mL、8.00 mL和10.0 mL于100 mL容量瓶中，加硝酸溶液(5+95)至刻度，混匀。此锌标准系列溶液的质量浓度分别为0、0.100 mg/L、0.200 mg/L、0.400 mg/L、0.800 mg/L和1.00 mg/L。

注：可根据仪器的灵敏度及样品中锌的实际含量确定标准系列溶液中锌元素的质量浓度。

5. 仪器和设备

注：所有玻璃器皿及聚四氟乙烯消解内罐均需硝酸(1+5)浸泡过夜，用自来水反复冲洗，最后用水冲洗干净。

(1)原子吸收光谱仪：配火焰原子化器，附锌空心阴极灯。

(2)分析天平：感量0.1 mg和1 mg。

(3)可调式电热炉。

(4)可调式电热板。

(5)微波消解系统：配聚四氟乙烯消解内罐。

(6)压力消解罐：配聚四氟乙烯消解内罐。

(7)恒温干燥箱。

(8)马弗炉。

6. 分析步骤

1)试样制备

注：在采样和试样制备过程中，应避免试样污染。

粮食、豆类样品：样品去除杂物后，粉碎，储于塑料瓶中。

蔬菜、水果、鱼类、肉类等样品：样品用水洗净，晾干，取可食部分，制成匀浆，储于塑料瓶中。

饮料、酒、醋、酱油、食用植物油、液态乳等液体样品：将样品摇匀。

2）试样前处理

湿法消解：准确称取固体试样0.2～3 g（精确至0.001 g）或准确移取液体试样0.500～5.00 mL于带刻度消化管中，加入10 mL硝酸、0.5 mL高氯酸，在可调式电热炉上消解［参考条件：120 ℃/（0.5～1）h、升至180 ℃/（2～4）h、升至200～220 ℃］。若消化液呈棕褐色，再加少量硝酸，消解至冒白烟，消化液呈无色透明或略带黄色，取出消化管，冷却后用水定容至25 mL或50 mL，混匀备用。同时做试剂空白试验。也可采用锥形瓶，于可调式电热板上，按上述操作方法进行湿法消解。

微波消解：准确称取固体试样0.2～0.8 g（精确至0.001 g）或准确移取液体试样0.500～3.00 mL于微波消解罐中，加入5 mL硝酸，按照微波消解的操作步骤消解试样，消解条件参考表3-22。冷却后取出消解罐，在电热板上于140～160 ℃赶酸至1 mL左右。消解罐放冷后，将消化液转移至25 mL或50 mL容量瓶中，用少量水洗涤消解罐2～3次，合并洗涤液于容量瓶中，用水定容至刻度，混匀备用。同时做试剂空白试验。

表3-22　微波消解参考条件

步骤	设定温度（℃）	升温时间（min）	恒温时间（min）
1	120	5	5
2	160	5	10
3	180	5	10

压力罐消解：准确称取固体试样0.2～1 g（精确至0.001 g）或准确移取液体试样0.500～5.00 mL于消解内罐中，加入5 mL硝酸。盖好内盖，旋紧不锈钢外套，放入恒温干燥箱，于140～160 ℃下保持4～5 h。冷却后缓慢旋松外罐，取出消解内罐，放在可调式电热板上于140～160 ℃赶酸至1 mL左右。冷却后将消化液转移至25～50 mL容量瓶中，用少量水洗涤内罐和内盖2～3次，合并洗涤液于容量瓶中并用水定容至刻度，混匀备用。同时做试剂空白试验。

干法灰化：准确称取固体试样0.5～5 g（精确至0.001 g）或准确移取液体试样0.500～10.0 mL于坩埚中，小火加热，炭化至无烟，转移至马弗炉中，于550 ℃灰化3～4 h。冷却，取出，对于灰化不彻底的试样，加数滴硝酸，小火加热，小心蒸干，再转入550 ℃马弗炉中，继续灰化1～2 h，至试样呈白灰状，冷却，取出，用适量硝酸溶液（1+1）溶解并用水定容至25 mL或50 mL。同时做试剂空白试验。

3）测定

仪器参考条件：根据各自仪器性能调至最佳状态。参考条件见表3-23。

表 3-23　火焰原子吸收光谱法仪器参考条件

元素	波长（nm）	狭缝（nm）	灯电流（mA）	燃烧头高度（mm）	空气流量（L/min）	乙炔流量（L/min）
锌	213.9	0.2	3～5	3	9	2

标准曲线的制作：将锌标准系列溶液按质量浓度由低到高的顺序分别导入火焰原子化器，原子化后测其吸光度值，以质量浓度为横坐标，吸光度值为纵坐标，制作标准曲线。

试样测定：在与测定标准溶液相同的实验条件下，将空白溶液和试样溶液分别导入火焰原子化器，原子化后测其吸光度值，与标准系列比较定量。

7. 分析结果的表述

试样中锌的含量按下式计算：

$$X = \frac{(\rho - \rho_0) \times V}{m} \tag{3-14}$$

式中　X——试样中锌的含量，mg/kg 或 mg/L；

ρ——试样溶液中锌的质量浓度，mg/L；

ρ_0——空白溶液中锌的质量浓度，mg/L；

V——试样消化液的定容体积，mL；

m——试样称样量或移取体积，g 或 mL。

当锌含量≥10.0 mg/kg（或 mg/L）时，计算结果保留三位有效数字；当锌含量 <10.0 mg/kg（或 mg/L）时，计算结果保留两位有效数字。

8. 精密度

在重复性条件下获得的两次独立测定结果的绝对差值不得超过算术平均值的 10%。

9. 其他

当称样量为 0.5 g（或 0.5 mL）、定容体积为 25 mL 时，方法的检出限为 1 mg/kg（或 1 mg/L），定量限为 3 mg/kg（或 3 mg/L）。

第 4 章　土壤中重金属背景值及污染来源分析

我国土壤环境背景值研究始于 20 世纪 70 年代中期，并于“七五”期间国家将“全国土壤环境背景值调查研究”列为重点科技攻关课题，国家环境保护局于 1990 年出版了《中国土壤元素背景值》，又于 1994 年编制了《中华人民共和国土壤环境背景值图集》。土壤环境背景值是环境科学的基础数据，广泛应用于环境质量评价、环境监测与区划等方面。土壤中重金属背景值是土壤环境化学元素的“水准标高”，是区域环境质量评价、土壤污染评价等不可缺少的根据，是制定土壤环境质量标准的基本依据。在土壤污染防治中，土壤环境质量状况、质量等级的划分、评价土壤是否已发生污染，以及受污染程度与等级，均必须以区域土壤环境背景值为对比的基础和评价的标准，也以此判断并制定防治土壤污染的措施，进而作为土壤环境质量预测和调控的基本依据。

4.1　镉背景值及污染来源分析

4.1.1　我国土壤中镉背景值分析

4.1.1.1　背景值总体情况

镉在地壳中的丰度仅为 0.2×10^{-6}，是一种稀有分散元素。世界土壤中镉含量为 0.01 ~ 2.00 mg/kg，中值为 0.35 mg/kg。虽然各地区镉背景值有较大差异，但一般情况下土壤中自然存在的镉不至于对人类造成危害，造成危害的土壤中的镉大都是人为因素引入的。不同区域因成土母质不同，镉背景值含量也存在一定差异。我国镉元素背景值区域分布规律和分布特征总趋势为：在我国东部地区呈现中部偏高、南北偏低的趋势；从东南沿海向西部地区逐渐增高；云南、贵州、广西及新疆阿尔泰地区为高背景值区；内蒙古、广东、福建和河北北部地区为低背景值区。

镉元素高背景值土类有广西、云南的石灰（岩）土，新疆的棕钙土、绿洲土、水稻土、黑垆土、灰褐土、高山漠土、磷质石灰土等。低背景值土类主要有风沙土、灰色森林土及广东、福建的砖红壤土、赤红壤土和红壤土等。

镉元素受母质母岩影响的高背景值区有石灰岩、海相沉积母质、湖相沉积母质、生物残积母质、流水冲积沉积母质、紫色砂岩和黄土母质等；低背景值区有风沙母质、红色砂岩、砂页岩、中性和酸性火成岩、红土母质和火山喷发物等。

4.1.1.2　背景值分布规律

土壤水平分布受水热条件和大地貌单元的影响，呈现自南而北随热量变化的纬度地带性和自东向西随湿度变化的经度地带性特征。纬度地带性以东部季风区最为完整，由南向北依次出现砖红壤、赤红壤土、红壤土、黄棕壤土、棕壤土到暗棕壤土，而经度地带性土壤以温带和暖温带表现较为明显。垂直分布规律以喜马拉雅山以南的墨脱地区为例，山地海拔 4 000 m,垂直地带由下而上土类主要有红壤土、黄壤土、暗棕壤土、黑毡土。我国土壤镉元素背景值分布规律见表 4-1。

表 4-1　我国土壤镉元素背景值分布规律　（单位:mg/kg）

水平分布规律				垂直分布规律	
经度分布规律(温带)		纬度分布规律(东部季风区)			
土类名称	背景值含量范围	土类名称	背景值含量范围	土类名称	背景值含量范围
暗棕壤	0.046 ~ 0.190	砖红壤	0.024 ~ 0.080	红壤	0.046 ~ 0.080
黑土	0.046 ~ 0.120	赤红壤	0.016 ~ 0.080	黄壤	0.080 ~ 0.120
黑钙土	0.046 ~ 0.120	红壤	0.024 ~ 0.190	暗棕壤	0.046 ~ 0.080
栗钙土	≤0.120	黄棕壤	0.046 ~ 0.120	黑毡土	0.046 ~ 0.120
棕钙土	≤0.120	棕壤	0.024 ~ 0.190		
灰漠土	0.016 ~ 0.120	暗棕壤	0.046 ~ 0.190		
灰棕漠土	0.024 ~ 0.190				

4.1.1.3　耕地土壤镉背景值分布规律

我国耕地土壤分布差异较大,以秦岭—淮河一线为界,以南以水稻土为主,以北以旱作土壤为主,其土壤环境背景值分布规律见表 4-2。

表 4-2　我国耕地土壤镉元素背景值分布规律　（单位:mg/kg）

土类名称	水稻土	潮土	塿土	绵土	黑垆土	绿洲土
背景值含量范围	0.024 ~ 0.029	0.046 ~ 0.190	0.046 ~ 0.120	0.046 ~ 0.190	0.080 ~ 0.190	0.024 ~ 0.190

4.1.1.4　我国及河南省土壤镉背景值统计量

我国及河南省土壤镉背景值统计量见表 4-3。

表 4-3　我国及河南省土壤镉背景值统计量　（单位:mg/kg）

土壤层	区域	统计量				
		范围	中位值	算术平均值	几何平均值	95% 范围值
A 层	全国	0.001 ~ 13.4	0.079	0.097 ±0.079	0.074 ±2.118	0.017 ~ 0.333
	河南省	0.039 ~ 0.276	0.074	0.074 ±0.016 7	0.072 6 ±1.256 2	—
C 层	全国	0.000 1 ~ 13.9	0.069	0.084 ±0.075	0.061 ±2.35	0.011 ~ 0.339
	河南省	0.027 ~ 0.275	0.067	0.068 ±0.016 9	0.065 5 ±1.290 6	—

4.1.1.5　镉背景值主要影响因子

镉背景值主要影响因子排序为土壤类型、土壤有机质、地形等。

4.1.2　镉污染的来源

土壤中镉的来源分为自然来源和人为来源两部分,前者来源于岩石和土壤的本底值,后者主要来源于人类工农业生产活动造成的镉对大气、水体和土壤的污染。人类活动对全球土壤镉的输入量已大大超过自然释放量。

镉主要污染来源有:

(1)交通运输。公路源重金属对公路旁植物污染来说是主要的污染源,通过对路边重金属沉降种类相关分析,结果表明,路边的交通造成的污染主要有铅、镉、锌等重金属。铁路旁 Cd、Pb 污染主要归结于货物(包括冶炼物质、煤炭、石油、建材、矿建等各种大宗工业物资)运输、火车轮轴以及车辆部件的磨损、牵引机车的废气排放等。

(2)农业投入品的使用。①含镉肥料。主要指磷肥以及一些可以用于农业生产的含镉生活垃圾为原料生产的肥料,大量长期使用会造成不同程度的农田镉污染。以畜禽粪便等为原料堆制成的有机肥中也含有较高的镉等重金属,长期连续施用也将造成土壤镉污染。此外,农用塑料薄膜生产应用的热稳定剂中含有镉和铅,在大量使用塑料大棚和地膜过程中都可以造成土壤中镉和铅的污染。②污水灌溉。农业用水短缺和水资源污染严重导致我国大面积农田使用污水灌溉,利用城市排放的污水灌溉农田是解决农业缺水问题的一种有效方法,但是它在带来一定经济效益的同时,也会对环境构成危害,尤其是重金属对土壤的污染。③污泥施肥。城市污泥中含有多种能够促进植物生长的营养物质和微量元素(如 B 和 Mo 等),但是污泥中也可能含有大量的重金属元素,主要来源于不同类别的工业废水中,镉主要来源于矿业废水、钢铁冶炼废水等。

(3)工矿企业活动。镉往往与铅锌矿伴生,工矿活动可造成不同程度的镉污染。金属矿山的开采、冶炼造成的重金属尾矿、冶炼废渣和矿渣堆放,在堆放或处理的过程中,由于日晒、雨淋、水洗,重金属极易迁移,以废弃堆为中心向四周及两侧扩散。

4.2　铅背景值及污染来源分析

4.2.1　我国土壤中铅背景值分析

4.2.1.1　背景值总体情况

铅是构成地壳的元素之一,在地壳中的丰度为 12×10^{-6}。世界土壤中铅含量为 2 ~ 300 mg/kg,中值为 35 mg/kg,未受污染的土壤铅含量中值为 12 mg/kg。我国铅元素背景值区域分布规律和分布特征为:纬度地带的总趋势为南半部高、北半部低、东部高于西北部。铅主要积累在土壤表层,且含量与土壤的性质有关,如酸性土壤一般比碱性土壤的铅含量低。在远离人类活动影响的地区,铅的含量一般与岩石中的相似。

不同土壤中铅含量差别很大,不同土地利用方式对土壤中铅的积累也有明显影响。低背景值土类主要有风沙土、栗钙土、棕钙土、灰漠土、灰棕漠土、磷质石灰土、灰色森林土、绵土、碱土等;高背景值土类主要有石灰(岩)土、紫色土、燥红土、寒漠土等。

铅元素受母质母岩影响的高背景值区有火山喷发物、石灰岩、海相沉积物、酸性火成岩等;低背景值区有风沙母质、黄土母质、基性火成岩、流水冲积沉积母质等。

4.2.1.2 背景值分布规律

土壤水平分布受水热条件和大地貌单元的影响，呈现自南而北随热量变化的纬度地带性和自东向西随湿度变化的经度地带性特征。纬度地带性以东部季风区最为完整，由南向北依次出现砖红壤、赤红壤、红壤、黄棕壤、棕壤到暗棕壤，而经度地带性土壤以温带和暖温带表现较为明显。垂直分布规律以喜马拉雅山以南的墨脱地区为例，山地海拔 4 000 m，垂直地带由下而上土类主要有红壤、黄壤、暗棕壤、黑毡土。我国土壤铅元素背景值分布规律见表 4-4。

表 4-4 我国土壤铅元素背景值分布规律 (单位：mg/kg)

水平分布规律				垂直分布规律（喜马拉雅山南侧墨脱地区）	
经度分布规律（温带）		纬度分布规律（东部季风区）			
土类名称	背景值含量范围	土类名称	背景值含量范围	土类名称	背景值含量范围
暗棕壤	13.5 ~ 31.1	砖红壤	23.9 ~ 43.8	红壤	31.1 ~ 43.8
黑土	18.5 ~ 31.1	赤红壤	10.0 ~ 300.0	黄壤	18.5 ~ 23.9
黑钙土	13.5 ~ 23.9	红壤	23.9 ~ 300.0	暗棕壤	10.0 ~ 23.9
栗钙土	≤31.1	黄棕壤	18.5 ~ 43.8	黑毡土	31.1 ~ 43.8
棕钙土	10.0 ~ 23.9	棕壤	≤43.8		
灰漠土	≤2.39	暗棕壤	13.5 ~ 31.1		
灰棕漠土	13.5 ~ 23.9				

4.2.1.3 耕地土壤铅背景值分布规律

我国耕地土壤分布差异较大，以秦岭—淮河一线为界，以南以水稻土为主，以北以旱作土壤为主，其土壤铅元素背景分布规律值见表 4-5。

表 4-5 我国耕地土壤铅元素背景值分布规律 (单位：mg/kg)

土类名称	水稻土	潮土	埁土	绵土	黑垆土	绿洲土
背景值含量范围	18.5 ~ 56.0	13.5 ~ 23.9	13.5 ~ 23.9	18.5 ~ 23.9	18.5 ~ 23.9	23.9 ~ 31.1

4.2.1.4 我国及河南省土壤铅背景值统计量

我国及河南省土壤铅背景值统计量见表 4-6。

表 4-6 我国及河南省土壤铅背景值统计量 (单位：mg/kg)

土壤层	区域	统计量				
		范围	中位值	算术平均值	几何平均值	95%范围值
A 层	全国	0.68 ~ 1 143	23.5	26.0 ± 12.37	23.6 ± 1.54	10.0 ~ 56.1
	河南省	12.5 ~ 38.5	19.1	19.6 ± 4.62	19.1 ± 1.25	—
C 层	全国	0.69 ~ 925.9	22.0	24.7 ± 11.89	22.3 ± 1.56	9.2 ~ 54.3
	河南省	11.5 ~ 37.0	18.0	18.9 ± 4.98	18.3 ± 1.28	—

4.2.1.5　铅背景值主要影响因子

铅背景值主要影响因子排序为土壤类型、土地利用、母质母岩、地形。

4.2.2　铅污染的来源

铅是土壤中不可降解的、在环境中可长期蓄积的常见重金属污染元素之一。土壤中铅的来源主要分为自然来源和人为来源。土壤中铅的自然来源主要是矿物和岩石中的本底值，铅的人为来源主要是工业生产和汽车排放的气体降尘、城市污泥和垃圾，以及采矿和金属加工业废弃物的排放。土壤环境中铅污染主要是由人类生产活动造成的，全世界每年消耗铅量为400万t，仅有25%回收利用，其余大部分以不同形式污染环境。总之，铅污染的来源广泛，主要来自汽车废气和冶炼、制造及使用铅制品的工矿企业，如蓄电池、铸造合金、电缆包铅、油漆、颜料、农药、陶瓷、塑料、辐射防护材料等。

4.3　铬背景值及污染来源分析

4.3.1　我国土壤中铬背景值分析

4.3.1.1　背景值总体情况

铬在地壳中的丰度为110×10^{-6}，含量为80～200 mg/kg，平均为125 mg/kg，比Co、Zn、Cu、Pb、Ni和Cd的含量高。世界土壤中铬含量为5～1 500 mg/kg，中值为70 mg/kg。自然土壤中源于岩石分化进入的铬大多为三价铬，含量因成土母岩的不同而差异很大，一般为超基性岩>基性岩>中性岩>酸性岩。在各土壤系列中，铬元素的背景含量差异也较大，如铬在森林土壤系列中的含量由南向北逐渐增高，至黄棕壤出现峰值，然后又逐渐降低。我国铬元素背景值区域分布规律和分布特征总趋势为在东部地区中间高、东部和北部偏低；青藏高原的东部和南部偏高；松嫩平原、辽河平原、华北平原、黄土高原和青藏高原北部等区域，背景值处于中间水平。

从土壤类型看，东部沿海的赤红壤、砖红壤、燥红土，内蒙古和新疆的风沙土，以及棕色针叶林土、灰色森林土、棕钙土、灰漠土、磷质石灰土等背景值偏低；广西、云南的石灰（岩）土，四川西部的棕壤、黄棕壤、暗棕壤及西藏的草毡土、寒漠土等背景值偏高。

未污染土壤的铬主要来源于成土母质。铬元素受母质母岩影响的高背景值区有海相沉积母质、石灰岩、湖相沉积母质、页岩、红色砂岩等；低背景值区有风沙母质、火山喷发物、酸性火成岩、砂页岩、冰水沉积母质等。

4.3.1.2　背景值分布规律

土壤水平分布受水热条件和大地貌单元的影响，呈现自南而北随热量变化的纬度地带性和自东向西随湿度变化的经度地带性特征。纬度地带性以东部季风区最为完整，由南向北依次出现砖红壤、赤红壤、红壤、黄棕壤、棕壤到暗棕壤，而经度地带性土壤以温带和暖温带表现较为明显。垂直分布规律以喜马拉雅山以南的墨脱地区为例，山地海拔4 000 m，垂直地带由下而上土类主要有红壤、黄壤、暗棕壤、黑毡土。我国土壤铬元素背景值分布规律见表4-7。

表 4-7　我国土壤铬元素背景值分布规律　(单位:mg/kg)

水平分布规律				垂直分布规律（喜马拉雅山南侧墨脱地区）	
经度分布规律(温带)		纬度分布规律(东部季风区)			
土类名称	背景值含量范围	土类名称	背景值含量范围	土类名称	背景值含量范围
暗棕壤	40.0～73.9	砖红壤	≤40.2	红壤	23.8～40.2
黑土	40.2～73.9	赤红壤	23.8～40.2	黄壤	≥118
黑钙土	≤57.3	红壤	≤118	暗棕壤	40.2～57.3
栗钙土	≤57.3	黄棕壤	57.3～73.9	黑毡土	57.3～73.9
棕钙土	23.8～57.3	棕壤	40.2～73.9		
灰漠土	23.8～57.3	暗棕壤	40.2～73.9		
灰棕漠土	23.8～94.6				

4.3.1.3　**耕地土壤铬背景值分布规律**

我国耕地土壤分布差异较大,以秦岭—淮河一线为界,以南以水稻土为主,以北以旱作土壤为主,其土壤铬元素背景值分布规律见表 4-8。

表 4-8　我国耕地土壤铬元素背景值分布规律　(单位:mg/kg)

土类名称	水稻土	潮土	塿土	绵土	黑垆土	绿洲土
背景值含量范围	17.2～94.6	40.2～73.8	40.2～73.9	57.3～73.9	40.2～94.6	57.3～94.6

4.3.1.4　**我国及河南省土壤铬背景值统计量**

我国及河南省土壤铬背景值统计量见表 4-9。

表 4-9　我国及河南省土壤铬背景值统计量　(单位:mg/kg)

土壤层	区域	统计量				
		范围	中位值	算术平均值	几何平均值	95%范围值
A 层	全国	2.20～1 209	57.3	61.0±31.07	53.9±1.67	19.3～150.2
	河南省	25.0～109.8	62.9	63.8±13.25	62.5±1.23	—
C 层	全国	1.00～924	57.3	60.8±32.43	52.8±1.74	17.5～159.5
	河南省	17.4～118.2	61.5	65.6±18.43	63.2±1.32	—

4.3.1.5　**铬背景值主要影响因子**

铬背景值主要影响因子排序为土壤类型、母质母岩、pH、地形等。

4.3.2　铬污染的来源

自然土壤中铬主要来源于成土岩石,岩石中的铬通过风化、地震、火山爆发、生物转化等自然现象而进入环境。大气中重金属铬的沉降是土壤中铬污染的主要来源之一,如制革电镀等工业排到大气中的铬尘粒,经过扩散沉降进入土壤,造成污染;农药化肥和塑料薄膜的使用会造成污染,如磷肥的大量使用;污水灌溉,含铬灌溉用水中 85% ~95% 的铬累积在土壤中造成污染;其他如冶炼废渣、矿渣堆放等也加剧了土壤中重金属铬的大量累积。

4.4　汞背景值及污染来源分析

4.4.1　我国土壤中汞背景值分析

4.4.1.1　背景值总体情况

汞是构成地壳的物质,在自然界中分布比较广泛。汞在地壳中的丰度为 0.089×10^{-6},世界土壤中汞含量为 0.01 ~0.5 mg/kg,中值为 0.06 mg/kg。从总体上来说,我国南方土壤汞的含量较低,为 0.032 ~0.05 mg/kg,北方土壤汞的含量较高,为 0.17 ~0.24 mg/kg。不同土壤汞的含量差别很大,不同土地利用类型土壤中汞的含量也不同。土壤对汞有较强的吸持能力,大气、水体中的汞进入土壤后,经土壤固定,很难向下迁移,土壤中的汞垂直分布有明显的表土富集现象。汞在土壤中主要以金属汞、无机化合态汞和有机化合态汞的形式存在。我国汞元素背景值区域分布规律和分布特征总趋势为:东南高西部低;松辽平原和华北平原接近于全国平均水平;广西、广东、湖南、贵州、四川等省(区)属高背景值区;新疆、甘肃、内蒙古西部、西藏西部等属低背景值区。

高背景值土类主要有石灰(岩)土、水稻土、棕色针叶林土、红壤和黄壤等;低背景值土类主要有棕漠土、风沙土、灰漠土、灰棕土、绵土、棕钙土、碱土和黑垆土等。

汞元素受母质母岩影响的高背景值区有石灰岩、海相沉积母质、红土母质、页岩、火山喷发物等;低背景值区有风沙母质、冰水沉积母质、黄土母质和红色砂岩等。

4.4.1.2　背景值分布规律

土壤水平分布受水热条件和大地貌单元的影响,呈现自南而北随热量变化的纬度地带性和自东向西随湿度变化的经度地带性特征。纬度地带性以东部季风区最为完整,由南向北依次出现砖红壤、赤红壤、红壤、黄棕壤、棕壤到暗棕壤,而经度地带性土壤以温带和暖温带表现较为明显。垂直分布规律以喜马拉雅山以南的墨脱地区为例,山地海拔 4 000 m,垂直地带由下而上土类主要有红壤、黄壤、暗棕壤、黑毡土。我国土壤汞元素背景值分布规律见表 4-10。

4.4.1.3　耕地土壤汞背景值分布规律

我国耕地土壤分布差异较大,以秦岭—淮河一线为界,以南以水稻土为主,以北以旱作土壤为主,其土壤汞元素背景值分布规律见表 4-11。

表 4-10　我国土壤汞元素背景值分布规律　（单位：mg/kg）

水平分布规律				垂直分布规律（喜马拉雅山南侧墨脱地区）	
经度分布规律(温带)		纬度分布规律(东部季风区)			
土类名称	背景值含量范围	土类名称	背景值含量范围	土类名称	背景值含量范围
暗棕壤	0.020～0.080	砖红壤	0.040～0.080	红壤	0.012～0.020
黑土	0.020～0.040	赤红壤	0.040～0.150	黄壤	0.080～0.150
黑钙土	0.009～0.040	红壤	0.040～0.150	暗棕壤	0.020～0.040
栗钙土	≤0.040	黄棕壤	0.040～0.080	黑毡土	0.020～0.040
棕钙土	≤0.020	棕壤	0.009～0.080		
灰漠土	0.009～0.040	暗棕壤	0.020～0.080		
灰棕漠土	≤0.020				

表 4-11　我国耕地土壤汞元素背景值分布规律　（单位：mg/kg）

土类名称	水稻土	潮土	塿土	绵土	黑垆土	绿洲土
背景值含量范围	0.012～0.150	0.020～0.040	0.012～0.040	0.012～0.020	0.009～0.020	0.020～0.040

4.4.1.4　我国及河南省土壤汞背景值统计量

我国及河南省土壤汞背景值统计量见表 4-12。

表 4-12　我国及河南省土壤汞背景值统计量　（单位：mg/kg）

土壤层	区域	统计量				
		范围	中位值	算术平均值	几何平均值	95%范围值
A 层	全国	0.001～45.9	0.038	0.065±0.080	0.040±2.602	0.006～0.272
	河南省	0.014～0.115	0.030	0.034±0.017 2	0.030 8±1.546 0	—
C 层	全国	0.001～267	0.025	0.044±0.057	0.026±2.65	0.002～0.187
	河南省	0.012～0.072	0.023	0.025±0.010 7	0.023 5±1.461 3	—

4.4.1.5　汞背景值主要影响因子

汞背景值主要影响因子排序为土壤类型、母质母岩、pH、植被等。

4.4.2　汞污染的来源

土壤中汞污染有自然来源和人为来源两部分。其中，自然来源包括火山活动、岩石分化、植被释放，最主要的来源为成土岩石风化，据估计全球每年至少有 8 000 t 的汞随自然风化从岩石中释放出来,其中一部分进入土壤而使局部地区土壤含汞量较高。人为来源主要是人类活动:工业上,以汞为原料的金属冶炼(矿石含汞)、氯碱(含汞废水)、电子产品、塑料等工业生产过程中产生的含汞废水、废气和废渣,造成的汞污染问题十分严重。农业上,含汞农药(杀虫剂、杀菌剂、防霉剂和选种剂)、化肥的使用是造成大面积农田土壤含汞量普遍增加的一个原因。虽然现在包括中国在内的许多国家已经停止了含汞农药的施用,但是已经受到汞污染的土壤对生态系统的影响将是长期的;生活中,洗涤用品、含汞电器、温度计、中药(如朱砂)、含汞化妆品等的使用也是土壤中汞的主要来源。

4.5 砷背景值及污染来源分析

4.5.1 我国土壤中砷背景值分析

4.5.1.1 背景值总体情况

砷在地壳中的丰度为2.2×10^{-6}。世界土壤中砷含量为0.1~40 mg/kg,中值为6 mg/kg。自然土体中的砷含量为0.2~400 mg/kg,平均浓度为5 mg/kg,我国土壤中砷的平均含量为9.29 mg/kg。虽然土壤中砷含量水平存在区域间的差异,但除一些特殊的富砷地区外,非污染土壤中砷含量通常为1~40 mg/kg,一般不会超过15 mg/kg。我国表层土壤中砷含量的分布呈现从西南到东北递减的趋势,高海拔地区土壤中砷含量高于低海拔地区的,海拔较高的土壤砷含量高于海拔较低的土壤的。我国砷元素背景值区域分布规律和分布特征总趋势为:在我国秦岭以南的广大区域,由东向西,从沿海到青藏高原,砷元素背景值由低向高逐渐变化;北方广大地区处于中等水平。

从土壤类型来看,高背景值土类主要有广西的石灰(岩)土和西藏的高山土壤;低背景值土类主要有海南、福建、浙江等省砖红壤、赤红壤、燥红土,以及四川盆地的紫色土,内蒙古、新疆的风沙土,东北的暗棕壤、棕色针叶林土、灰色森林土和磷质石灰土等。

自然界中的砷主要来自母岩或土壤母质的风化。砷元素受母质母岩影响的高背景值区有冰水沉积母质、石灰岩、红土母质、页岩等;低背景值区有风沙母质、火山喷发物、中性及酸性火成岩、海相沉积母质等。

4.5.1.2 背景值分布规律

土壤水平分布受水热条件和大地貌单元的影响,呈现自南而北随热量变化的纬度地带性和自东向西随湿度变化的经度地带性特征。纬度地带性以东部季风区最为完整,由南向北依次出现砖红壤、赤红壤、红壤、黄棕壤、棕壤到暗棕壤,而经度地带性土壤以温带和暖温带表现较为明显。垂直分布规律以喜马拉雅山以南的墨脱地区为例,山地海拔4 000 m,垂直地带由下而上土类主要有红壤、黄壤、暗棕壤、黑毡土。我国土壤砷元素背景值分布规律见表4-13。

4.5.1.3 耕地土壤砷背景值分布规律

我国耕地土壤分布差异较大,以秦岭—淮河一线为界,以南以水稻土为主,以北以旱作土壤为主,其土壤砷元素背景值分布规律见表4-14。

表 4-13 我国土壤砷元素背景值分布规律 (单位:mg/kg)

水平分布规律				垂直分布规律（喜马拉雅山南侧墨脱地区）	
经度分布规律(温带)		纬度分布规律(东部季风区)			
土类名称	背景值含量范围	土类名称	背景值含量范围	土类名称	背景值含量范围
暗棕壤	≤9.6	砖红壤	2.4～9.9	红壤	3.5～6.2
黑土	3.5～13.7	赤红壤	3.5～6.2	黄壤	9.6～13.7
黑钙土	3.5～9.6	红壤	3.5～20.2	暗棕壤	2.4～20.2
栗钙土	6.2～9.6	黄棕壤	6.2～20.2	黑毡土	13.7～27.0
棕钙土	3.5～9.6	棕壤	6.2～20.2		
灰漠土	3.5～9.6	暗棕壤	≤9.6		
灰棕漠土	3.5～13.7				

表 4-14 我国耕地土壤砷元素背景值分布规律 (单位:mg/kg)

土类名称	水稻土	潮土	塿土	绵土	黑垆土	绿洲土
背景值含量范围	3.5～20.2	6.2～13.7	6.2～13.7	9.6～13.7	9.6～13.7	6.2～13.7

4.5.1.4 我国及河南省土壤砷背景值统计量

我国及河南省土壤砷背景值统计量见表 4-15。

表 4-15 我国及河南省土壤砷背景值统计量 (单位:mg/kg)

土壤层	区域	统计量				
		范围	中位值	算术平均值	几何平均值	95%范围值
A 层	全国	0.01～626	9.6	11.2±7.86	9.2±1.91	2.5～33.5
	河南省	2.7～28.2	10.6	11.4±3.82	10.9±1.37	—
C 层	全国	0.03～444 1	9.9	11.5±8.41	9.2±1.98	2.2～36.1
	河南省	0.9～32.1	10.6	11.8±4.56	11.0±1.44	—

4.5.1.5 砷背景值主要影响因子

砷背景值主要影响因子排序为土壤类型、母质母岩、地形、土地利用。

4.5.2 砷污染的来源

土壤中砷的来源主要有两个方面，一方面来自自然因素，另一方面由人为因素导致。

自然因素主要是土壤的成土母质中所含的砷元素，除个别富砷地区外，绝大多数的土壤中本底砷含量一般小于15 mg/kg。土壤中富集砷造成的污染主要源于人为因素。人类各种活动如开采、冶炼和产品制造等，都有可能使砷通过排气、排尘、排渣及最终产品的应用进入土壤中，这是造成砷污染的重要因素。另外，林业上用于木材保护的砷化物及农业上利用砷化物所生产的毒鼠剂、杀虫剂、消毒液、杀菌剂和除草剂等都会引起相应的砷污染。我国农田土壤砷污染主要来自大气沉降、污水灌溉和含砷农药的喷洒等。另外，磷肥、家畜粪便等肥料的使用也会造成土壤砷的污染。

4.6　镍背景值及污染来源分析

4.6.1　我国土壤中镍背景值分析

4.6.1.1　背景值总体情况

镍普遍存在于自然环境中，地壳中镍丰度为89×10^{-6}，平均含量为80 mg/kg，在地壳中各元素含量顺序中占第23位。世界土壤中镍含量为2～750 mg/kg，中值为50 mg/kg。镍有很强的亲疏性，主要以硫化镍矿和氧化镍矿的形态存在，在铁、钴、铜和一些稀土矿中，往往有镍共生。在各类岩石中，镍的含量变化相当大。由于我国地域广阔、各地地质条件、生物－气候条件、成土过程及开发程度差异很大，因而各类土壤中镍元素的背景含量有较大的差异。我国镍元素背景值区域分布规律和分布特征总趋势为：在我国东半部由南到北，形成南北低、中间高的分布特点，并表现出从东北向西南逐渐增高的趋势；在东南沿海地区、海南省和内蒙古东部形成低背景值区；云南、广西和贵州西部出现高背景值区。

按土壤类型划分，高背景值土类主要有石灰（岩）土、云南的红壤、青藏高原的草毡土和巴嘎土，以及灰褐土、灰化土、绿洲土等；低背景值土类主要有砖红壤、赤红壤、燥红土、风沙土、磷质石灰土和棕色针叶林土等。

镍元素受母质母岩影响的高背景值区有石灰岩、海相沉积母质、红色砂岩、紫色砂岩、湖相沉积母质等；低背景值区有风沙母质、火山喷发物、中性和酸性火成岩等。

4.6.1.2　背景值分布规律

土壤水平分布受水热条件和大地貌单元的影响，呈现自南而北随热量变化的纬度地带性和自东向西随湿度变化的经度地带性特征。纬度地带性以东部季风区为最完整，由南向北依次出现砖红壤、赤红壤、红壤、黄棕壤、棕壤到暗棕壤，而经度地带性土壤以温带和暖温带表现较为明显。垂直分布规律以喜马拉雅山以南的墨脱地区为例，山地海拔4 000 m，垂直地带由下而上土类主要有红壤、黄壤、暗棕壤、黑毡土。我国土壤镍元素背景值分布规律见表4-16。

4.6.1.3　耕地土壤镍背景值分布规律

我国耕地土壤分布差异较大，以秦岭—淮河一线为界，以南以水稻土为主，以北以旱作土壤为主，其土壤镍元素背景值分布规律见表4-17。

表 4-16　我国土壤镍元素背景值分布规律　（单位：mg/kg）

水平分布规律				垂直分布规律（喜马拉雅山南侧墨脱地区）	
经度分布规律（温带）		纬度分布规律（东部季风区）			
土类名称	背景值含量范围	土类名称	背景值含量范围	土类名称	背景值含量范围
暗棕壤	9.0 ~ 24.9	砖红壤	≤9.0	红壤	9.0 ~ 17.0
黑土	17.0 ~ 33.0	赤红壤	≤17.0	黄壤	≥51.0
黑钙土	9.0 ~ 24.9	红壤	9.0 ~ 51.0	暗棕壤	5.6 ~ 9.0
栗钙土	9.0 ~ 24.9	黄棕壤	24.9 ~ 42.0	黑毡土	17.0 ~ 42.0
棕钙土	5.6 ~ 24.9	棕壤	17.0 ~ 33.0		
灰漠土	9.0 ~ 33.0	暗棕壤	9.0 ~ 24.9		
灰棕漠土	17.0 ~ 42.0				

表 4-17　我国耕地土壤镍元素背景值分布规律　（单位：mg/kg）

土类名称	水稻土	潮土	塿土	绵土	黑垆土	绿洲土
背景值含量范围	9.0 ~ 42.0	17.0 ~ 42.0	24.9 ~ 33.0	17.0 ~ 44.0	24.9 ~ 42.4	33.0 ~ 51.0

4.6.1.4　我国及河南省土壤镍背景值统计量

我国及河南省土壤镍背景值统计量见表 4-18。

表 4-18　我国及河南省土壤镍背景值统计量　（单位：mg/kg）

土壤层	区域	统计量				
		范围	中位值	算术平均值	几何平均值	95%范围值
A 层	全国	0.06 ~ 627	24.9	26.9 ± 14.36	23.4 ± 1.74	7.7 ~ 71.0
	河南省	6.0 ~ 80.5	25.8	26.7 ± 5.69	26.1 ± 1.23	—
C 层	全国	0.01 ~ 879.3	26.0	28.6 ± 17.08	24.3 ± 1.83	7.3 ~ 80.8
	河南省	5.0 ~ 72.0	28.0	29.9 ± 9.49	28.7 ± 1.32	—

4.6.1.5　镍背景值主要影响因子

镍背景值主要影响因子排序第一为 pH，其次为土壤类型、母质母岩、土壤质地等。

4.6.2　镍污染的来源

镍污染是由镍及其化合物所引起的环境污染，目前认为镍对环境只是一种潜在的危害物。自然界中的镍主要来源于火山岩，经过岩石的风化、火山爆发等自然现象而进入环境。

土壤中的镍污染主要有三个来源：①采矿废弃池。我国镍储量达 867.72 万 t，平均镍含量为0.2%~7%,广泛分布于甘肃、新疆、四川、广东、吉林、湖北等18省(区),采矿的尾矿、沸石、剥离土等均会引起污染。镍进入土壤后,在土壤中不易随水淋溶,不易被生物降解,具有明显的生物富集作用,进而对人体及生态系统造成危害。②高背景含镍土壤。如蛇纹岩一般含镍量高,镍蛇纹岩发育土壤含镍量可达500~1 000 mg/kg,如广东信宜该类土壤分布达1 000 hm^2。③工业生产污染土壤。由于镍被广泛用于电气工业、化学工业、机械工业、建筑工业和食品工业中,因而也引起了严重的环境污染,是城市郊区土壤中广泛存在的主要污染重金属之一。

4.7 铜背景值及污染来源分析

4.7.1 我国土壤中铜背景值分析

4.7.1.1 背景值总体情况

地壳中铜的丰度为63×10^{-6}。世界土壤中铜含量为2~250 mg/kg,中值为30 mg/kg。在自然界中,铜分布很广,主要以硫化物矿和氧化物矿形式存在。不同土地利用方式下土壤铜的平均浓度存在较大差异。我国土壤中全铜的含量一般为4~150 mg/kg,平均约22 mg/kg。铜在土壤中绝大部分被土壤的各个组分吸附或结合,主要形态有水溶态、交换吸附态、弱专性吸附态(碳酸根结合态)、氧化物结合态、有机结合态、残留态。我国不同土壤类型中铜元素背景值有一定的区域分异规律和分布特征。比如在我国东部区域,铜元素背景值表现出南北低、中间高的趋势,还有从东北向西南逐步增高的特点。在新疆天山以北形成一个较高的背景值区;松辽平原、华北平原、黄土高原和青藏高原等广大区域的环境背景值,接近于全国平均水平。

铜元素的高背景值土类主要有广西、云南的石灰(岩)土和红壤,其他区域的紫色土、绿洲土、巴嘎土;低背景值土类主要有风沙土、砖红壤、赤红壤和磷质石灰土等。

铜元素背景值受母质母岩因素影响明显,其高背景值区有页岩、海相沉积母质、石灰岩、基性火成岩和红色砂岩等;低背景值区有风沙母质、火山喷发物、酸性和中性火成岩等。

4.7.1.2 背景值分布规律

土壤水平分布受水热条件和大地貌单元的影响,呈现自南而北随热量变化的纬度地带性和自东向西随湿度变化的经度地带性特征。纬度地带性以东部季风区为最完整,由南向北依次出现砖红壤、赤红壤、红壤、黄棕壤、棕壤到暗棕壤,而经度地带性土壤以温带和暖温带表现较为明显。垂直分布规律以喜马拉雅山以南的墨脱地区为例,山地海拔4 000 m,垂直地带由下而上土类主要有红壤、黄壤、暗棕壤、黑毡土。我国土壤铜元素背景值分布规律见表4-19。

4.7.1.3 耕地土壤铜背景值分布规律

我国耕地土壤分布差异较大,以秦岭—淮河一线为界,以南以水稻土为主,以北以旱作土壤为主,其土壤铜元素背景值分布规律见表4-20。

表 4-19　我国土壤铜元素背景值分布规律　（单位:mg/kg）

水平分布规律				垂直分布规律（喜马拉雅山南侧墨脱地区）	
经度分布规律（温带）		纬度分布规律（东部季风区）			
土类名称	背景值含量范围	土类名称	背景值含量范围	土类名称	背景值含量范围
暗棕壤	8.8～27.3	砖红壤	6.0～14.9	红壤	14.9～20.7
黑土	20.7～27.3	赤红壤	6.0～36.7	黄壤	14.9～20.7
黑钙土	14.9～27.3	红壤	8.8～25.0	暗棕壤	20.7～27.3
栗钙土	6.0～20.7	黄棕壤	20.7～36.7	黑毡土	14.9～27.3
棕钙土	14.9～20.7	棕壤	14.9～36.7		
灰漠土	6.0～27.3	暗棕壤	8.8～27.3		
灰棕漠土	14.9～36.7				

表 4-20　我国耕地土壤铜元素背景值分布规律　（单位:mg/kg）

土类名称	水稻土	潮土	塿土	绵土	黑垆土	绿洲土
背景值含量范围	14.9～27.3	14.9～27.3	14.9～36.7	20.7～27.3	20.7～27.3	14.9～27.3

4.7.1.4　我国及河南省土壤铜背景值统计量

我国及河南省土壤铜背景值统计量见表 4-21。

表 4-21　我国及河南省土壤铜背景值统计量　（单位:mg/kg）

土壤层	区域	统计量				
		范围	中位值	算术平均值	几何平均值	95% 范围值
A 层	全国	0.33～272	20.7	22.6±11.41	20.0±1.66	7.3～55.1
	河南省	5.8～67.5	19.0	19.7±4.80	19.2±1.26	—
C 层	全国	0.17～1 041	21.0	23.1±13.56	19.8±1.77	6.3～62.2
	河南省	2.0～71.5	20.3	20.7±6.59	19.8±1.37	—

4.7.1.5　铜背景值主要影响因子

铜背景值主要影响因子排序为母质母岩、土壤类型、地形、土壤质地。

4.7.2　铜污染的来源

土壤中铜的来源受成土母质、气候、人类活动等多种因素的影响。铜的主要污染来源是铜锌矿的开采和冶炼、金属加工、机械制造、钢铁生产等。电镀工业和金属加工排放的废水中铜含量较高，每升废水达几十至几百毫克，用这些废水灌溉农田，会使铜在土壤中大量累积。机动车辆是土壤中铜等重金属浓度增加的一个重要原因，这不仅是由于汽车尾气的影响，车辆的正常损耗、汽车的刹车系统同样会消耗大量的铜，也会导致大气、土壤等介质中铜的增加。另外,含铜农药(如波尔多液)和厩肥的使用等也是造成土壤中铜含量增加的重要原因。

4.8　锌背景值及污染来源分析

4.8.1　我国土壤中锌背景值分析

4.8.1.1　背景值总体情况

锌在自然界中分布较广,地壳中锌的丰度为 94×10^{-6}。世界土壤中锌含量为 1 ~ 900 mg/kg,中值为 9 mg/kg。我国锌资源丰富,储量居世界前列。天然土壤中的锌主要来源于母岩,不同母岩的锌含量有所差别。我国锌元素背景值区域分布规律和分布特征总趋势为:在我国东、中部地区,呈中间高、南北低的趋势;在青藏高原是东部偏高、西部偏低;湖南、广西、云南等省(区)的山地丘陵区和横断山脉是我国锌元素的高背景值区;广东、海南省沿海及内蒙古中、西部是低背景值区;松辽平原、华北平原和黄土高原等地区处于中间水平。

从土壤类型分析,低背景值土类主要有砖红壤、赤红壤、磷质石灰土、𪣻土和风沙土等;高背景值土类主要有石灰(岩)土、暗棕壤、白浆土、棕色针叶林土和紫色土等。

锌元素受母质母岩影响的高背景值区有石灰岩、海相沉积物、页岩、中性和基性火成岩等;低背景值区有风沙母质、红色砂岩、黄土母质、砂页岩等。

4.8.1.2　背景值分布规律

土壤水平分布受水热条件和大地貌单元的影响,呈现自南而北随热量变化的纬度地带性和自东向西随湿度变化的经度地带性特征。纬度地带性以东部季风区为最完整,由南向北依次出现砖红壤、赤红壤、红壤、黄棕壤、棕壤到暗棕壤,而经度地带性土壤以温带和暖温带表现较为明显。垂直分布规律以喜马拉雅山以南的墨脱地区为例,山地海拔 4 000 m,垂直地带由下而上土类主要有红壤、黄壤、暗棕壤、黑毡土。我国土壤锌元素背景值分布规律见表 4-22。

表 4-22　我国土壤锌元素背景值分布规律　(单位:mg/kg)

水平分布规律				垂直分布规律(喜马拉雅山南侧墨脱地区)	
经度分布规律(温带)		纬度分布规律(东部季风区)			
土类名称	背景值含量范围	土类名称	背景值含量范围	土类名称	背景值含量范围
暗棕壤	50.9 ~ 88.5	砖红壤	≤34.7	红壤	88.5 ~ 117
黑土	50.9 ~ 88.5	赤红壤	≤67.3	黄壤	67.3 ~ 88.5
黑钙土	50.9 ~ 88.5	红壤	34.7 ~ 142	暗棕壤	67.3 ~ 88.5
栗钙土	≤67.3	黄棕壤	50.9 ~ 117	黑毡土	5.9 ~ 67.3
棕钙土	≤67.3	棕壤	50.9 ~ 117		
灰漠土	25.0 ~ 67.3	暗棕壤	50.9 ~ 88.5		
灰棕漠土	50.9 ~ 117				

4.8.1.3 耕地土壤锌背景值分布规律

我国耕地土壤分布差异较大，以秦岭—淮河一线为界，以南以水稻土为主，以北以旱作土壤为主，其土壤锌元素背景值分布规律见表4-23。

表4-23 我国耕地土壤锌元素背景值分布规律 (单位:mg/kg)

土类名称	水稻土	潮土	𪲶土	绵土	黑垆土	绿洲土
背景值含量范围	50.9～88.5	50.9～88.5	50.9～67.3	50.9～88.5	67.3～88.5	50.9～67.3

4.8.1.4 我国及河南省土壤锌背景值统计量

我国及河南省土壤锌背景值统计量见表4-24。

表4-24 我国及河南省土壤锌背景值统计量 (单位:mg/kg)

土壤层	区域	统计量				
		范围	中位值	算术平均值	几何平均值	95%范围值
A层	全国	2.60～593	68.0	74.2±32.78	67.7±1.54	28.2～161.1
	河南省	34.3～221.5	57.3	60.1±15.3	58.4±1.26	—
C层	全国	0.81～1 075	64.6	71.1±32.64	64.7±1.54	27.1～154.2
	河南省	35.0～130.0	57.6	60.7±16.71	58.8±1.28	—

4.8.1.5 锌背景值主要影响因子

锌背景值主要影响因子排序为土壤类型、母质母岩、土壤有机质、土壤质地。

4.8.2 锌污染的来源

锌污染的主要来源有：

(1)矿产开采“三废”排放带来的锌污染。一方面，矿物开采和冶炼过程中含锌废渣和矿渣排放，产生的含锌有害气体和粉尘随自然沉降和降雨进入土壤；另一方面，矿业废弃物(尾矿砂、矿石等)在堆放或处理过程中重金属锌向周围土壤、水体扩散。

(2)农业生产带来的锌污染。近代农业生产过程中含有重金属锌的化肥、畜禽粪便、农药等的施用，已经造成了土壤中锌含量的升高。一般来说，混杂有锌的化肥主要是磷肥、含磷复合肥、含锌复合肥，以及以城市垃圾、污泥为原料的肥料。

(3)城市化进程带来的锌污染。城市土壤锌污染主要来源于城市交通运输、城市生活垃圾和工业废弃物的堆放及填埋。

(4)污水、污泥带来的污染。污水灌区占耕地面积的比例虽然不大，但往往是我国人口密度最大的地区，是粮食、蔬菜、水果等农产品的主产区。污泥在提供养分、改善土壤团粒结构和提高土壤生物活性等方面具备很大的潜力，但是向农田施用污泥会不同程度地造成土壤的锌污染。

第 5 章　草莓园地土壤中重金属含量总体状况及其质量安全评价

本章主要通过描述统计的方法，以河南省种植区草莓为实例，以中国土壤重金属背景值及河南省土壤重金属背景值为参考，深入分析了草莓园地土壤中重金属的积累程度、变异性质、空间分布特征等。以《土壤环境质量　农用地土壤污染风险管控标准（试行）》（GB 15618—2018）中规定的污染物风险筛选值和管制值作为评价标准，按照土壤污染风险程度，将研究区域内草莓园地土壤分为优先保护类、安全利用类和严格管控类三个类别，并给出是否需要采取农艺调控、替代种植等安全利用措施及是否应加强土壤环境监测和农产品协同监测的建议。同时，按照《绿色食品　产地环境质量》（NY/T 391—2013）要求，采用单因子污染指数评价法，对草莓园地土壤质量安全状况进行适宜性评价，对不符合种植业绿色食品产地环境质量要求的土壤指出了存在的主要污染因子，对适宜发展绿色食品的土壤，按照综合污染指数进行污染状况分级，给出了是否适宜长期进行绿色食品生产的建议。

5.1　试验方法

本部分严格按照前述章节介绍的土壤样品的采集、制备、测试方法进行。

5.1.1　样品采集

试验在 2017～2019 年进行，共采集草莓园地土壤样品 104 个，每个采样点园地土壤样品应与草莓根、茎、叶、果实样品分别一一对应，在草莓成熟上市前统一采集。采样区域及样品数量见表 5-1。

表 5-1　采样区域及样品数量　（单位：个）

采样区域	土壤
总体	104
Q 市	19
L 市	21
A 市	30
C 市	10
S 市	14
N 市	10

5.1.2　室内检测

土壤样品共设参数 9 个，包括 Cd、Hg、As、Pb、Cr、Cu、Zn、Ni 共 8 个重金属元素及 pH。

室内检测及质控严格按前述要求进行，土壤样品检测参数及检测依据见表 5-2。

表 5-2　土壤样品检测参数及检测依据

序号	参数	检测方法	检测依据
1	镉	石墨炉原子吸收分光光度法	GB/T 17141—1997
2	汞	原子荧光法	GB/T 22105.1—2008
3	砷	原子荧光法	GB/T 22105.2—2008
4	铅	石墨炉原子吸收分光光度法	GB/T 17141—1997
5	铬	火焰原子吸收分光光度法	HJ 491—2019
6	铜	火焰原子吸收分光光度法	HJ 491—2019
7	锌	火焰原子吸收分光光度法	HJ 491—2019
8	镍	火焰原子吸收分光光度法	HJ 491—2019
9	pH	玻璃电极法	NY/T 1121.2—2006

5.2　园地土壤重金属含量及统计学特征

草莓园地土壤中重金属含量及统计学特征见表 5-3。在描述性统计分析中，平均值是表示变量中心趋向分布的一种测度，而标准差和变异系数(统计学中的离散系数，用标准差与平均值之比表示)则反映了总体样本中各采样点的平均变异程度，变异系数小于 0.1 为弱变异性，0.1～1.0 为中等变异性，大于 1.0 为强变异性，变异程度越大，表明受外界的干扰越强。

表 5-3　草莓园地土壤中重金属含量及统计学特征

区域样本(个)		pH	Pb	Cd	Cr	Hg	As	Ni	Cu	Zn
总体(104)	最小值(mg/kg)	4.90	14.20	0.047 4	23.96	0.008 6	3.71	9.14	8.88	25.52
	最大值(mg/kg)	8.50	45.80	0.468 0	92.90	0.460 0	13.40	45.80	65.94	147.40
	平均值(mg/kg)	7.00	26.42	0.134 1	63.69	0.104 9	8.22	24.73	27.81	69.53
	标准偏差	0.92	6.07	0.049 6	13.93	0.072 7	2.13	9.18	10.51	18.07
	变异系数	0.13	0.23	0.37	0.22	0.69	0.26	0.37	0.38	0.26
Q 市(19)	最小值(mg/kg)	5.83	22.20	0.103 0	59.04	0.062 0	7.82	12.30	22.20	52.18
	最大值(mg/kg)	7.60	33.30	0.468 0	79.99	0.460 0	13.40	30.90	47.75	88.71
	平均值(mg/kg)	6.69	29.37	0.157 9	69.12	0.141 1	9.98	18.98	28.51	63.26
	标准偏差	0.48	3.12	0.083 2	6.03	0.088 6	1.46	5.27	6.76	9.10
	变异系数	0.07	0.11	0.53	0.09	0.63	0.15	0.28	0.24	0.14

续表 5-3

区域样本(个)		pH	Pb	Cd	Cr	Hg	As	Ni	Cu	Zn
L 市(21)	最小值(mg/kg)	5.28	29.10	0.105 0	58.78	0.101 0	5.13	16.80	21.17	57.23
	最大值(mg/kg)	6.90	37.40	0.160 0	79.66	0.429 0	11.66	29.80	29.06	76.70
	平均值(mg/kg)	6.03	33.73	0.123 9	65.94	0.177 6	7.92	22.59	24.17	65.50
	标准偏差	0.48	2.15	0.014 2	5.39	0.074 5	2.19	3.88	2.23	5.84
	变异系数	0.08	0.06	0.11	0.08	0.42	0.28	0.17	0.09	0.09
A 市(30)	最小值(mg/kg)	4.90	14.50	0.047 4	23.96	0.009 1	3.88	9.14	8.88	25.52
	最大值(mg/kg)	8.10	28.00	0.229 0	88.20	0.170 0	13.26	39.20	65.94	147.40
	平均值(mg/kg)	7.35	21.86	0.121 8	56.38	0.077 1	7.83	19.62	28.78	73.49
	标准偏差	0.86	3.94	0.037 5	19.13	0.035 3	2.13	8.24	15.52	28.02
	变异系数	0.12	0.18	0.31	0.34	0.46	0.27	0.42	0.54	0.38
C 市(10)	最小值(mg/kg)	7.80	20.30	0.138 0	52.30	0.030 7	7.73	34.40	23.30	53.80
	最大值(mg/kg)	8.10	45.80	0.297 0	68.50	0.147 0	10.50	39.70	32.50	90.80
	平均值(mg/kg)	7.92	28.12	0.172 9	61.05	0.061 6	9.18	36.83	27.27	68.83
	标准偏差	0.10	7.07	0.046 1	5.14	0.034 9	0.91	1.36	3.38	13.13
	变异系数	0.01	0.25	0.27	0.08	0.57	0.10	0.04	0.12	0.19
S 市(14)	最小值(mg/kg)	5.20	20.20	0.080 7	61.10	0.033 2	4.30	29.70	21.00	55.30
	最大值(mg/kg)	8.20	28.80	0.166 0	92.90	0.164 0	8.73	45.80	52.50	92.40
	平均值(mg/kg)	6.78	24.95	0.125 1	75.46	0.065 5	6.88	36.91	33.82	78.26
	标准偏差	0.92	2.72	0.028 6	12.41	0.036 6	1.58	5.56	10.94	12.04
	变异系数	0.14	0.11	0.23	0.16	0.56	0.23	0.15	0.32	0.15
N 市(10)	最小值(mg/kg)	7.40	14.20	0.064 1	37.40	0.008 6	3.71	15.20	11.00	37.20
	最大值(mg/kg)	8.50	22.60	0.190 0	70.10	0.125 0	11.70	32.20	40.00	100.00
	平均值(mg/kg)	8.00	19.47	0.121 5	56.77	0.065 5	7.64	26.35	23.33	66.50
	标准偏差	0.33	2.81	0.045 6	11.19	0.036 6	2.57	6.81	9.28	16.79
	变异系数	0.04	0.14	0.38	0.20	0.56	0.34	0.26	0.40	0.25
我国 A 层土壤背景值(mg/kg)		—	26.0	0.097	61.0	0.065	11.2	26.9	22.6	74.2
河南省 A 层土壤背景值(mg/kg)		—	19.6	0.074	63.8	0.034	11.4	26.7	19.7	60.1

5.2.1 铅含量统计学特征

从统计结果来看,研究区域内草莓园地土壤铅总体上含量为14.20~45.80 mg/kg,平均值为26.42 mg/kg,变异系数为0.23。铅含量平均值略高于我国土壤铅背景值(26.0 mg/kg)和河南省土壤铅背景值(19.6 mg/kg),说明该区域内重金属铅存在一定程度的积累现象。该区域土壤中铅属于中等变异性,即铅在空间分布上不均匀,说明铅受外界影响程度中等,但各个采样区域总体情况不尽相同。

不同采样区域草莓园地土壤中铅含量差异比较明显,平均含量从大到小依次为L市>Q市>C市>S市>A市>N市。其中L市、Q市、C市铅含量平均值高于中国土壤铅背景值(26.0 mg/kg)和河南省土壤铅背景值(19.6 mg/kg),说明区域内重金属铅存在一定程度的积累现象。S市、A市铅含量平均值低于中国土壤铅背景值(26.0 mg/kg),但高于河南省土壤铅背景值(19.6 mg/kg),说明该区域内重金属铅也存在一定程度的积累现象。N市区域内铅含量范围为14.20~22.60 mg/kg,平均值为19.47 mg/kg,低于中国土壤铅背景值(26.0 mg/kg)和河南省土壤铅背景值(19.6 mg/kg),说明该区域内重金属铅积累现象不明显。

研究区域内铅含量变异系数大致呈现2个层次,Q市、C市、A市、S市、N市变异系数范围为0.11~0.25,均为中等变异性,表明区域内各采样点铅含量受外界影响程度中等,而L市区域内铅变异系数为0.06,属于弱变异性,即铅在空间分布上均匀,说明铅受外界影响程度较小。

5.2.2 镉含量统计学特征

从统计结果来看,研究区域内总体上镉含量为0.047 4~0.468 0 mg/kg,平均值为0.134 1 mg/kg,变异系数为0.37。镉含量平均值高于中国土壤镉背景值(0.097 mg/kg)和河南省土壤镉背景值(0.074 mg/kg),说明该区域内重金属镉存在一定程度的积累现象。该区域土壤中镉属于中等变异性,即镉在空间分布上不均匀,受外界影响程度中等,但各个采样区域总体情况不尽相同。

不同采样区域草莓园地土壤中镉含量差异比较明显,平均含量从大到小依次为C市>Q市>S市>L市>A市>N市。所有区域平均值高于中国土壤镉背景值(0.097 mg/kg)和河南省土壤镉背景值(0.074 mg/kg),说明区域内重金属镉存在一定程度的积累现象。

研究区域内镉含量变异系数大致呈现1个层次,变异系数范围为0.11~0.53,均为中等变异性,表明区域内各采样点镉含量受外界影响程度中等。

5.2.3 铬含量统计学特征

从统计结果来看,研究区域内总体上铬含量为23.96~92.90 mg/kg,平均值为63.69 mg/kg,变异系数为0.22。铬含量平均值略高于中国土壤铬背景值(61.0 mg/kg),与河南省土壤铬背景值(63.8 mg/kg)基本持平,说明该区域内重金属铬存在一定程度的积累现象,但不明显。该区域土壤中铬属于中等变异性,即铬在空间分布上不均匀,说明铬受外界影响程度中等,但各个采样区域总体情况不尽相同。

不同采样区域草莓园地土壤中铬含量差异比较明显,平均含量从大到小依次为S市>Q市>L市>C市>N市>A市。其中,S市、Q市、L市铬含量平均值高于中国土壤铬背景值(61.0 mg/kg)和河南省土壤铬背景值(63.8 mg/kg),说明区域内重金属铬存在一定程度的积累现象。C市、N市、A市铬含量平均值接近或低于中国土壤铬背景值(61.0 mg/kg),低于河南省土壤铬背景值(63.8 mg/kg),说明该区域内重金属铬积累现象不明显。

研究区域内铬含量变异系数大致呈现2个层次,A市、N市、S市区域内铬变异系数范围为0.16~0.34,均为中等变异性,表明区域内各采样点铬含量受外界影响程度中等,Q市、C市、L市变异系数范围为0.08~0.09,属于弱变异性,即铬在空间分布均匀,说明铬受外界影响程度较小。

5.2.4 汞含量统计学特征

从统计结果来看,研究区域内总体上汞含量为0.008 6~0.460 0 mg/kg,平均值为0.104 9 mg/kg,变异系数为0.69。汞含量平均值略高于中国土壤汞背景值(0.065 mg/kg)和河南省土壤汞背景值(0.034 mg/kg),说明该区域内重金属汞存在一定程度的积累现象。该区域土壤中汞属于中等变异性,即汞在空间分布上不均匀,说明汞受外界影响程度中等,但各个采样区域总体情况不尽相同。

不同采样区域草莓园地土壤中汞含量差异比较明显,平均含量从大到小依次为L市>Q市>A市>S市、N市>C市。其中,L市、Q市、A市、S市、N市汞含量平均值高于中国土壤汞背景值(0.065 mg/kg)和河南省土壤汞背景值(0.034 mg/kg),说明区域内重金属汞存在一定程度的积累现象。C市汞含量平均值低于中国土壤汞背景值(0.065 mg/kg),但高于河南省土壤汞背景值(0.034 mg/kg),说明该区域内重金属汞也存在一定程度的积累现象,但不明显。

研究区域内汞含量变异系数范围为0.42~0.63,均为中等变异性,表明区域内各采样点汞含量受外界影响程度中等。

5.2.5 砷含量统计学特征

从统计结果来看,研究区域内总体上砷含量为3.71~13.40 mg/kg,平均值为8.22 mg/kg,变异系数为0.26。砷含量平均值低于中国土壤砷背景值(11.2 mg/kg)和河南省土壤砷背景值(11.4 mg/kg),说明该区域内重金属砷积累现象不明显。该区域土壤中砷属于中等变异性,即砷在空间分布上不均匀,说明砷受外界影响程度中等,但各个采样区域总体情况不尽相同。

不同采样区域草莓园地土壤中砷含量差异比较明显,平均含量从大到小依次为Q市>C市>L市>A市>N市>S市。砷含量平均值低于中国土壤砷背景值(11.2 mg/kg)和河南省土壤砷背景值(11.4 mg/kg),说明区域内重金属砷积累现象不明显。

研究区域内砷含量变异系数范围为0.10~0.34,均为中等变异性,表明区域内各采样点砷含量受外界影响程度中等。

5.2.6 镍含量统计学特征

从统计结果来看,研究区域内总体上镍含量为9.14~45.80 mg/kg,平均值为24.73

mg/kg,变异系数为0.37。镍含量平均值低于中国土壤镍背景值(26.9 mg/kg)和河南省土壤镍背景值(26.7 mg/kg),说明该区域内重金属镍积累现象不明显。该区域土壤中镍属于中等变异性,即镍在空间分布上不均匀,说明镍受外界影响程度中等,但各个采样区域总体情况不尽相同。

不同采样区域草莓园地土壤中镍含量差异比较明显,平均含量从大到小依次为S市>C市>N市>L市>A市>Q市。其中,S市、C市镍含量平均值高于中国土壤镍背景值(26.9 mg/kg)和河南省土壤镍背景值(26.7 mg/kg),说明区域内重金属镍存在一定程度的积累现象。L市、A市、Q市镍含量平均值低于中国土壤镍背景值(26.9 mg/kg)和河南省土壤镍背景值(26.7 mg/kg),说明该区域内重金属镍积累现象不明显。

研究区域内镍含量变异系数大致呈现2个层次,S市、Q市、N市、L市、A市变异系数范围为0.15~0.42,均为中等变异性,表明区域内各采样点镍含量受外界影响程度中等,而C市区域内镍变异系数为0.04,属于弱变异性,即镍在空间分布均匀,说明镍受外界影响程度较小。

5.2.7 铜含量统计学特征

从统计结果来看,研究区域内总体上铜含量为8.88~65.94 mg/kg,平均值为27.81 mg/kg,变异系数为0.38。铜含量平均值略高于中国土壤铜背景值(22.6 mg/kg)和河南省土壤铜背景值(19.7 mg/kg),说明该区域内重金属铜存在一定程度的积累现象。该区域土壤中铜属于中等变异性,即铜在空间分布上不均匀,说明铜受外界影响程度中等,但各个采样区域总体情况不尽相同。

不同采样区域草莓园地土壤中铜含量差异比较明显,平均含量从大到小依次为S市>A市>Q市>C市>L市>N市。铜含量平均值高于中国土壤铜背景值(22.6 mg/kg)和河南省土壤铜背景值(19.7 mg/kg),说明区域内重金属铜存在一定程度的积累现象。

研究区域内铜含量变异系数大致呈现2个层次,A市、N市、S市、Q市、C市变异系数范围为0.12~0.54,均为中等变异性,表明区域内各采样点铜含量受外界影响程度中等,而L市区域内铜变异系数为0.09,属于弱变异性,即铜在空间分布均匀,说明铜受外界影响程度较小。

5.2.8 锌含量统计学特征

从统计结果来看,研究区域内总体上锌含量为25.52~147.40 mg/kg,平均值为69.53 mg/kg,变异系数为0.26。锌含量平均值低于中国土壤锌背景值(74.2 mg/kg),高于河南省土壤锌背景值(60.1 mg/kg),说明该区域内重金属锌也存在一定程度的积累现象。该区域土壤中锌属于中等变异性,即锌在空间分布上不均匀,说明锌受外界影响程度中等,但各个采样区域总体情况不尽相同。

不同采样区域草莓园地土壤中锌含量差异比较明显,平均含量从大到小依次为S市>A市>C市>N市、L市>Q市。其中,S市锌含量平均值高于中国土壤锌背景值(74.2 mg/kg)和河南省土壤锌背景值(60.1 mg/kg),说明区域内重金属锌存在一定程度的积累现象。其余锌含量平均值低于中国土壤锌背景值(74.2 mg/kg),但高于河南省土壤锌背景值(60.1 mg/kg),说明该区域内重金属锌也存在一定程度的积累现象,但不明显。

研究区域内锌含量变异系数大致呈现2个层次,A市、N市、C市、S市、Q市变异系数范围为0.14～0.38,均为中等变异性,表明区域内各采样点锌含量受外界影响程度中等,而L市区域内锌变异系数为0.09,属于弱变异性,即锌在空间分布均匀,说明锌受外界影响程度较小。

5.3　园地土壤质量安全评价

5.3.1　依据《土壤环境质量　农用地土壤污染风险管控标准(试行)》的评价

《土壤环境质量　农用地土壤污染风险管控标准(试行)》(GB 15618—2018)替代《土壤环境质量标准》(GB 15618—1995)于2018年正式颁布,是目前我国现行有效的农业用地土壤环境质量评价标准。以现行GB 15618为评价依据,以河南省草莓园地土壤中Pb、Cd、Hg、As、Cr、Ni、Cu、Zn等重金属为评价参数,对河南省草莓园地土壤环境质量进行了等级划分,指出了河南省草莓园地土壤存在的主要污染因子,分析了各等级土壤的区域分布状况,并给出了草莓园地土壤合理的利用建议。

5.3.1.1　评价过程

1. 评价依据

《土壤环境质量　农用地土壤污染风险管控标准(试行)》(GB 15618—2018)。

2. 评价指标

对草莓园地土壤环境质量安全进行评价,评价指标包括铜、锌、铅、镉、铬、镍、汞、砷等无机污染物,共8项基本评价指标。

3. 评价标准值

采用GB 15618—1995中的污染物风险筛选值和管制值作为评价标准,具体评价指标标准值的选择需考虑不同的pH分区以及水田、旱地、果园等不同的用地类型。草莓园地土壤评价标准值直接引用旱地评价标准值,其具体污染风险筛选值与风险管制值见表5-4。

4. 分类方法

《农用地土壤环境质量类别划分技术指南(试行)》从保护农产品质量安全角度,依据《土壤环境质量　农用地土壤污染风险管控标准(试行)》(GB 15618—2018)和《食品安全国家标准　食品中污染物限量》(GB 2762—2017)中关于农产品重金属污染物指标的规定,选择镉、汞、砷、铅、铬5种重金属划分评价单元类别。《农用地土壤环境质量类别划分技术指南(试行)》划分土壤评价单元类别,步骤如下:

(1)按单项污染物划分评价单元类别。

首先对评价单元内各点位土壤的各项污染物逐一分类。根据GB 15618—2018,分为三类:低于(或等于)筛选值(A类);介于筛选值和管制值之间(B类);高于(或等于)管制值(C类)。然后根据各单项污染物分别判定该污染物代表的评价单元类别,分为优先保护类、安全利用类和严格管控类,类别划分详见表5-5。

表 5-4　农用地土壤污染风险筛选值与风险管制值　（单位：mg/kg）

污染物	风险筛选值				风险管制值			
	pH≤5.5	5.5 < pH ≤6.5	6.5 < pH ≤7.5	pH > 7.5	pH≤5.5	5.5 < pH ≤6.5	6.5 < pH ≤7.5	pH > 7.5
镉	0.3	0.3	0.3	0.6	1.5	2.0	3.0	4.0
汞	1.3	1.8	2.4	3.4	2.0	2.5	4.0	6.0
砷	40	40	30	25	200	150	120	100
铅	70	90	120	170	400	500	700	1 000
铬	150	150	200	250	800	850	1 000	1 300
铜	150	150	200	200	—	—	—	—
镍	60	70	100	190	—	—	—	—
锌	200	200	250	300	—	—	—	—

表 5-5　按单项污染物划分土壤环境质量单元类别

等级	单元类别	依据	污染描述
A 类	优先保护类	单项污染物含量低于(或等于)筛选值	存在食用农产品不符合安全指标等土壤污染风险较低，一般情况下可以忽略不计
B 类	安全利用类	单项污染物含量介于筛选值和管制值之间	可能存在食用农产品不符合安全指标等土壤污染风险，原则上应当采取农艺调控、替代种植等安全利用措施，应加强土壤环境监测和农产品协同监测
C 类	严格管控类	单项污染物含量高于(或等于)管制值	食用农产品不符合质量安全标准等农用地土壤污染风险高，且难以通过安全利用措施降低食用农产品不符合质量安全标准等农用地土壤污染风险，原则上应当采取禁止种植食用农产品、退耕还林等严格管控措施

(2)判断评价单元土壤环境质量类别：判定每项污染物代表的评价单元类别后，取最严格的作为该评价单元的类别。

5. 分类描述

A 类土壤，属于优先保护类，存在食用农产品不符合安全指标等土壤污染风险较低，一般情况下可以忽略不计。

B 类土壤，属于安全利用类，可能存在食用农产品不符合安全指标等土壤污染风险，原则上应当采取农艺调控、替代种植等安全利用措施，应加强土壤环境监测和农产品协同监测。

C类土壤，属于严格管控类，食用农产品不符合质量安全标准等农用地土壤污染风险高，且难以通过安全利用措施降低食用农产品不符合质量安全标准等农用地土壤污染风险，原则上应当采取禁止种植食用农产品、退耕还林等严格管控措施。

5.3.1.2　评价结果

1. 按单项污染物划分评价单元类别

草莓园地土壤中重金属含量分级见表5-6。

表5-6　草莓园地土壤中重金属含量分级

区域样本（个）	重金属元素	Pb	Cd	Cr	Hg	As	Ni	Zn	Cu	总体
总体（104）	样本数	104	104	104	104	104	104	104	104	104
	A类	104	103	104	104	104	104	104	102	101
	B类	0	1	0	0	0	0	0	2	3
	C类	0	0	0	0	0	0	0	0	0
Q市（19）	样本数	19	19	19	19	19	19	19	19	19
	A类	19	18	19	19	19	19	19	19	18
	B类	0	1	0	0	0	0	0	0	1
	C类	0	0	0	0	0	0	0	0	0
L市（21）	样本数	21	21	21	21	21	21	21	21	21
	A类	21	21	21	21	21	21	21	21	21
	B类	0	0	0	0	0	0	0	0	0
	C类	0	0	0	0	0	0	0	0	0
A市（30）	样本数	30	30	30	30	30	30	30	30	30
	A类	30	30	30	30	30	30	30	29	29
	B类	0	0	0	0	0	0	0	1	1
	C类	0	0	0	0	0	0	0	0	0
C市（10）	样本数	10	10	10	10	10	10	10	10	10
	A类	10	10	10	10	10	10	10	10	10
	B类	0	0	0	0	0	0	0	0	0
	C类	0	0	0	0	0	0	0	0	0
S市（14）	样本数	14	14	14	14	14	14	14	14	14
	A类	14	14	14	14	14	14	14	13	13
	B类	0	0	0	0	0	0	0	1	1
	C类	0	0	0	0	0	0	0	0	0
N市（10）	样本数	10	10	10	10	10	10	10	10	10
	A类	10	10	10	10	10	10	10	10	10
	B类	0	0	0	0	0	0	0	0	0
	C类	0	0	0	0	0	0	0	0	0

1)铅

104 个草莓园地土壤点位中,所有点位重金属铅污染物含量低于(或等于)筛选值,等级为 A 类,没有 B 类和 C 类园地土壤点位。即就铅污染物来说,104 个草莓园地土壤点位全部属于优先保护类单元,存在食用农产品不符合安全指标等土壤污染风险较低,一般情况下可以忽略不计。

2)镉

104 个草莓园地土壤点位中,103 个点位重金属镉污染物含量低于(或等于)筛选值,等级为 A 类;1 个点位重金属镉污染物含量介于筛选值和管制值之间,等级为 B 类,没有 C 类园地土壤点位。即就镉污染物来说,104 个草莓园地土壤点位中,103 个点位属于优先保护类单元,存在食用农产品不符合安全指标等土壤污染风险较低,一般情况下可以忽略不计;1 个点位属于安全利用类单元,可能存在食用农产品不符合安全指标等土壤污染风险,原则上应当采取农艺调控、替代种植等安全利用措施,应加强土壤环境监测和农产品协同监测。

1 个 B 类点位即安全利用类单元在 Q 市,该点位 pH 为 6.42,镉含量为 0.468 0 mg/kg,处于 0.3 ~ 2.0 mg/kg。

3)铬

104 个草莓园地土壤点位中,所有点位重金属铬污染物含量低于(或等于)筛选值,等级为 A 类,没有 B 类和 C 类园地土壤点位。即就铬污染物来说,104 个草莓园地土壤点位全部属于优先保护类单元,存在食用农产品不符合安全指标等土壤污染风险较低,一般情况下可以忽略不计。

4)汞

104 个草莓园地土壤点位中,所有点位重金属汞污染物含量低于(或等于)筛选值,等级为 A 类,没有 B 类和 C 类园地土壤点位。即就汞污染物来说,104 个草莓园地土壤点位全部属于优先保护类单元,存在食用农产品不符合安全指标等土壤污染风险较低,一般情况下可以忽略不计。

5)砷

104 个草莓园地土壤点位中,所有点位重金属砷污染物含量低于(或等于)筛选值,等级为 A 类,没有 B 类和 C 类园地土壤点位。即就砷污染物来说,104 个草莓园地土壤点位全部属于优先保护类单元,存在食用农产品不符合安全指标等土壤污染风险较低,一般情况下可以忽略不计。

6)镍

104 个草莓园地土壤点位中,所有点位重金属镍污染物含量低于(或等于)筛选值,等级为 A 类,没有 B 类和 C 类园地土壤点位。即就镍污染物来说,104 个草莓园地土壤点位全部属于优先保护类单元,存在食用农产品不符合安全指标等土壤污染风险较低,一般情况下可以忽略不计。

7)锌

104 个草莓园地土壤点位中,所有点位重金属锌污染物含量低于(或等于)筛选值,等级为 A 类,没有 B 类和 C 类园地土壤点位。即就锌污染物来说,104 个草莓园地土壤点位全部属于优先保护类单元，存在食用农产品不符合安全指标等土壤污染风险较低，一般情况下可以忽略不计。

8）铜

104个草莓园地土壤点位中，102个点位重金属铜污染物含量低于（或等于）筛选值，等级为A类；2个点位重金属铜污染物含量大于筛选值，等级为B类，没有C类园地土壤点位。即就铜污染物来说，104个草莓园地土壤点位中，102个点位属于优先保护类单元，存在食用农产品不符合安全指标等土壤污染风险较低，一般情况下可以忽略不计；2个点位属于安全利用类单元，可能存在食用农产品不符合安全指标等土壤污染风险，原则上应当采取农艺调控、替代种植等安全利用措施，应加强土壤环境监测和农产品协同监测。

2个B类点位即安全利用类单元，1个在A市，pH为6.50，铜含量为59.80 mg/kg，大于50 mg/kg；1个在S市，pH为5.50，铜含量为52.50 mg/kg，大于50 mg/kg。由于铜没有管制值，大于筛选值即列为B级。

2. 评价单元土壤环境质量类别

综合考虑8个重金属污染物代表的评价单元类别，取最严格的作为该评价单元的类别，该省104个草莓园地土壤点位中，101个点位为A类，3个点位为B类，没有C类点位。即101个点位属于优先保护类单元，存在食用农产品不符合安全指标等土壤污染风险较低，一般情况下可以忽略不计；3个点位属于安全利用类单元，主要污染因子为镉和铜，可能存在食用农产品不符合安全指标等土壤污染风险，原则上应当采取农艺调控、替代种植等安全利用措施，应加强土壤环境监测和农产品协同监测。

5.3.2　依据《绿色食品　产地环境质量》（NY/T 391—2013）的评价

依据《绿色食品　产地环境质量》（NY/T 391—2013），按单因子污染指数对河南省草莓园地土壤环境进行了评价；同时，对符合绿色食品产地环境要求的园地土壤进行了综合污染指数评价并对污染状况进行分级，给出了是否适宜发展绿色食品的建议。

5.3.2.1　评价过程

1. 主要内容与适用范围

主要内容：NY/T 391—2013规定了绿色食品产地的术语和定义、生态环境要求、空气质量要求、水质要求、土壤质量要求。

适用范围：NY/T 391—2013适用于绿色食品生产。

2. 土壤环境质量评价指标及标准值

按土壤耕作方式的不同，分为旱田和水田两大类，每类又根据土壤pH的高低分为三种情况，即pH < 6.5、6.5 ≤ pH ≤ 7.5、pH > 7.5。草莓园地土壤参照旱田指标，应符合表5-7的要求。

3. 常用的评价方法

参照《绿色食品　产地环境调查、监测与评价规范》（NY/T 1054—2013）中规定的方法进行，土壤环境采用污染指数评价法。

表 5-7　土壤环境质量要求[按《绿色食品　产地环境质量》(NY/T 391—2013)]

(单位:mg/kg)

序号	项目	旱田			水田		
		pH<6.5	6.5≤pH≤7.5	pH>7.5	pH<6.5	6.5≤pH≤7.5	pH>7.5
1	总镉	≤0.30	≤0.30	≤0.40	≤0.30	≤0.30	≤0.40
2	总汞	≤0.25	≤0.30	≤0.35	≤0.30	≤0.40	≤0.40
3	总砷	≤25	≤20	≤20	≤20	≤20	≤15
4	总铅	≤50	≤50	≤50	≤50	≤50	≤50
5	总铬	≤120	≤120	≤120	≤120	≤120	≤120
6	总铜	≤50	≤60	≤60	≤50	≤60	≤60

(1)进行单项污染指数评价,其计算公式为:

$$P_i = \frac{C_i}{S_i} \tag{5-1}$$

式中　P_i——监测项目 i 的污染指数;

C_i——监测项目 i 的实测值;

S_i——监测项目 i 的评价标准值。

(2)如果有 1 项单项污染指数大于 1,则视为该产地环境质量不符合要求,不宜发展绿色食品。

4. 分级与描述

单项污染指数均小于等于 1,则继续进行综合污染指数评价。综合污染指数按下式进行计算,并按表 5-8 的规定进行分级。综合污染指数可作为长期绿色食品生产环境变化趋势的评价指标。

$$P_{综} = \sqrt{\frac{(C_i/S_i)^2_{max} + (C_i/S_i)^2_{ave}}{2}} \tag{5-2}$$

式中　$P_{综}$——土壤综合污染指数;

$(C_i/S_i)_{max}$——土壤污染物中污染指数的最大值;

$(C_i/S_i)_{ave}$——土壤污染物中污染指数的平均值。

表 5-8　综合污染指数分级标准[按《绿色食品　产地环境调查、监测与评价规范》(NY/T 1054—2013)]

土壤综合污染指数	等级
≤0.7	清洁
0.7~1.0	尚清洁

5.3.2.2　评价结果

1. 园地土壤《绿色食品　产地环境质量》(NY/T 391—2013)符合性评价结果

依照《绿色食品　产地环境质量》(NY/T 391—2013)要求,河南省草莓园地土壤按单因子污染指数最大值符合性评价结果见表 5-9。

表 5-9　园地土壤评价结果[按《绿色食品　产地环境质量》(NY/T 391—2013)]

区域	单因子污染指数类型	镉	铅	铜	铬	砷	汞	总体
总体	基数(个)	104	104	104	104	104	104	104
	符合点位(个)	103	104	102	104	104	102	99
	符合点位比例(%)	99.0	100	98.1	100	100	98.1	95.2
	不符合点位(个)	1	0	2	0	0	2	5
	不符合点位比例(%)	1.0	0.0	1.9	0.0	0.0	1.9	4.8
Q 市	基数(个)	19	19	19	19	19	19	19
	符合点位(个)	18	19	19	19	19	18	17
	符合点位比例(%)	94.7	100	100	100	100	94.7	89.5
	不符合点位(个)	1	0	0	0	0	1	2
	不符合点位比例(%)	5.3	0.0	0.0	0.0	0.0	5.3	10.5
L 市	基数(个)	21	21	21	21	21	21	21
	符合点位(个)	21	21	21	21	21	20	20
	符合点位比例(%)	100	100	100	100	100	95.2	95.2
	不符合点位(个)	0	0	0	0	0	1	1
	不符合点位比例(%)	0.0	0.0	0.0	0.0	0.0	4.8	4.8
A 市	基数(个)	30	30	30	30	30	30	30
	符合点位(个)	30	30	28	30	30	30	28
	符合点位比例(%)	100	100	93.3	100	100	100	93.3
	不符合点位(个)	0	0	2	0	0	0	2
	不符合点位比例(%)	0.0	0.0	6.7	0.0	0.0	0.0	6.7
C 市	基数(个)	10	10	10	10	10	10	10
	符合点位(个)	10	10	10	10	10	10	10
	符合点位比例(%)	100	100	100	100	100	100	100
	不符合点位(个)	0	0	0	0	0	0	0
	不符合点位比例(%)	0.0	0.0	0.0	0.0	0.0	0.0	0.0
S 市	基数(个)	14	14	14	14	14	14	14
	符合点位(个)	14	14	14	14	14	14	14
	符合点位比例(%)	100	100	100	100	100	100	100
	不符合点位(个)	0	0	0	0	0	0	0
	不符合点位比例(%)	0.0	0.0	0.0	0.0	0.0	0.0	0.0
N 市	基数(个)	10	10	10	10	10	10	10
	符合点位(个)	10	10	10	10	10	10	10
	符合点位比例(%)	100	100	100	100	100	100	100
	不符合点位(个)	0	0	0	0	0	0	0
	不符合点位比例(%)	0.0	0.0	0.0	0.0	0.0	0.0	0.0

按单因子污染指数最大值判定,河南省104个草莓园地土壤点位中,符合要求的点位比例为95.2%,即95.2%的草莓园地土壤适宜发展绿色食品;不符合要求的点位比例为4.8%,共计有5个草莓园地土壤点位不符合NY/T 391—2013,不适宜发展绿色食品。

不符合NY/T 391—2013要求的草莓园地土壤中,主要污染因子为铜和汞,其次为镉。按单因子污染指数判定,104个草莓园地土壤点位中:镉有1个点位不符合,不符合点位比例为1.0%;铜有2个点位不符合,不符合点位比例为1.9%;汞有2个点位不符合,不符合点位比例为1.9%。重金属铅、铬、砷没有不符合点位。

从区域分布来看,5个不符合NY/T 391—2013要求的草莓园地土壤点位中:Q市2个,1个点位镉不符合,1个点位汞不符合;L市1个,汞不符合;A市2个,铜不符合;C市、S市、N市均没有不符合点位。

2.符合《绿色食品 产地环境质量》(NY/T 391—2013)要求的园地土壤按照综合污染指数分级情况

对单因子污染指数均小于或等于1即符合NY/T 391—2013要求的草莓园地土壤点位,继续进行综合污染指数评价,按照综合污染指数进行污染状况分级,可作为长期绿色食品生产环境变化趋势的评价参考。按综合污染指数分级情况见表5-10。

表5-10 符合《绿色食品 产地环境质量》(NY/T 391—2013)要求的园地土壤按照综合污染指数分级情况

区域	基数(个)	按单项污染指数最大值判定				对符合点位按照综合污染指数分级			
		符合		不符合		清洁		尚清洁	
		点位(个)	比例(%)	点位(个)	比例(%)	点位(个)	比例(%)	点位(个)	比例(%)
总体	104	99	95.2	5	4.8	86	86.9	13	13.1
Q市	19	17	89.5	2	10.5	16	94.1	1	5.9
L市	21	20	95.2	1	4.8	14	70.0	6	30.0
A市	30	28	93.3	2	6.7	27	96.4	1	3.6
C市	10	10	100	0	0	9	90.0	1	10.0
S市	14	14	100	0	0	10	71.4	4	28.6
N市	10	10	100	0	0	10	100.0	0	0

河南省104个草莓园地土壤点位中有95.2%符合NY/T 391—2013要求,其中清洁的比例为86.9%,尚清洁的比例为13.1%,即河南省86.9%的草莓园地土壤适宜长期进行绿色食品生产;Q市19个草莓园地土壤点位中有89.5%符合NY/T 391—2013要求,其中清洁的比例为94.1%,尚清洁的比例为5.9%,即Q市89.5%的草莓园地土壤适宜长期进行绿色食品生产;L市21个草莓园地土壤点位中有95.2%符合NY/T 391—2013要求,其中清洁的比例为70.0%,尚清洁的比例为30.0%,即L市70.0%的草莓园地土壤适宜长期进行绿色食品生产;A市30个草莓园地土壤点位中有93.3%符合NY/T 391—2013要求,其中清洁的比例为96.4%,尚清洁的比例为3.6%,即A市96.4%的草莓园地土壤适宜长期进行绿色食品生产;C市10个草莓园地土壤点位全部符合NY/T 391—2013要

求,其中清洁的比例为 90.0%,尚清洁的比例为 10.0%,即 C 市 90.0% 的草莓园地土壤适宜长期进行绿色食品生产;S 市 14 个草莓园地土壤点位全部符合 NY/T 391—2013 要求,其中清洁的比例为 71.4%,尚清洁的比例为 28.6%,即 S 市 71.4% 的草莓园地土壤适宜长期进行绿色食品生产;N 市 10 个草莓园地土壤点位全部符合 NY/T 391—2013 要求,均处于清洁状态,适宜长期进行绿色食品生产。

5.4　园地土壤质量安全评价小结

5.4.1　草莓园地土壤重金属含量统计学特征

研究区域内草莓园地土壤铅、镉、汞和铜含量平均值分别为 26.42 mg/kg、0.134 1 mg/kg、0.1049 mg/kg 和 27.81 mg/kg,均分别高于或略高于中国土壤和河南土壤中相应元素的背景值,且存在一定程度的累积现象,在空间分布上不均匀,受外界影响程度中等;而砷、镍平均值分别为 8.22 mg/kg 和 24.73 mg/kg,均低于中国土壤和河南省土壤中相应元素的背景值,积累现象不明显,在空间分布上不均匀,受外界影响程度中等;铬含量平均值为 63.69 mg/kg,高于中国土壤铬背景值,略低于河南省土壤铬背景值,累积现象不明显,在空间分布上不均匀,受外界影响程度中等;锌含量平均值为 69.53 mg/kg,低于中国土壤锌背景值,高于河南省土壤锌背景值,也存在一定程度的累积现象,在空间分布上不均匀,受外界影响程度中等。

5.4.2　草莓园地土壤质量安全依据《土壤环境质量　农用地土壤污染风险管控标准(试行)》(GB 15618—2018)评价结果

依据《土壤环境质量　农用地土壤污染风险管控标准(试行)》(GB 15618—2018),综合考虑 8 个重金属污染物代表的评价单元类别,104 个草莓园地土壤点位中,101 个点位为 A 类,3 个点位为 B 类,没有 C 类点位。即 101 个点位属于优先保护类单元,存在食用农产品不符合安全指标等土壤污染风险较低,一般情况下可以忽略不计;3 个点位属于安全利用类单元,主要污染因子为镉和铜,可能存在食用农产品不符合安全指标等土壤污染风险,原则上应当采取农艺调控、替代种植等安全利用措施,应加强土壤环境监测和农产品协同监测。

5.4.3　草莓园地土壤质量安全依据《绿色食品　产地环境质量》(NY/T 391—2013)评价结果

依照《绿色食品　产地环境质量》(NY/T 391—2013)要求,河南省 104 个草莓园地土壤点位中,符合要求的点位比例为 95.2%,即 95.2% 的草莓园地土壤适宜发展绿色食品,不符合要求的点位比例为 4.8%,即 4.8% 的草莓园地土壤不适宜发展绿色食品;不符合《绿色食品　产地环境质量》要求的草莓园地土壤中,主要污染因子为铜和汞,其次为镉;104 个草莓园地土壤点位中有 95.2% 符合《绿色食品　产地环境质量》(NY/T 391—2013)要求,其中清洁的比例为 86.9%,尚清洁的比例为 13.1%,即河南省 86.9% 的草莓园地土壤适宜长期进行绿色食品生产。

第 6 章　草莓果实中重金属分布特征及安全评价

本章主要以河南省种植区草莓为实例,采用描述统计的方法,对草莓果实中重金属含量及其统计学特征进行分析。参照我国《食品安全国家标准　食品中污染物限量》(GB 2762—2017)和农业行业标准《绿色食品　温带水果》(NY/T 844—2017)对重金属等污染物的限量规定,对草莓果实中重金属安全状况做出评价。同时,采用目标危害系数法对草莓果实中 Pb、Cd、Cr、Ni、Hg、As 等 6 种重金属元素分别进行了膳食暴露风险评估,以重金属总体风险商为指标,对草莓重金属对暴露人群的健康风险做出了评价。

6.1　试验方法

本部分严格按照前述章节介绍的植株样品的采集、制备、测试方法进行。

6.1.1　样品采集

试验在 2017～2019 年进行,共采集草莓果实样品 104 个,每个采样点草莓果实样品与园地土壤样品一一对应,在草莓成熟上市前统一采集。采样区域及样品数量见表 6-1。

表 6-1　采样区域及样品数量　(单位:个)

采样区域	果实
总体	104
Q 市	19
L 市	21
A 市	30
C 市	10
S 市	14
N 市	10

6.1.2　检测参数及安全指标

果实样品共设参数 8 个,包括 Cd、Hg、As、Pb、Cr、Cu、Zn、Ni 重金属元素。室内检测及质控严格按前述要求进行,检测参数及检测依据见表 6-2。

参照我国《食品安全国家标准　食品中污染物限量》(GB 2762—2017)和农业行业标准《绿色食品　温带水果》(NY/T 844—2017)对草莓中重金属等污染物进行规定,草莓果实中重金属安全指标见表 6-3。

表 6-2　检测参数及检测依据

序号	参数	检测方法	检测依据
1	镉	石墨炉原子吸收分光光度法	GB/T 5009.15—2014
2	汞	原子荧光法	GB/T 5009.17—2014
3	砷	原子荧光法	GB/T 5009.11—2014
4	铅	石墨炉原子吸收分光光度法	GB/T 5009.12—2017
5	铬	石墨炉原子吸收分光光度法	GB/T 5009.123—2014
6	铜	火焰原子吸收分光光度法	GB/T 5009.13—2017
7	锌	火焰原子吸收分光光度法	GB/T 5009.14—2003
8	镍	石墨炉原子吸收分光光度法	GB/T 5009.138—2017

表 6-3　草莓果实中重金属安全指标　（单位：mg/kg）

参考标准	重金属							
	Pb	Cd	Cr	Hg	As	Ni	Cu	Zn
限量（GB 2762—2017）	0.2	0.05	0.5（蔬菜）	0.01（蔬菜）	0.5（蔬菜）	1.0（食品）	—	—
限量（NY/T 844—2017）	0.2	0.05	—	—	—	—	—	—

6.1.3　草莓中重金属膳食暴露风险评估与排序

食用安全性评价采用美国国家环境保护局（USEPA）于 2000 年发布建立的一种评价非致癌污染物风险方法，即目标危害系数法。该方法是基于污染物暴露剂量和参考剂量的比值。如果 $THQ>1$，可认为该重金属对暴露人群存在健康风险，即暴露于此剂量下的人群的健康风险达到了不可接受的程度，数值越大则表明风险越大，应当采取适当的风险管理措施；如果 $THQ<1$，可认为该重金属对暴露人群没有明显的健康风险，即暴露于此剂量下的人群其健康风险是可以接受的，数值越小则表明风险越小。

采用点评估模型对草莓中重金属膳食暴露评估，THQ 为重金属风险商（单一重金属目标危害系数），是假定吸收剂量等于摄入剂量，以测定的人体摄入剂量与参考剂量的比值为评价标准。单一重金属风险商计算公式为

$$THQ=\frac{E_F E_D F_{IR} C}{R_{FD} W_{AB} T_A}\times 10^{-3} \tag{6-1}$$

式中　E_F——人群暴露频率，d/a；

E_D——暴露区间，a；

F_{IR}——水果摄入率，g/d；

C——水果中的重金属元素含量，mg/kg；

R_{FD}——参考剂量,mg/(kg · d);

W_{AB}——人体的平均体重,kg;

T_A——非致癌性暴露的平均时间,d(USEPA,2000)。

多种重金属总体风险商计算公式为

$$TTHQ = \sum THQ \tag{6-2}$$

式中　$TTHQ$——重金属总体风险商;

THQ——单一重金属目标危害系数。

6.2　果实中重金属含量统计学特征

6.2.1　重金属含量总体情况

研究区域内,草莓果实中重金属含量水平见表6-4。不同区域草莓果实中重金属含量比较见图6-1～图6-8。

表6-4　草莓果实中重金属含量水平　　(单位:mg/kg)

不同区域样本(个)		Pb	Cd	Cr	Hg	As	Ni	Cu	Zn
总体(104)	最小值	0.000 3	0.000 2	0.000 9	0.000 4	0.001 1	0.003 2	0.073 0	0.073 0
	最大值	0.200 0	0.050 0	0.500 0	0.002 4	0.018 8	0.370 0	7.870 0	4.000 0
	平均值	0.026 9	0.008 9	0.043 7	0.001 0	0.007 4	0.103 6	0.846 6	1.316 9
	标准偏差	0.040 8	0.011 8	0.064 6	0.000 6	0.003 1	0.088 8	1.244 4	0.551 5
Q市(19)	最小值	0.001 0	0.001 0	0.021 0	0.001 0	0.004 0	0.076 0	0.209 0	0.714 0
	最大值	0.039 0	0.050 0	0.212 0	0.001 8	0.013 0	0.370 0	0.735 0	1.578 0
	平均值	0.017 2	0.014 9	0.066 1	0.001 2	0.006 8	0.174 8	0.501 6	1.191 1
	标准偏差	0.012 1	0.011 8	0.046 1	0.000 3	0.002 3	0.078 9	0.176 4	0.280 3
L市(21)	最小值	0.001 0	0.005 0	0.011 0	0.001 0	0.003 0	0.124 0	0.129 0	0.775 0
	最大值	0.157 0	0.050 0	0.500 0	0.002 4	0.013 0	0.363 0	2.552 0	1.729 0
	平均值	0.029 8	0.018 1	0.057 9	0.001 7	0.006 2	0.197 4	0.432 2	1.255 5
	标准偏差	0.040 2	0.012 3	0.105 2	0.000 4	0.003 0	0.067 6	0.506 0	0.268 4
A市(30)	最小值	0.000 3	0.000 3	0.000 9	0.000 4	0.003 5	0.006 1	0.073 0	0.073 0
	最大值	0.200 0	0.036 6	0.288 0	0.002 0	0.014 0	0.234 0	6.365 0	4.000 0
	平均值	0.041 5	0.003 4	0.043 1	0.001 1	0.007 0	0.071 0	1.361 5	1.209 3
	标准偏差	0.048 1	0.006 5	0.066 5	0.000 6	0.002 6	0.052 0	1.416 0	0.749 3

续表 6-4　草莓果实中重金属含量水平

不同区域样本(个)		Pb	Cd	Cr	Hg	As	Ni	Cu	Zn
C市(10)	最小值	0.003 2	0.000 5	0.011 7	0.000 4	0.003 6	0.003 2	0.106 0	1.130 0
	最大值	0.070 2	0.002 4	0.092 8	0.002 2	0.018 8	0.038 6	0.346 0	2.270 0
	平均值	0.013 3	0.001 2	0.042 9	0.000 6	0.010 2	0.024 7	0.271 3	1.439 0
	标准偏差	0.020 3	0.000 6	0.025 8	0.000 6	0.004 4	0.010 5	0.090 0	0.327 5
S市(14)	最小值	0.001 0	0.000 3	0.002 9	0.000 4	0.001 1	0.008 0	0.225 0	0.846 0
	最大值	0.006 5	0.050 0	0.034 0	0.000 6	0.013 4	0.231 0	0.747 0	2.950 0
	平均值	0.002 3	0.009 5	0.018 2	0.000 5	0.007 2	0.053 8	0.467 6	1.595 4
	标准偏差	0.002 0	0.015 2	0.008 9	0.000 1	0.002 9	0.059 2	0.176 4	0.553 7
N市(10)	最小值	0.001 0	0.000 2	0.004 2	0.000 4	0.004 2	0.003 2	0.266 0	0.835 0
	最大值	0.200 0	0.003 9	0.020 0	0.000 5	0.013 2	0.035 4	7.870 0	3.420 0
	平均值	0.043 2	0.001 1	0.009 4	0.000 4	0.009 4	0.018 2	1.933 1	1.495 5
	标准偏差	0.069 7	0.001 1	0.004 7	0.000 0	0.002 7	0.009 1	2.671 7	0.742 4

注:为统计方便,只要能测出数值的参数均列出了结果,未严格按照方法检出限来执行。

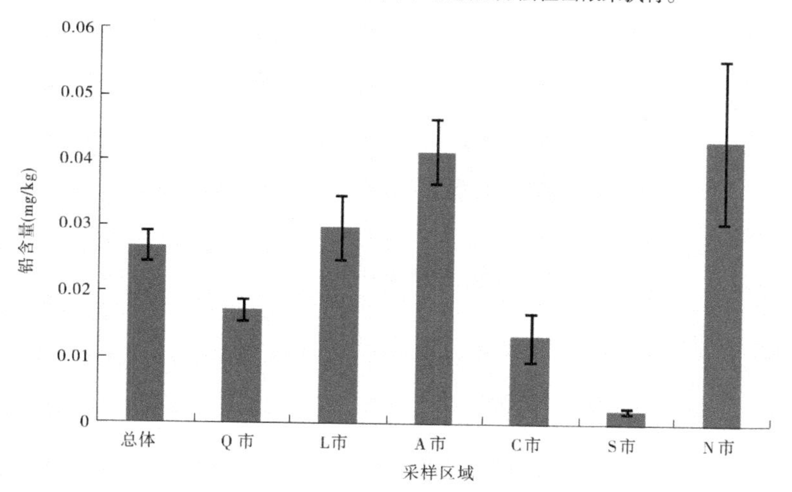

图 6-1　不同区域草莓果实中铅含量比较

6.2.2　不同区域草莓果实重金属含量分析

6.2.2.1　不同区域草莓果实铅含量比较

从统计结果(见表 6-4)来看,研究区域内草莓总体上铅含量范围为0.000 3～0.200 0 mg/kg,平均值为 0.026 9 mg/kg。由图 6-1 可以看出,各区域草莓果实中铅含量差异较大,平均含量 N 市 > A 市 > L 市 > Q 市 > C 市 > S 市,均低于《食品安全国家标准　食品中污染物限量》(GB 2762—2017)和农业行业标准《绿色食品　温带水果》(NY/T 844—2017)规定的 0.2 mg/kg 的铅污染物限量值。

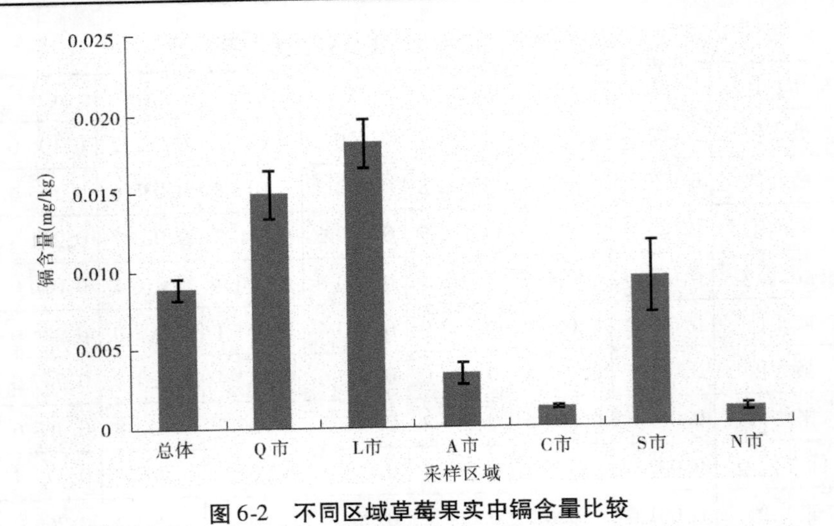

图 6-2　不同区域草莓果实中镉含量比较

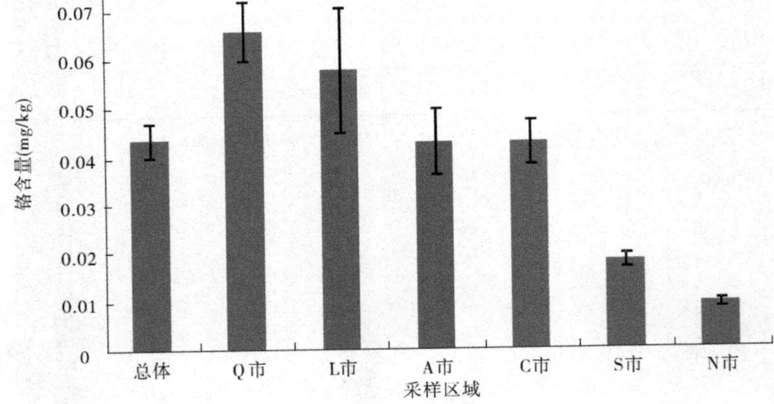

图 6-3　不同区域草莓果实中铬含量比较

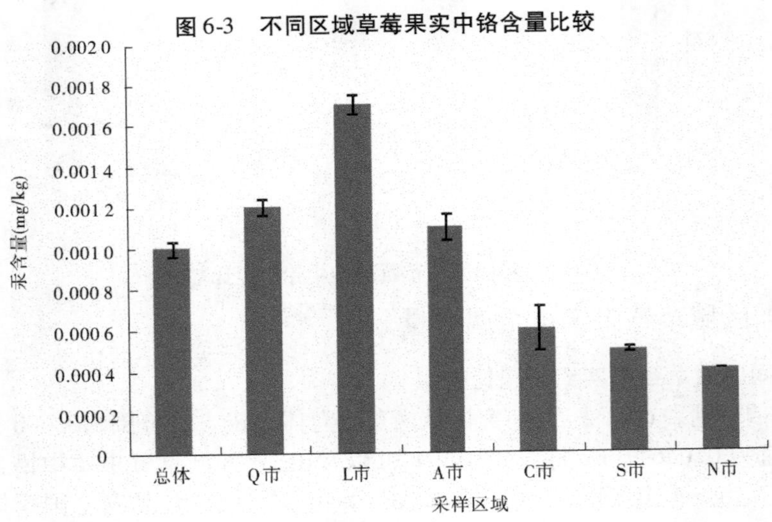

图 6-4　不同区域草莓果实中汞含量比较

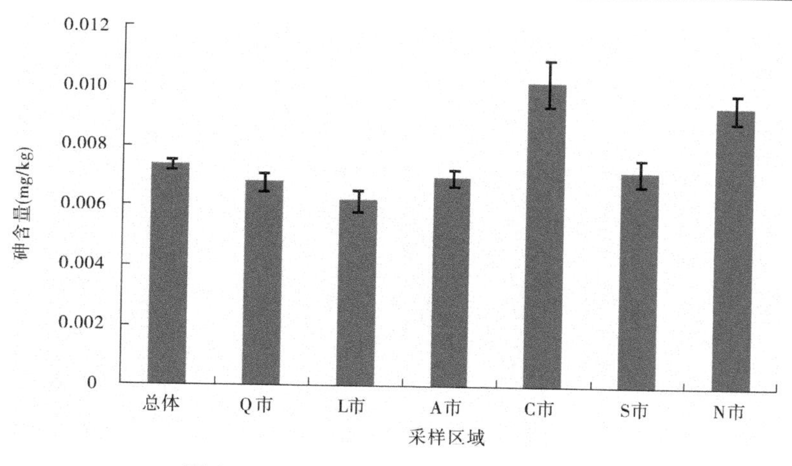

图6-5　不同区域草莓果实中砷含量比较

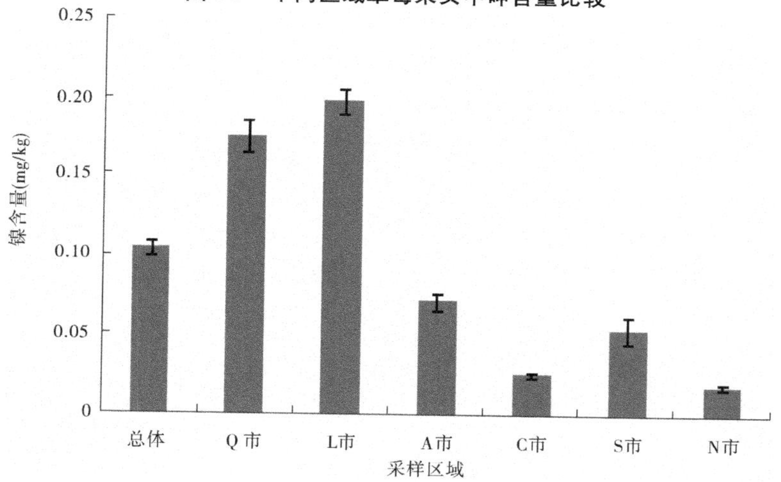

图6-6　不同区域草莓果实中镍含量比较

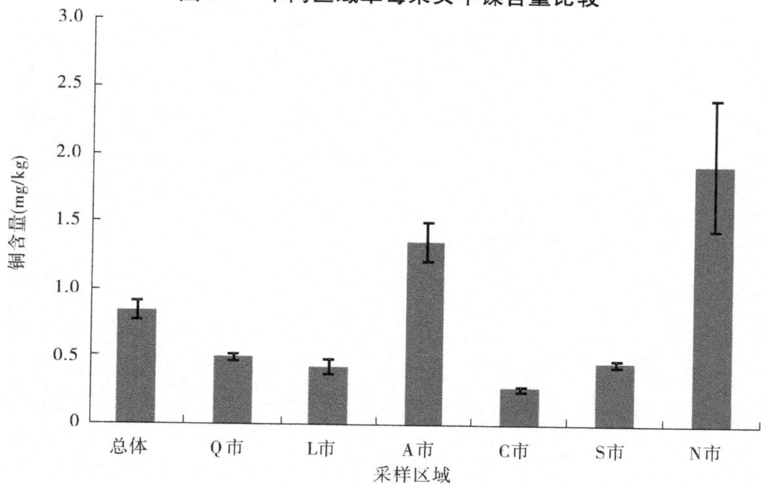

图6-7　不同区域草莓果实中铜含量比较

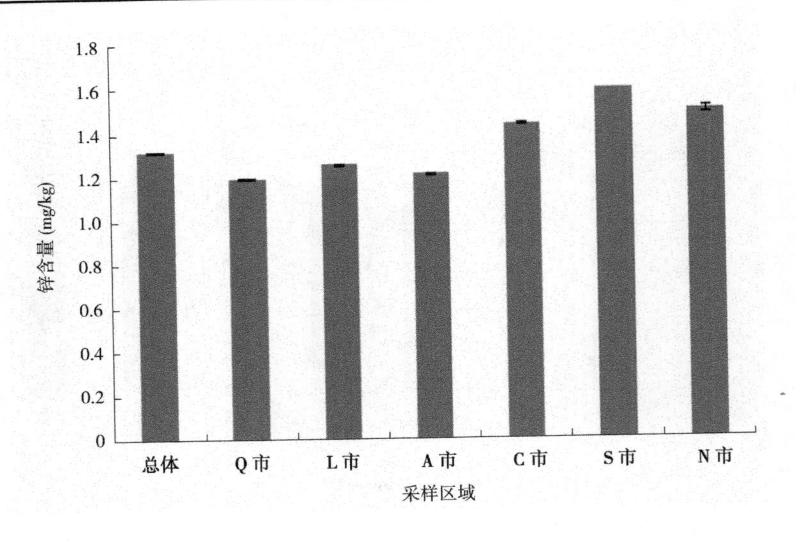

图 6-8　不同区域草莓果实中锌含量比较

6.2.2.2　不同区域草莓果实镉含量比较

从统计结果(见表 6-4)来看,研究区域内草莓总体上镉含量范围为0.000 2～0.050 0 mg/kg,平均值为 0.008 9 mg/kg。由图 6-2 可以看出,各区域草莓果实中镉含量差异较大,平均含量 L 市 > Q 市 > S 市 > A 市 > C 市 > N 市,均低于《食品安全国家标准　食品中污染物限量》(GB 2762—2017)和农业行业标准《绿色食品　温带水果》(NY/T 844—2017)规定的 0.05 mg/kg 的镉污染物限量值。

6.2.2.3　不同区域草莓果实铬含量比较

从统计结果(见表 6-4)来看,研究区域内草莓总体上铬含量范围为0.000 9～0.500 0 mg/kg,平均值为 0.043 7 mg/kg。由图 6-3 可以看出,各区域草莓果实中铬含量差异较大,平均含量 Q 市 > L 市 > C 市 > A 市 > S 市 > N 市,均低于《食品安全国家标准　食品中污染物限量》(GB 2762—2017)规定的 0.5 mg/kg 的铬污染物在蔬菜中的限量值。

6.2.2.4　不同区域草莓果实汞含量比较

从统计结果(见表 6-4)来看,研究区域内草莓总体上汞含量范围为0.000 4～0.002 4 mg/kg,平均值为 0.001 0 mg/kg。由图 6-4 可以看出,各区域草莓果实中汞含量差异较大,平均含量 L 市 > Q 市 > A 市 > C 市 > S 市 > N 市,均低于《食品安全国家标准　食品中污染物限量》(GB 2762—2017)规定的 0.01 mg/kg 的汞污染物在蔬菜中的限量值。

6.2.2.5　不同区域草莓果实砷含量比较

从统计结果(见表 6-4)来看,研究区域内草莓总体上砷含量范围为0.001 1～0.018 8 mg/kg,平均值为 0.007 4 mg/kg。由图 6-5 可以看出,各区域草莓果实中砷含量差异较大,平均含量 C 市 > N 市 > S 市 > A 市 > Q 市 > L 市,均低于《食品安全国家标准　食品中污染物限量》(GB 2762—2017)规定的 0.5 mg/kg 的砷污染物在蔬菜中的限量值。

6.2.2.6　不同区域草莓果实镍含量比较

从统计结果(见表 6-4)来看,研究区域内草莓总体上镍含量范围为0.003 2～0.370 0 mg/kg,平均值为 0.103 6 mg/kg。由图 6-6 可以看出,各区域草莓果实中镍含量差异较大，平均含量L市>Q市>A市>S市>C市>N市，均低于《食品安全国家标准　食品中污染物限量》(GB 2762—2017)规定的1.0 mg/kg的镍污染物在食品中的限量值。

6.2.2.7　不同区域草莓果实铜含量比较

从统计结果(见表6-4)来看，研究区域内草莓总体上铜含量范围为0.073 0~7.870 0 mg/kg，平均值为0.846 6 mg/kg。由图6-7可以看出，各区域草莓果实中铜含量差异较大，平均含量N市>A市>Q市>S市>L市>C市。《食品安全国家标准　食品中污染物限量》(GB 2762—2017)和农业行业标准《绿色食品　温带水果》(NY/T 844—2017)均未对食品中铜含量做出限定。

6.2.2.8　不同区域草莓果实锌含量比较

从统计结果(见表6-4)来看，研究区域内草莓总体上锌含量范围为0.073 0~4.000 0 mg/kg，平均值为1.316 9 mg/kg。由图6-8可以看出，各区域草莓果实中锌含量差异较大，平均含量S市>N市>C市>L市>A市>Q市。《食品安全国家标准　食品中污染物限量》(GB 2762—2017)和农业行业标准《绿色食品　温带水果》(NY/T 844—2017)均未对食品中锌含量做出限定。

6.2.3　果实中重金属含量差异性比较

由统计结果(见表6-4)和不同区域草莓果实中重金属含量比较结果(见图6-1~图6-8)可知，研究区域内草莓果实中不同重金属含量差异较大，8个重金属元素平均含量大小顺序为Zn>Cu>Ni>Cr>Pb>Cd>As>Hg，不同区域草莓果实中不同重金属含量高低顺序基本一致。采用组间连接和欧氏距离平方对研究区域内8个重金属元素含量进行系统聚类，结果如图6-9所示。由图6-9可以看出，当临界值$\lambda=5$时，按含量由高到低将8个重金属元素分为两类。第一类为Zn，第二类为Cu、Ni、Cr、Pb、Cd、As、Hg，含量水平低于第一类。

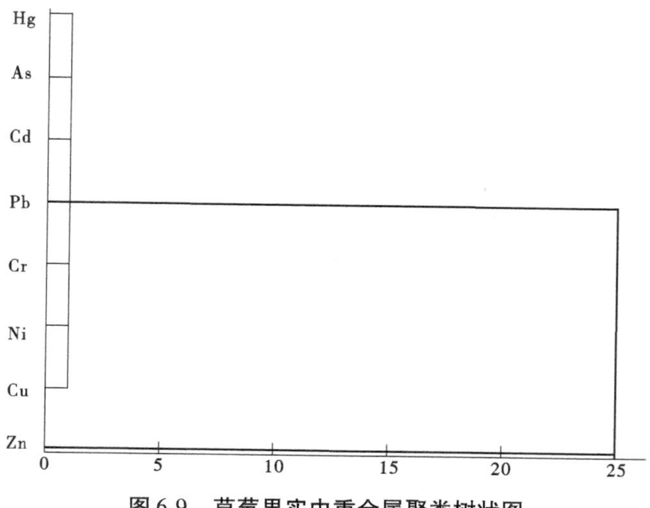

图6-9　草莓果实中重金属聚类树状图

6.3 果实中重金属质量安全评价

6.3.1 检出情况

参照我国《食品安全国家标准　食品中污染物限量》(GB 2762—2017)和农业行业标准《绿色食品　温带水果》(NY/T 844—2017)对重金属等污染物的限量规定，本研究中，不同区域草莓果实中重金属安全状况见表6-5。可以看出，研究区域内104个草莓果实样品中，Pb、Cd、Cr、Hg、As、Ni检出率分别为50.0%、82.7%、81.7%、58.7%、20.2%、93.3%，Zn、Cu检出率均为100.0%，没有超标样品，合格率为100.0%。

(1)Q市总体情况。

Q市19个草莓果实样品中，Pb、As检出率分别为73.7%和10.5%，Cd、Cr、Hg、Ni、Zn、Cu检出率均为100%，没有超标样品，合格率为100.0%。

(2)L市总体情况。

L市21个草莓果实样品中，Pb、As检出率分别为71.4%和19.0%，Cd、Cr、Hg、Ni、Zn、Cu检出率均为100.0%，没有超标样品，合格率为100.0%。

(3)A市总体情况。

A市30个草莓果实样品中，Pb、Cd、Cr、Hg、As、Ni检出率分别为60.0%、90.0%、66.7%、66.7%、16.7%、93.3%，Zn、Cu检出率均为100.0%，没有超标样品，合格率为100.0%。

(4)C市总体情况。

研究区域内C市10个草莓果实样品中，Pb、Cd、Hg、As、Ni检出率分别为20.0%、50.0%、10.0%、40.0%、90.0%，Cr、Zn、Cu检出率均为100.0%，没有超标样品，合格率为100.0%。

(5)S市总体情况。

S市14个草莓果实样品中，Pb、Hg均未检出，Cd、Cr、As、Ni检出率分别为71.4%、78.6%、14.3%、85.7%，Zn、Cu检出率均为100.0%，没有超标样品，合格率为100.0%。

(6)N市总体情况。

N市10个草莓果实样品中，Hg未检出，Pb、Cd、Cr、As、Ni检出率分别为30.0%、40.0%、40.0%、40.0%、80.0%，Zn、Cu检出率均为100.0%，没有超标样品，合格率为100.0%。

6.3.2 草莓质量安全状况

研究范围内草莓果实的重金属元素含量符合我国相关重金属限量标准。铅、镉平均含量均低于《食品安全国家标准　食品中污染物限量》(GB 2762—2017)和农业行业标准《绿色食品　温带水果》(NY/T 844—2017)的限量要求，铬、镍、汞、砷平均含量也低于GB 2762—2017限量要求，说明研究区域内草莓在重金属方面是安全的，可以放心食用。

表 6-5　不同区域草莓果实中重金属安全状况（依据 GB 2762—2017）

区域	重金属	Pb	Cd	Cr	Hg	As	Ni	Zn	Cu	总体
总体（104）	样品总数（个）	104	104	104	104	104	104	104	104	104
	检出个数（个）	52	86	85	61	21	97	104	104	104
	检出率（%）	50.0	82.7	81.7	58.7	20.2	93.3	100.0	100.0	100.0
	合格率（%）	100.0	100.0	100.0	100.0	100.0	100.0	—	—	100.0
Q 市（19）	样品总数（个）	19	19	19	19	19	19	19	19	19
	检出个数（个）	14	19	19	19	2	19	19	19	19
	检出率（%）	73.7	100.0	100.0	100.0	10.5	100.0	100.0	100.0	100.0
	合格率（%）	100.0	100.0	100.0	100.0	100.0	100.0	—	—	100.0
L 市（21）	样品总数（个）	21	21	21	21	21	21	21	21	21
	检出个数（个）	15	21	21	21	4	21	21	21	21
	检出率（%）	71.4	100.0	100.0	100.0	19.0	100.0	100.0	100.0	100.0
	合格率（%）	100.0	100.0	100.0	100.0	100.0	100.0	—	—	100.0
A 市（30）	样品总数（个）	30	30	30	30	30	30	30	30	30
	检出个数（个）	18	27	20	20	5	28	30	30	30
	检出率（%）	60.0	90.0	66.7	66.7	16.7	93.3	100.0	100.0	100.0
	合格率（%）	100.0	100.0	100.0	100.0	100.0	100.0	—	—	100.0
C 市（10）	样品总数（个）	10	10	10	10	10	10	10	10	10
	检出个数（个）	2	5	10	1	4	9	10	10	10
	检出率（%）	20.0	50.0	100.0	10.0	40.0	90.0	100.0	100.0	100.0
	合格率（%）	100.0	100.0	100.0	100.0	100.0	100.0	—	—	100.0
S 市（14）	样品总数（个）	14	14	14	14	14	14	14	14	14
	检出个数（个）	0	10	11	0	2	12	14	14	14
	检出率（%）	0.0	71.4	78.6	0.0	14.3	85.7	100.0	100.0	100.0
	合格率（%）	100.0	100.0	100.0	100.0	100.0	100.0	—	—	100.0
N 市（10）	样品总数（个）	10	10	10	10	10	10	10	10	10
	检出个数（个）	3	4	4	0	4	8	10	10	10
	检出率（%）	30.0	40.0	40.0	0.0	40.0	80.0	100.0	100.0	100.0
	合格率（%）	100.0	100.0	100.0	100.0	100.0	100.0	—	—	100.0

注：此表严格按照方法检出限来执行，只有测定结果高于方法检出限的才视为检出，计入检出个数之中。

6.4　草莓果实重金属膳食暴露风险评估

根据相关国家标准,研究区域内没有 Cd 和 Pb 元素超标的草莓果实样品。其他 6 种重金属元素因国家卫生健康委员会相继取消了水果中最大残留限量的规定,因此有必要采用膳食暴露评估方法进行风险大小的判定。由于 Cu 和 Zn 在食品中均未设置限量指标,本书仅对 Pb、Cd、Cr、Ni、Hg、As 等 6 种重金属元素进行膳食暴露评估,在此采用美国国家环境保护局(USEPA)于 2000 年发布的目标危害系数法进行。

(1)膳食暴露评估基本参数。

单一重金属风险计算公式 $THQ = \frac{E_F E_D F_{IR} C}{R_{FD} W_{AB} T_A} \times 10^{-3}$ 中:

人群暴露频率 E_F 为 180 d/a(按照每年草莓可食时间为 6 个月)。暴露区间 E_D 等于人的年龄(a)。草莓摄入率 F_{IR} 为 17 g/d(草莓产量按 400 万 t/a 计算,假设不同年龄段草莓摄入量一致)。草莓中重金属元素含量 C 为各重金属元素实际测定值(mg/kg,根据 WHO 对未检出数据的处理原则,未检出数据的比例 >60% 时,所有未检出数据均用检出限 LOD 替代;未检出数据的比例≤60% 时,所有未检出数据均用 1/2 LOD 替代)。铅、镉、砷、镍、铬、汞参考剂量 R_{FD} 分别为 0.003 5 mg/(kg · d)、0.000 83 mg/(kg · d)、0.003 mg/(kg · d)、0.015 mg/(kg · d)、0.008 3 mg/(kg · d)、0.000 57 mg/(kg · d)(联合国粮农组织和世界卫生组织下的食品添加剂联合专家委员会,简称 JECFA)。人体的平均体重 W_{AB} 根据 2004 年"中国健康与营养调查"结果,儿童(3 ~ 12 岁)为 24.5 kg,少年(13 ~ 18 岁)为 49.3 kg,青壮年(19 ~ 45 岁)为 60.3 kg,中老年(45 岁以上)为 59.4 kg。非致癌性暴露的平均时间 T_A 为 12 600 d(按平均年龄 70 a、暴露频率 180 d/a 计算)。

(2)食用安全性评估结果。

对不同年龄人群草莓重金属膳食暴露及其风险指数进行评估,具体如下。

6.4.1　铅膳食摄入评估

表 6-6 为不同年龄人群草莓中铅的 THQ。可以看出,儿童(3 ~ 12 岁)、少年(13 ~ 18 岁)、青壮年(19 ~ 45 岁)、中老年(45 岁以上)的铅 THQ 范围分别为 0.000 20 ~ 0.003 97、0.000 21 ~ 0.004 22、0.000 37 ~ 0.007 36、0.000 68 ~ 0.013 55。就平均值来说,铅的 THQ 中老年 > 青壮年 > 少年 > 儿童,但 THQ 均远小于 1,可认为重金属铅对暴露人群没有明显的健康风险,整体来说暴露于此剂量下的人群其健康风险是可以接受的。

6.4.2　镉膳食摄入评估

表 6-7 为不同年龄人群草莓中镉的 THQ。可以看出,儿童(3 ~ 12 岁)、少年(13 ~ 18 岁)、青壮年(19 ~ 45 岁)、中老年(45 岁以上)的镉 THQ 范围分别为 0.000 08 ~ 0.004 18、0.000 09 ~ 0.004 45、0.000 16 ~ 0.007 76、0.000 29 ~ 0.014 29。就平均值来说,镉的 THQ 中老年 > 青壮年 > 少年 > 儿童,但 THQ 均远小于 1,可认为重金属镉对暴露人群没有明显的健康风险,整体来说暴露于此剂量下的人群其健康风险是可以接受的。

表 6-6　不同年龄人群草莓中铅的 *THQ*

人群	儿童	少年	青壮年	中老年
最小值	0.000 20	0.000 21	0.000 37	0.000 68
最大值	0.003 97	0.004 22	0.007 36	0.013 55
平均值	0.000 60	0.000 64	0.001 11	0.002 04
标准差	0.000 77	0.000 82	0.001 43	0.002 64
P50	0.000 20	0.000 21	0.000 37	0.000 68
P75	0.000 57	0.000 61	0.001 07	0.001 96
P90	0.001 48	0.001 57	0.002 75	0.005 05
P99	0.003 94	0.004 20	0.007 32	0.013 46

表 6-7　不同年龄人群草莓中镉的 *THQ*

人群	儿童	少年	青壮年	中老年
最小值	0.000 08	0.000 09	0.000 16	0.000 29
最大值	0.004 18	0.004 45	0.007 76	0.014 29
平均值	0.000 75	0.000 80	0.001 39	0.002 55
标准差	0.000 98	0.001 05	0.001 82	0.003 36
P50	0.000 32	0.000 35	0.000 60	0.001 11
P75	0.001 02	0.001 09	0.001 90	0.003 50
P90	0.001 90	0.002 02	0.003 52	0.006 49
P99	0.004 18	0.004 45	0.007 76	0.014 29

6.4.3　铬膳食摄入评估

表 6-8 为不同年龄人群草莓中铬的 *THQ*。可以看出，儿童(3 ~ 12 岁)、少年(13 ~ 18 岁)、青壮年(19 ~ 45 岁)、中老年(45 岁以上)的铬 *THQ* 范围分别为 0.000 08 ~ 0.004 18、0.000 09 ~ 0.004 45、0.000 15 ~ 0.007 76、0.000 28 ~ 0.014 29。就平均值来说，铬的 *THQ* 中老年 > 青壮年 > 少年 > 儿童，但 *THQ* 均远小于 1，可认为重金属铬对暴露人群没有明显的健康风险，整体来说暴露于此剂量下的人群其健康风险是可以接受的。

表 6-8　不同年龄人群草莓中铬的 *THQ*

人群	儿童	少年	青壮年	中老年
最小值	0.000 08	0.000 09	0.000 15	0.000 28
最大值	0.004 18	0.004 45	0.007 76	0.014 29
平均值	0.000 37	0.000 40	0.000 69	0.001 27
标准差	0.000 54	0.000 57	0.000 99	0.001 83
P50	0.000 20	0.000 21	0.000 37	0.000 68
P75	0.000 40	0.000 43	0.000 75	0.001 37
P90	0.000 71	0.000 76	0.001 32	0.002 43
P99	0.002 39	0.002 54	0.004 44	0.008 16

6.4.4　镍膳食摄入评估

表 6-9 为不同年龄人群草莓中镍的 *THQ*。可以看出，儿童(3 ~ 12 岁)、少年(13 ~ 18 岁)、青壮年(19 ~ 45 岁)、中老年(45 岁以上)的镍 *THQ* 范围分别为 0.000 05 ~ 0.001 71、0.000 05 ~ 0.001 82、0.000 09 ~ 0.003 18、0.000 16 ~ 0.005 85。就平均值来说，镍的 *THQ* 中老年 > 青壮年 > 少年 > 儿童，但 *THQ* 均远小于 1，可认为重金属镍对暴露人群没有明显的健康风险，整体来说暴露于此剂量下的人群其健康风险是可以接受的。

表 6-9　不同年龄人群草莓中镍的 *THQ*

人群	儿童	少年	青壮年	中老年
最小值	0.000 05	0.000 05	0.000 09	0.000 16
最大值	0.001 71	0.001 82	0.003 18	0.005 85
平均值	0.000 48	0.000 51	0.000 89	0.001 64
标准差	0.000 41	0.000 44	0.000 76	0.001 40
P50	0.000 37	0.000 39	0.000 69	0.001 27
P75	0.000 72	0.000 77	0.001 34	0.002 47
P90	0.001 08	0.001 14	0.002 00	0.003 67
P99	0.001 67	0.001 78	0.003 11	0.005 72

6.4.5　汞膳食摄入评估

表 6-10 为不同年龄人群草莓中汞的 *THQ*。可以看出，儿童(3 ~ 12 岁)、少年(13 ~ 18 岁)、青壮年(19 ~ 45 岁)、中老年(45 岁以上)的汞 *THQ* 范围分别为 0.000 06 ~ 0.000 29、

0. 000 06 ~0. 000 31、0. 000 11 ~0. 000 54、0. 000 21 ~0. 001 00。就平均值来说，汞的 *THQ* 中老年 > 青壮年 > 少年 > 儿童，但 *THQ* 均远小于 1，可认为重金属汞对暴露人群没有明显的健康风险，整体来说暴露于此剂量下的人群其健康风险是可以接受的。

表 6-10　不同年龄人群草莓中汞的 *THQ*

人群	儿童	少年	青壮年	中老年
最小值	0. 000 06	0. 000 06	0. 000 11	0. 000 21
最大值	0. 000 29	0. 000 31	0. 000 54	0. 001 00
平均值	0. 000 13	0. 000 14	0. 000 24	0. 000 44
标准差	0. 000 07	0. 000 07	0. 000 13	0. 000 24
P50	0. 000 12	0. 000 13	0. 000 23	0. 000 42
P75	0. 000 19	0. 000 21	0. 000 36	0. 000 67
P90	0. 000 23	0. 000 24	0. 000 42	0. 000 78
P99	0. 000 29	0. 000 31	0. 000 54	0. 001 00

6.4.6　砷膳食摄入评估

表 6-11 为不同年龄人群草莓中砷的 *THQ*。可以看出，儿童（3 ~ 12 岁）、少年（13 ~ 18 岁）、青壮年（19 ~ 45 岁）、中老年（45 岁以上）的砷 *THQ* 范围分别为 0. 000 12 ~ 0. 000 43、0. 000 12 ~ 0. 000 46、0. 000 21 ~ 0. 000 81、0. 000 40 ~ 0. 001 49。就平均值来说，砷的 *THQ* 中老年 > 青壮年 > 少年 > 儿童，但 *THQ* 均远小于 1，可认为重金属砷对暴露人群没有明显的健康风险，整体来说暴露于此剂量下的人群其健康风险是可以接受的。

表 6-11　不同年龄人群草莓中砷的 *THQ*

人群	儿童	少年	青壮年	中老年
最小值	0. 000 12	0. 000 12	0. 000 21	0. 000 40
最大值	0. 000 43	0. 000 46	0. 000 81	0. 001 49
平均值	0. 000 15	0. 000 16	0. 000 28	0. 000 51
标准差	0. 000 07	0. 000 07	0. 000 13	0. 000 24
P50	0. 000 12	0. 000 12	0. 000 21	0. 000 40
P75	0. 000 12	0. 000 12	0. 000 21	0. 000 40
P90	0. 000 27	0. 000 29	0. 000 51	0. 000 94
P99	0. 000 32	0. 000 34	0. 000 60	0. 001 11

6.4.7 重金属总体膳食摄入评估

表6-12为不同年龄人群草莓中重金属的*TTHQ*。可以看出,儿童(3～12岁)、少年(13～18岁)、青壮年(19～45岁)、中老年(45岁以上)的*TTHQ*范围为0.000 59～0.008 61、0.000 63～0.009 17、0.001 09～0.015 99、0.002 01～0.029 41。就平均值来说,*TTHQ*中老年>青壮年>少年>儿童,但*TTHQ*均远小于1,99百分位值中老年最大为0.025 53,也不足0.03,因而可认为重金属对暴露人群没有明显的健康风险,整体来说暴露于此剂量下的人群其健康风险是可以接受的。

表6-12 不同年龄人群草莓中重金属的*TTHQ*

人群	儿童	少年	青壮年	中老年
最小值	0.000 59	0.000 63	0.001 09	0.002 01
最大值	0.008 61	0.009 17	0.015 99	0.029 41
平均值	0.002 48	0.002 64	0.004 60	0.008 46
标准差	0.001 66	0.001 77	0.003 09	0.005 68
P50	0.002 16	0.002 30	0.004 01	0.007 38
P75	0.003 43	0.003 65	0.006 37	0.011 72
P90	0.004 93	0.005 25	0.009 16	0.016 86
P99	0.007 47	0.007 95	0.013 87	0.025 53

6.5 草莓果实质量安全评价小结

(1)草莓果实中重金属含量统计学特征。

研究区域内草莓果实重金属含量范围总体上来说,铅为0.000 3～0.200 0 mg/kg,镉为0.000 2～0.050 0 mg/kg,铬为0.000 9～0.500 0 mg/kg,汞为0.000 3～0.002 4 mg/kg,砷为0.001 1～0.018 8 mg/kg,镍为0.003 2～0.370 0 mg/kg,铜为0.073 0～7.870 0 mg/kg,锌为0.073 0～4.000 0 mg/kg。草莓果实中不同重金属含量差异较大,平均含量大小顺序为Zn>Cu>Ni>Cr>Pb>Cd>As>Hg,不同区域草莓果实中不同重金属含量高低顺序基本一致。当临界值$\lambda=5$时,系统聚类由高到低将8个重金属元素分为两类,第一类为Zn,第二类为Cu、Ni、Cr、Pb、Cd、As、Hg。

(2)草莓质量安全状况。

研究范围内草莓果实的重金属元素含量符合我国相关重金属限量标准,铅、镉平均含量均低于《食品安全国家标准　食品中污染物限量》(GB 2762—2017)和农业行业标准《绿色食品　温带水果》(NY/T 844—2017)的限量要求,铬、镍、汞、砷平均含量也低于GB 2762—2017限量要求,说明研究区域内草莓在重金属方面是安全的,可以放心食用。

(3)重金属膳食摄入评估。

就单个重金属风险商来说，铅*THQ*中老年>青壮年>少年>儿童，镉*THQ*中老年>青壮年>少年>儿童，铬*THQ*中老年>青壮年>少年>儿童，镍*THQ*中老年>青壮年>少年>儿童，汞*THQ*中老年>青壮年>少年>儿童，砷*THQ*中老年>青壮年>儿童>少年，但均远小于1，可认为这几种重金属对暴露人群没有明显的健康风险，整体来说暴露于相应剂量下的人群其健康风险是可以接受的。就重金属总体风险商来说，*TTHQ*中老年>青壮年>少年>儿童，但*TTHQ*均远小于1，可认为重金属对暴露人群没有明显的健康风险，整体来说暴露于此剂量下的人群其健康风险是可以接受的。

第7章 草莓植株各器官中重金属累积分布特征及富集能力

本章主要通过描述统计的方法,以河南省种植区草莓为研究对象,通过测定园地土壤—草莓植株系统中Pb、Cd、Cr、Hg、As、Ni、Cu、Zn 8个重金属元素含量,分析重金属在草莓植株不同部位累积分布差异性及富集特征,比较不同重金属在草莓园地土壤—植株系统富集能力差异性及特征。拟通过系统分析,弄清重金属在草莓植株不同部位的累积分布情况,并评价不同重金属在草莓中的富集能力,以期为草莓对重金属御性机制研究提供科学数据,为重金属背景值偏高的地区安全生产草莓保驾护航。

7.1 试验方法

本部分严格按照前述章节介绍的土壤、植株样品的采集、制备、测试方法进行。

7.1.1 样品采集

试验在2017~2019年进行,共采集草莓园地土壤、根、茎、叶、果实样品各104个,每个采样点草莓根、茎、叶、果实样品分别与园地土壤样品一一对应,在草莓成熟上市前统一采集。采样区域及样品数量见表7-1。

表7-1 采样区域及样品数量 (单位:个)

采样区域	土壤	根	茎	叶	果实
总体	104	104	104	104	104
Q市	19	19	19	19	19
L市	21	21	21	21	21
A市	30	30	30	30	30
C市	10	10	10	10	10
S市	14	14	14	14	14
N市	10	10	10	10	10

7.1.2 室内检测

共设检测参数8个,包括Cd、Hg、As、Pb、Cr、Cu、Zn、Ni重金属元素。室内检测及质控严格按前述要求进行,检测参数及检测依据见表7-2。

表 7-2 检测参数及检测依据

样品种类	序号	参数	检测方法	检测依据
土壤	1	镉	石墨炉原子吸收分光光度法	GB/T 5009. 15—2014
	2	汞	原子荧光法	GB/T 5009. 17—2014
	3	砷	原子荧光法	GB/T 5009. 11—2014
	4	铅	石墨炉原子吸收分光光度法	GB/T 5009. 12—2017
	5	铬	石墨炉原子吸收分光光度法	GB/T 5009. 123—2014
	6	铜	火焰原子吸收分光光度法	GB/T 5009. 13—2017
	7	锌	火焰原子吸收分光光度法	GB/T5009. 14—2003
	8	镍	石墨炉原子吸收分光光度法	GB/T 5009. 138—2017
根、茎、叶、果实	1	镉	石墨炉原子吸收分光光度法	GB/T 5009. 15—2014
	2	汞	原子荧光法	GB/T 5009. 17—2014
	3	砷	原子荧光法	GB/T 5009. 11—2014
	4	铅	石墨炉原子吸收分光光度法	GB/T 5009. 12—2017
	5	铬	石墨炉原子吸收分光光度法	GB/T 5009. 123—2014
	6	铜	火焰原子吸收分光光度法	GB/T 5009. 13—2017
	7	锌	火焰原子吸收分光光度法	GB/T 5009. 14—2003
	8	镍	石墨炉原子吸收分光光度法	GB/T 5009. 138—2017

7.1.3 重金属富集系数及迁移系数计算

富集系数(Bioaccumulation Coefficient,简称 BCF)是指植物体内某种重金属含量与土壤中该元素含量的比值,是衡量植物重金属累积能力大小的一个重要指标;本书运用富集系数(BCF)评价草莓富集土壤重金属能力大小,草莓对某种重金属富集系数越大,表明草莓越易从土壤中吸收该种重金属,其富集能力就越强。

其计算公式为

$$F_{BC} = C_{草莓}/C_{土} \tag{7-1}$$

式中 $C_{草莓}$——草莓植株某部位重金属 Pb、Cd、Cr、Hg、As、Ni、Cu、Zn 含量,mg/kg;

$C_{土}$——土壤重金属 Pb、Cd、Cr、Hg、As、Ni、Cu、Zn 含量,mg/kg。

当富集系数 $BCF \geq 1$ 时,表明该种植物对重金属有强富集作用。

7.1.4 数据统计分析方法

应用 Excel 2013 和 SPSS 21. 0 软件进行试验数据的统计分析,采用 Excel 2013 进行图形绘制,所有数据采用显著性 F 测验和 Duncan 多重比较法($p < 0.05$)进行差异性分析。

7.2　土壤—草莓系统中重金属分布特征

7.2.1　不同重金属分布统计学特征

7.2.1.1　铅统计学特征

土壤—草莓系统中铅分布统计学特征见表 7-3。可以看出,研究区域内园地土壤—草莓系统不同部位 Pb 含量不同。

表 7-3　土壤—草莓系统中铅分布统计学特征

不同部位		土壤	根	茎	叶	果实
总体	最小值(mg/kg)	14.20	0.190 0	0.046 3	0.053 2	0.000 3
	最大值(mg/kg)	45.80	3.378 0	0.692 0	2.123 0	0.200 0
	平均值(mg/kg)	26.42	1.389 3	0.309 6	0.535 2	0.026 9
	变异系数	0.23	0.425 6	0.444 4	0.585 0	1.516 7
Q 市	最小值(mg/kg)	22.20	0.345 0	0.108 0	0.138 0	0.001 0
	最大值(mg/kg)	33.30	2.296 0	0.452 0	1.123 0	0.039 0
	平均值(mg/kg)	29.37	1.165 3	0.317 8	0.488 4	0.017 2
	变异系数	0.11	0.452 1	0.292 0	0.477 5	0.703 5
L 市	最小值(mg/kg)	29.10	0.613 0	0.216 0	0.122 0	0.001 0
	最大值(mg/kg)	37.40	3.378 0	0.692 0	2.123 0	0.157 0
	平均值(mg/kg)	33.73	1.753 3	0.423 3	0.717 6	0.029 8
	变异系数	0.06	0.369 4	0.361 0	0.625 0	1.349 0
A 市	最小值(mg/kg)	14.50	0.190 0	0.046 3	0.053 2	0.000 3
	最大值(mg/kg)	28.00	1.870 0	0.446 0	0.943 0	0.200 0
	平均值(mg/kg)	21.86	1.083 8	0.243 2	0.425 3	0.041 5
	变异系数	0.18	0.367 6	0.403 4	0.511 9	1.159 0
C 市	最小值(mg/kg)	20.30	1.290 0	0.187 0	0.339 0	0.003 2
	最大值(mg/kg)	45.80	2.410 0	0.667 0	1.310 0	0.070 2
	平均值(mg/kg)	28.12	1.828 0	0.394 4	0.813 7	0.013 3
	变异系数	0.25	0.231 6	0.360 8	0.394 1	1.526 3
S 市	最小值(mg/kg)	20.20	0.821 0	0.120 0	0.246 0	0.001 0
	最大值(mg/kg)	28.80	2.820 0	0.457 0	0.730 0	0.006 5
	平均值(mg/kg)	24.95	1.680 2	0.273 6	0.475 1	0.002 3
	变异系数	0.11	0.386 0	0.420 7	0.285 4	0.869 6
N 市	最小值(mg/kg)	14.20	0.789 0	0.114 0	0.174 0	0.001 0
	最大值(mg/kg)	22.60	1.460 0	0.520 0	0.897 0	0.200 0
	平均值(mg/kg)	19.47	1.121 0	0.219 7	0.376 5	0.043 2
	变异系数	0.14	0.226 4	0.524 8	0.544 5	1.613 4

总体上草莓园地土壤铅含量为 14. 20 ~45. 80 mg/kg,平均值为 26. 42 mg/kg,变异系数 0. 23,属于中等变异程度,即铅在空间分布上不均匀,说明铅受外界影响程度中等,但各个采样区域总体情况不尽相同。不同采样区域土壤中铅含量差异比较明显,含量最高区域是最低区域的 3. 2 倍,平均含量从大到小依次为 L 市 > Q 市 > C 市 > S 市 > A 市 > N 市。

根中铅含量为 0. 190 0 ~3. 378 0 mg/kg,平均值为 1. 389 3 mg/kg,变异系数 0. 425 6,属于中等变异程度。不同采样区域草莓根中铅含量差异比较明显,含量最高区域是最低区域的 17. 8 倍,平均含量从大到小依次为 C 市 > L 市 > S 市 > Q 市 > N 市 > A 市。

茎中铅含量为 0. 046 3 ~0. 692 0 mg/kg,平均值为 0. 309 6 mg/kg,变异系数 0. 444 4,属于中等变异程度。不同采样区域草莓茎中铅含量差异比较明显,含量最高区域是最低区域的 14. 9 倍,平均含量从大到小依次为 L 市 > C 市 > Q 市 > S 市 > A 市 > N 市。

叶中铅含量为 0. 053 2 ~2. 123 0 mg/kg,平均值为 0. 535 2 mg/kg,变异系数 0. 585 0,属于中等变异程度。不同采样区域草莓叶中铅含量差异比较明显,含量最高区域是最低区域的 40. 1 倍,平均含量从大到小依次为 C 市 > L 市 > Q 市 > S 市 > A 市 > N 市。

果实中铅含量为 0. 000 3 ~0. 200 0 mg/kg,平均值为 0. 026 9 mg/kg,变异系数 1. 516 7,属于强变异程度,即铅在空间分布上不均匀,说明果实中铅受外界影响程度较大。不同采样区域草莓果实中铅含量差异比较明显,但含量均不高,平均含量从大到小依次为 N 市 > A 市 > L 市 > Q 市 > C 市 > S 市,其中 N 市为 0. 043 2 mg/kg,S 市为 0. 002 3 mg/kg。

7. 2. 1. 2　镉统计学特征

土壤—草莓植株中镉分布统计学特征见表 7-4。可以看出,研究区域内园地土壤—草莓系统不同部位镉含量不同。

总体上草莓园地土壤镉含量为 0. 047 4 ~0. 468 0 mg/kg,平均值为 0. 134 1 mg/kg,变异系数 0. 369 9,属于中等变异程度,即镉在空间分布上不均匀,说明镉受外界影响程度中等,但各个采样区域总体情况不尽相同。不同采样区域土壤中镉含量差异比较明显,含量最高区域是最低区域的 1. 4 倍,平均含量从大到小依次为 C 市 > Q 市 > S 市 > L 市 > A 市 > N 市。

根中镉含量为 0. 069 0 ~8. 537 0 mg/kg,平均值为 1. 186 0 mg/kg,变异系数1. 154 0,属于强变异程度,即镉在空间分布上不均匀,说明根中镉受外界影响程度较大。不同采样区域草莓根中镉含量差异比较明显,含量最高区域是最低区域的 5. 4 倍,平均含量从大到小依次为 Q 市 > L 市 > S 市 > N 市 > C 市 > A 市。

茎中镉含量为 0. 008 2 ~5. 672 0 mg/kg,平均值为 0. 425 0 mg/kg,变异系数 1. 870 6,属于强变异程度,即镉在空间分布上不均匀,说明茎中镉受外界影响程度较大。不同采样区域草莓茎中镉含量差异比较明显,含量最高区域是最低区域的 25. 4 倍,不同区域草莓茎中镉平均含量从大到小依次为 Q 市 > L 市 > S 市 > A 市 > C 市 > N 市。

叶中镉含量为 0. 001 0 ~2. 390 0 mg/kg,平均值为 0. 157 2 mg/kg,变异系数 1. 820 6,属于强变异程度,即镉在空间分布上不均匀,说明叶中镉受外界影响程度较大。不同采样区域草莓叶中镉含量差异比较明显,含量最高区域是最低区域的 11. 4 倍,平均含量从大到小依次为 S 市 > L 市 > Q 市 > C 市 > A 市 > N 市。

果实中镉含量为 0.000 2 ~ 0.050 0 mg/kg，平均值为 0.008 9 mg/kg，变异系数 1.325 8，属于强变异程度，即镉在空间分布上不均匀，说明果实中镉受外界影响程度较大。不同采样区域草莓果实中镉含量差异比较明显，但含量均不高，平均含量从大到小依次为L 市 > Q 市 > S 市 > A 市 > C 市 > N 市，其中 L 市为 0.018 1 mg/kg，N 市为 0.001 1 mg/kg。

表 7-4　土壤—草莓植株中镉分布统计学特征

不同部位		土壤	根	茎	叶	果实
总体	最小值(mg/kg)	0.047 4	0.069 0	0.008 2	0.001 0	0.000 2
	最大值(mg/kg)	0.468 0	8.537 0	5.672 0	2.390 0	0.050 0
	平均值(mg/kg)	0.134 1	1.186 0	0.425 0	0.157 2	0.008 9
	变异系数	0.369 9	1.154 0	1.870 6	1.820 6	1.325 8
Q 市	最小值(mg/kg)	0.103 0	0.100 0	0.016 0	0.001 0	0.001 0
	最大值(mg/kg)	0.468 0	8.537 0	5.672 0	0.755 0	0.050 0
	平均值(mg/kg)	0.157 9	2.142 8	0.942 6	0.236 7	0.014 9
	变异系数	0.526 9	0.998 0	1.496 4	1.034 6	0.791 9
L 市	最小值(mg/kg)	0.105 0	0.757 0	0.086 0	0.016 0	0.005 0
	最大值(mg/kg)	0.160 0	3.694 0	2.171 0	0.872 0	0.050 0
	平均值(mg/kg)	0.123 9	1.981 5	0.820 0	0.256 7	0.018 1
	变异系数	0.114 6	0.464 6	0.714 4	0.774 8	0.679 6
A 市	最小值(mg/kg)	0.047 4	0.069 0	0.012 0	0.001 0	0.000 3
	最大值(mg/kg)	0.229 0	2.620 0	0.912 0	0.380 0	0.036 6
	平均值(mg/kg)	0.121 8	0.399 6	0.084 2	0.051 4	0.003 4
	变异系数	0.307 9	1.235 2	2.040 4	1.599 2	1.911 8
C 市	最小值(mg/kg)	0.138 0	0.194 0	0.026 7	0.044 3	0.000 5
	最大值(mg/kg)	0.297 0	0.706 0	0.095 8	0.125 0	0.002 4
	平均值(mg/kg)	0.172 9	0.417 3	0.054 3	0.062 5	0.001 2
	变异系数	0.266 6	0.417 0	0.499 1	0.390 4	0.500 0
S 市	最小值(mg/kg)	0.080 7	0.334 0	0.018 0	0.015 8	0.000 3
	最大值(mg/kg)	0.166 0	5.100 0	2.520 0	2.390 0	0.050 0
	平均值(mg/kg)	0.125 1	1.448 9	0.402 4	0.289 0	0.009 5
	变异系数	0.228 6	0.952 4	1.800 9	2.187 5	1.600 0
N 市	最小值(mg/kg)	0.064 1	0.280 0	0.008 2	0.014 0	0.000 2
	最大值(mg/kg)	0.190 0	0.629 0	0.061 4	0.040 0	0.003 9
	平均值(mg/kg)	0.121 5	0.457 0	0.037 2	0.025 3	0.001 1
	变异系数	0.375 3	0.292 6	0.537 6	0.312 3	1.000 0

7.2.1.3　铬统计学特征

土壤—草莓植株中铬分布统计学特征见表 7-5。可以看出,研究区域内园地土壤—草莓系统不同部位铬含量不同。

表 7-5　土壤—草莓植株中铬分布统计学特征

不同部位		土壤	根	茎	叶	果实
总体	最小值(mg/kg)	23.96	1.71	0.40	0.93	0.000 9
	最大值(mg/kg)	92.90	169.10	106.00	13.69	0.500 0
	平均值(mg/kg)	63.69	26.85	14.28	3.63	0.043 7
	变异系数	0.22	1.08	0.91	0.71	1.478 3
Q 市	最小值(mg/kg)	59.04	11.97	4.71	1.54	0.021 0
	最大值(mg/kg)	79.99	60.93	23.56	7.56	0.212 0
	平均值(mg/kg)	69.12	29.92	17.09	4.36	0.066 1
	变异系数	0.09	0.39	0.26	0.39	0.697 4
L 市	最小值(mg/kg)	58.78	11.92	8.72	1.49	0.011 0
	最大值(mg/kg)	79.66	74.24	22.51	13.69	0.500 0
	平均值(mg/kg)	65.94	40.34	15.59	4.83	0.057 9
	变异系数	0.08	0.41	0.26	0.71	1.816 9
A 市	最小值(mg/kg)	23.96	1.71	0.40	0.95	0.000 9
	最大值(mg/kg)	88.20	169.10	70.40	10.87	0.288 0
	平均值(mg/kg)	56.38	40.23	14.15	4.07	0.043 1
	变异系数	0.34	1.06	1.05	0.66	1.542 9
C 市	最小值(mg/kg)	52.30	2.43	7.27	0.98	0.011 7
	最大值(mg/kg)	68.50	11.20	106.00	8.59	0.092 8
	平均值(mg/kg)	61.05	6.15	20.84	2.71	0.042 9
	变异系数	0.08	0.43	1.45	0.87	0.601 4
S 市	最小值(mg/kg)	61.10	2.39	2.03	1.01	0.002 9
	最大值(mg/kg)	92.90	8.42	24.80	4.35	0.034 0
	平均值(mg/kg)	75.46	5.01	10.52	1.85	0.018 2
	变异系数	0.16	0.35	0.53	0.47	0.489 0
N 市	最小值(mg/kg)	37.40	1.90	1.04	0.93	0.004 2
	最大值(mg/kg)	70.10	6.11	13.10	2.91	0.020 0
	平均值(mg/kg)	56.77	3.81	5.29	1.78	0.009 4
	变异系数	0.20	0.38	0.69	0.37	0.500 0

总体上草莓园地土壤铬含量为 23.96～92.90 mg/kg，平均值为 63.69 mg/kg，变异系数 0.22，属于中等变异程度，即铬在空间分布上不均匀，说明铬受外界影响程度中等，但各个采样区域总体情况不尽相同。不同采样区域土壤中铬含量差异比较明显，含量最高区域是最低区域的 1.3 倍，平均含量从大到小依次为 S 市 > Q 市 > L 市 > C 市 > N 市 > A 市。

根中铬含量为 1.71～169.10 mg/kg，平均值为 26.85 mg/kg，变异系数 1.08，属于强变异程度，即铬在空间分布上不均匀，说明根中铬受外界影响程度较大。不同采样区域草莓根中铬含量差异比较明显，含量最高区域是最低区域的 10.6 倍，平均含量从大到小依次为 L 市 > A 市 > Q 市 > C 市 > S 市 > N 市。

茎中铬含量为 0.40～106.00 mg/kg，平均值为 14.28 mg/kg，变异系数 0.91，属于中等变异程度。不同采样区域茎中铬含量差异比较明显，含量最高区域是最低区域的 3.9 倍，平均含量从大到小依次为 C 市 > Q 市 > L 市 > A 市 > S 市 > N 市。

叶中铬含量为 0.93～13.69 mg/kg，平均值为 3.63 mg/kg，变异系数 0.71，属于中等变异程度。不同采样区域叶中铬含量差异比较明显，含量最高区域是最低区域的 2.7 倍，平均含量从大到小依次为 L 市 > Q 市 > A 市 > C 市 > S 市 > N 市。

果实中铬含量为 0.000 9～0.500 0 mg/kg，平均值为 0.043 7 mg/kg，变异系数 1.478 3，属于强变异程度，即铬在空间分布上不均匀，说明果实中铬受外界影响程度较大。不同采样区域草莓果实中铬含量差异比较明显，但含量均不高，平均含量从大到小依次为 Q 市 > L 市 > A 市 > C 市 > S 市 > N 市，其中 Q 市为 0.066 1 mg/kg，N 市为 0.009 4 mg/kg。

7.2.1.4　汞统计学特征

土壤—草莓植株中汞分布统计学特征见表 7-6。可以看出，研究区域内园地土壤—草莓系统不同部位汞含量不同。

表 7-6　土壤—草莓植株中汞分布统计学特征

不同部位		土壤	根	茎	叶	果实
总体	最小值(mg/kg)	0.008 6	0.000 9	0.000 9	0.006 9	0.000 4
	最大值(mg/kg)	0.460 0	0.059 1	0.032 7	0.085 7	0.002 4
	平均值(mg/kg)	0.104 9	0.017 6	0.016 8	0.023 8	0.001 0
	变异系数	0.693 0	0.829 5	0.482 1	0.634 5	0.600 0
Q 市	最小值(mg/kg)	0.062 0	0.006 7	0.007 9	0.008 5	0.001 0
	最大值(mg/kg)	0.460 0	0.034 9	0.025 8	0.045 0	0.001 8
	平均值(mg/kg)	0.141 1	0.018 8	0.018 6	0.023 8	0.001 2
	变异系数	0.627 9	0.473 4	0.252 7	0.327 7	0.250 0

续表 7-6

不同部位		土壤	根	茎	叶	果实
L市	最小值(mg/kg)	0.101 0	0.012 3	0.009 6	0.017 0	0.001 0
	最大值(mg/kg)	0.429 0	0.059 1	0.031 2	0.064 9	0.002 4
	平均值(mg/kg)	0.177 6	0.033 2	0.024 5	0.030 2	0.001 7
	变异系数	0.419 5	0.364 5	0.232 7	0.433 8	0.235 3
A市	最小值(mg/kg)	0.009 1	0.001 1	0.008 0	0.007 8	0.000 4
	最大值(mg/kg)	0.170 0	0.053 0	0.032 7	0.085 7	0.002 0
	平均值(mg/kg)	0.077 1	0.020 4	0.018 6	0.031 9	0.001 1
	变异系数	0.457 8	0.735 3	0.403 2	0.614 4	0.545 5
C市	最小值(mg/kg)	0.030 7	0.002 2	0.000 9	0.008 6	0.000 4
	最大值(mg/kg)	0.147 0	0.008 2	0.007 0	0.019 5	0.002 2
	平均值(mg/kg)	0.061 6	0.005 4	0.003 6	0.013 9	0.000 6
	变异系数	0.566 6	0.296 3	0.527 8	0.244 6	1.000 0
S市	最小值(mg/kg)	0.033 2	0.000 9	0.006 1	0.006 9	0.000 4
	最大值(mg/kg)	0.164 0	0.008 9	0.017 0	0.019 4	0.000 6
	平均值(mg/kg)	0.065 5	0.005 1	0.010 0	0.010 9	0.000 5
	变异系数	0.558 8	0.470 6	0.370 0	0.339 4	0.200 0
N市	最小值(mg/kg)	0.008 6	0.001 0	0.011 8	0.006 9	0.000 4
	最大值(mg/kg)	0.125 0	0.008 8	0.018 8	0.024 1	0.000 5
	平均值(mg/kg)	0.065 5	0.004 1	0.014 6	0.013 8	0.000 4
	变异系数	0.558 8	0.585 4	0.143 8	0.355 1	0.000 0

总体上草莓园地土壤汞含量为0.008 6～0.460 0 mg/kg,平均值为0.104 9 mg/kg,变异系数0.693 0,属于中等变异程度,即汞在空间分布上不均匀,说明汞受外界影响程度中等,但各个采样区域总体情况不尽相同。不同采样区域土壤中汞含量差异比较明显,含量最高区域是最低区域的2.9倍,平均含量从大到小依次为L市>Q市>A市>S市=N市>C市。

根中汞含量为0.000 9～0.059 1 mg/kg,平均值为0.017 6 mg/kg,变异系数0.829 5,属于中等变异程度。不同采样区域草莓根中汞含量差异比较明显,含量最高区域是最低区域的8.1倍,平均含量从大到小依次为L市>A市>Q市>C市>S市>N市。

茎中汞含量为0.000 9～0.032 7 mg/kg,平均值为0.016 8 mg/kg,变异系数0.482 1,属于中等变异程度。不同采样区域草莓茎中汞含量差异比较明显,含量最高区域是最低区域的6.8倍,平均含量从大到小依次为L市>Q市>A市>N市>S市>C市。

叶中汞含量为0.006 9～0.085 7 mg/kg,平均值为0.023 8 mg/kg,变异系数0.634 5,属于中等变异程度。不同采样区域草莓叶中汞含量差异比较明显,含量最高区域是最低区域的2.9倍,平均含量从大到小依次为A市>L市>Q市>C市>N市>S市。

果实中汞含量为0.000 4～0.002 4 mg/kg,平均值为0.001 0 mg/kg,变异系数0.600 0,

属于中等变异程度，即汞在空间分布上不均匀，说明汞受外界影响程度中等。不同采样区域草莓果实中汞含量差异比较明显，但含量均不高，平均含量从大到小依次为 L 市 > Q 市 > A 市 > C 市 > S 市 > N 市，其中 L 市为 0.001 7 mg/kg，N 市为 0.000 4 mg/kg。

7.2.1.5　砷统计学特征

土壤—草莓植株中砷分布统计学特征见表 7-7。可以看出，研究区域内园地土壤—草莓系统不同部位砷含量不同。

表 7-7　土壤—草莓植株中砷分布统计学特征

不同部位		土壤	根	茎	叶	果实
总体	最小值(mg/kg)	3.71	0.059 0	0.060 0	0.013 0	0.001 1
	最大值(mg/kg)	13.40	5.220 0	0.704 0	0.739 0	0.018 8
	平均值(mg/kg)	8.22	0.909 1	0.240 1	0.281 8	0.007 4
	变异系数	0.26	0.995 3	0.572 7	0.674 9	0.418 9
Q 市	最小值(mg/kg)	7.82	0.059 0	0.071 0	0.013 0	0.004 0
	最大值(mg/kg)	13.40	0.902 0	0.284 0	0.232 0	0.013 0
	平均值(mg/kg)	9.98	0.327 9	0.156 7	0.122 9	0.006 8
	变异系数	0.15	0.758 2	0.472 2	0.514 2	0.338 2
L 市	最小值(mg/kg)	5.13	0.081 0	0.060 0	0.028 0	0.003 0
	最大值(mg/kg)	11.66	0.704 0	0.427 0	0.407 0	0.013 0
	平均值(mg/kg)	7.92	0.272 2	0.154 2	0.132 5	0.006 2
	变异系数	0.28	0.582 7	0.565 5	0.640 8	0.483 9
A 市	最小值(mg/kg)	3.88	0.189 0	0.063 8	0.132 0	0.003 5
	最大值(mg/kg)	13.26	5.220 0	0.704 0	0.739 0	0.014 0
	平均值(mg/kg)	7.83	0.956 0	0.294 8	0.336 7	0.007 0
	变异系数	0.27	0.942 5	0.592 6	0.501 9	0.371 4
C 市	最小值(mg/kg)	7.73	0.878 0	0.186 0	0.185 0	0.003 6
	最大值(mg/kg)	10.50	2.740 0	0.456 0	0.722 0	0.018 8
	平均值(mg/kg)	9.18	1.624 6	0.281 1	0.392 8	0.010 2
	变异系数	0.10	0.431 9	0.294 9	0.379 6	0.431 4
S 市	最小值(mg/kg)	4.30	0.423 0	0.118 0	0.182 0	0.001 1
	最大值(mg/kg)	8.73	3.940 0	0.499 0	0.732 0	0.013 4
	平均值(mg/kg)	6.88	1.280 2	0.263 4	0.363 9	0.007 2
	变异系数	0.79	0.324 9	0.527 9	0.497 1	0.537 3
N 市	最小值(mg/kg)	3.71	0.835 0	0.185 0	0.246 0	0.004 2
	最大值(mg/kg)	11.70	3.890 0	0.499 0	0.669 0	0.013 2
	平均值(mg/kg)	7.64	1.975 5	0.341 0	0.506 5	0.009 4
	变异系数	0.34	0.495 9	0.278 0	0.250 9	0.287 2

总体上草莓园地土壤砷含量为3.71~13.40 mg/kg,平均值为8.22 mg/kg,变异系数0.26,属于中等变异程度,即砷在空间分布上不均匀,说明砷受外界影响程度中等,但各个采样区域总体情况不尽相同。不同采样区域土壤中砷含量差异比较明显,含量最高区域是最低区域的1.5倍,平均含量从大到小依次为Q市>C市>L市>A市>N市>S市。

根中砷含量为0.059 0~5.220 0 mg/kg,平均值为0.909 1 mg/kg,变异系数0.995 3,属于中等变异程度。不同采样区域草莓根中砷含量差异比较明显,含量最高区域是最低区域的7.26倍,平均含量从大到小依次为N市>C市>S市>A市>Q市>L市。

茎中砷含量为0.060 0~0.704 0 mg/kg,平均值为0.240 1 mg/kg,变异系数0.572 7,属于中等变异程度。不同采样区域草莓茎中砷含量差异比较明显,含量最高区域是最低区域的2.2倍,平均含量从大到小依次为N市>A市>C市>S市>Q市>L市。

叶中砷含量为0.013 0~0.739 0 mg/kg,平均值为0.281 8 mg/kg,变异系数0.674 9,属于中等变异程度。不同采样区域草莓叶中砷含量差异比较明显,含量最高区域是最低区域的1.3倍,平均含量从大到小依次为N市>C市>S市>A市>L市>Q市。

果实中砷含量为0.001 1~0.018 8 mg/kg,平均值为0.007 4 mg/kg,变异系数0.418 9,属于中等变异程度。不同采样区域草莓果实中砷含量差异比较明显,但含量均不高,平均含量从大到小依次为C市>N市>S市>A市>Q市>L市,其中C市为0.010 2 mg/kg,L市为0.006 2 mg/kg。

7.2.1.6 镍统计学特征

土壤—草莓植株中镍分布统计学特征见表7-8。可以看出,研究区域内园地土壤—草莓系统不同部位镍含量不同。

表7-8 土壤—草莓植株中镍分布统计学特征

不同部位		土壤	根	茎	叶	果实
总体	最小值(mg/kg)	9.14	1.27	0.79	0.15	0.003 2
	最大值(mg/kg)	45.80	25.80	16.44	6.73	0.370 0
	平均值(mg/kg)	24.73	7.31	5.21	1.58	0.103 6
	变异系数	0.37	0.66	0.67	0.84	0.857 1
Q市	最小值(mg/kg)	12.30	3.86	3.52	0.89	0.076 0
	最大值(mg/kg)	30.90	18.41	16.37	4.65	0.370 0
	平均值(mg/kg)	18.98	8.60	8.00	2.60	0.174 8
	变异系数	0.28	0.46	0.36	0.39	0.451 4
L市	最小值(mg/kg)	16.80	2.95	4.32	1.25	0.124 0
	最大值(mg/kg)	29.80	21.72	10.75	6.73	0.363 0
	平均值(mg/kg)	22.59	8.61	6.54	2.85	0.197 4
	变异系数	0.17	0.49	0.28	0.53	0.342 5

续表 7-8

不同部位		土壤	根	茎	叶	果实
A 市	最小值(mg/kg)	9.14	1.27	0.79	0.20	0.006 1
	最大值(mg/kg)	39.20	18.68	16.44	2.25	0.234 0
	平均值(mg/kg)	19.62	6.52	4.81	1.04	0.071 0
	变异系数	0.42	0.72	0.81	0.54	0.732 4
C 市	最小值(mg/kg)	34.40	3.83	1.75	0.25	0.003 2
	最大值(mg/kg)	39.70	16.60	3.27	0.80	0.038 6
	平均值(mg/kg)	36.83	6.68	2.34	0.56	0.024 7
	变异系数	0.04	0.56	0.22	0.32	0.425 1
S 市	最小值(mg/kg)	29.70	2.33	1.79	0.24	0.008 0
	最大值(mg/kg)	45.80	25.80	13.80	3.65	0.231 0
	平均值(mg/kg)	36.91	9.21	4.93	1.12	0.053 8
	变异系数	0.15	0.76	0.77	0.92	1.100 4
N 市	最小值(mg/kg)	15.20	1.30	0.81	0.15	0.003 2
	最大值(mg/kg)	32.20	4.18	3.82	0.37	0.035 4
	平均值(mg/kg)	26.35	2.44	1.63	0.24	0.018 2
	变异系数	0.26	0.37	0.52	0.33	0.500 0

总体上草莓园地土壤镍含量为 9.14 ~ 45.80 mg/kg，平均值为 24.73 mg/kg，变异系数 0.37，属于中等变异程度，即镍在空间分布上不均匀，说明镍受外界影响程度中等，但各个采样区域总体情况不尽相同。不同采样区域土壤中镍含量差异比较明显，含量最高区域是最低区域的 1.9 倍，平均含量从大到小依次为 S 市 > C 市 > N 市 > L 市 > A 市 > Q 市。

根中镍含量为 1.27 ~ 25.80 mg/kg，平均值为 7.31 mg/kg，变异系数 0.66，属于中等变异程度。不同采样区域草莓根中镍含量差异比较明显，含量最高区域是最低区域的 3.8 倍，平均含量从大到小依次为 S 市 > L 市 > Q 市 > C 市 > A 市 > N 市。

茎中镍含量为 0.79 ~ 16.44 mg/kg，平均值为 5.21 mg/kg，变异系数 0.67，属于中等变异程度。不同采样区域草莓茎中镍含量差异比较明显，含量最高区域是最低区域的 4.9 倍，平均含量从大到小依次为 Q 市 > L 市 > S 市 > A 市 > C 市 > N 市。

叶中镍含量为 0.15 ~ 6.73 mg/kg，平均值为 1.58 mg/kg，变异系数 0.84，属于中等变异程度。不同采样区域草莓叶中镍含量差异比较明显，含量最高区域是最低区域的 11.9 倍，平均含量从大到小依次为 L 市 > Q 市 > S 市 > A 市 > C 市 > N 市。

果实中镍含量为 0.003 2 ~ 0.370 0 mg/kg，平均值为 0.103 6 mg/kg，变异系数 0.857 1，属于中等变异程度。不同采样区域草莓果实中镍含量差异比较明显，但含量均不高，平均含量从大到小依次为 L 市 > Q 市 > A 市 > S 市 > C 市 > N 市，其中 L 市为 0.197 4 mg/kg，N 市为 0.018 2 mg/kg。

7.2.1.7　铜统计学特征

土壤—草莓植株中铜分布统计学特征见表 7-9。可以看出,研究区域内园地土壤—草莓系统不同部位铜含量不同。

表 7-9　土壤—草莓植株中铜分布统计学特征

不同部位		土壤	根	茎	叶	果实
总体	最小值(mg/kg)	8.88	7.49	1.77	4.57	0.073 0
	最大值(mg/kg)	65.94	41.13	23.79	183.13	7.870 0
	平均值(mg/kg)	27.81	21.19	6.32	11.91	0.846 6
	变异系数	0.38	0.27	0.49	1.90	1.469 9
Q 市	最小值(mg/kg)	22.20	7.49	3.47	5.20	0.209 0
	最大值(mg/kg)	47.75	29.83	10.69	22.21	0.735 0
	平均值(mg/kg)	28.51	17.74	6.08	8.81	0.501 6
	变异系数	0.24	0.29	0.25	0.42	0.351 7
L 市	最小值(mg/kg)	21.17	14.76	3.43	5.56	0.129 0
	最大值(mg/kg)	29.06	26.61	7.86	17.40	2.552 0
	平均值(mg/kg)	24.17	20.60	5.90	8.57	0.432 2
	变异系数	0.09	0.17	0.24	0.28	1.170 8
A 市	最小值(mg/kg)	8.88	14.90	1.77	5.27	0.073 0
	最大值(mg/kg)	65.94	41.13	23.79	183.13	6.365 0
	平均值(mg/kg)	28.78	24.34	7.28	20.73	1.361 5
	变异系数	0.54	0.27	0.68	1.98	1.040 0
C 市	最小值(mg/kg)	23.30	13.80	3.66	6.06	0.106 0
	最大值(mg/kg)	32.50	22.90	6.66	9.14	0.346 0
	平均值(mg/kg)	27.27	18.51	4.92	7.89	0.271 3
	变异系数	0.12	0.16	0.18	0.11	0.331 7
S 市	最小值(mg/kg)	21.00	14.40	2.59	5.01	0.225 0
	最大值(mg/kg)	52.50	33.80	11.60	10.40	0.747 0
	平均值(mg/kg)	33.82	23.78	7.09	8.61	0.467 6
	变异系数	0.32	0.24	0.37	0.18	0.377 2
N 市	最小值(mg/kg)	11.00	13.10	3.07	4.57	0.266 0
	最大值(mg/kg)	40.00	26.60	9.21	8.80	7.870 0
	平均值(mg/kg)	23.33	18.55	5.12	7.03	1.933 1
	变异系数	0.58	0.70	0.56	0.80	0.245 6

总体上草莓园地土壤铜含量为 8. 88 ~ 65. 94 mg/kg，平均值为 27. 81 mg/kg，变异系数 0. 38，属于中等变异程度，即铜在空间分布上不均匀，说明铜受外界影响程度中等，但各个采样区域总体情况不尽相同。不同采样区域土壤中铜含量差异比较明显，含量最高区域是最低区域的 1. 4 倍，平均含量从大到小依次为 S 市 > A 市 > Q 市 > C 市 > L 市 > N 市。

根中铜含量为 7. 49 ~ 41. 13 mg/kg，平均值为 21. 19 mg/kg，变异系数 0. 27，属于中等变异程度。不同采样区域草莓根中铜含量差异比较明显，含量最高区域是最低区域的 1. 3 倍，平均含量从大到小依次为 A 市 > S 市 > L 市 > N 市 > C 市 > Q 市。

茎中铜含量为 1. 77 ~ 23. 79 mg/kg，平均值为 6. 32 mg/kg，变异系数 0. 49，属于中等变异程度。不同采样区域草莓茎中铜含量差异比较明显，含量最高区域是最低区域的 1. 5 倍，平均含量从大到小依次为 A 市 > S 市 > Q 市 > L 市 > N 市 > C 市。

叶中铜含量为 4. 57 ~ 183. 13 mg/kg，平均值为 11. 91 mg/kg，变异系数 1. 90，属于强变异程度。不同采样区域草莓叶中铜含量差异比较明显，含量最高区域是最低区域的 2. 9 倍，平均含量从大到小依次为 A 市 > Q 市 > S 市 > L 市 > C 市 > N 市。

果实中铜含量为 0. 073 0 ~ 7. 870 0 mg/kg，平均值为 0. 846 6 mg/kg，变异系数 1. 469 9，属于强变异程度，即铜在空间分布上不均匀，说明果实中铜受外界影响程度较大。不同采样区域草莓果实中铜含量差异比较明显，平均含量从大到小依次为 N 市 > A 市 > Q 市 > S 市 > L 市 > C 市，其中 N 市为 1. 933 1 mg/kg，C 市为 0. 271 3 mg/kg。

7. 2. 1. 8　锌统计学特征

土壤—草莓植株中锌分布统计学特征见表 7-10。可以看出，研究区域内园地土壤—草莓系统不同部位锌含量不同。

表 7-10　土壤—草莓植株中锌分布统计学特征

不同部位		土壤	根	茎	叶	果实
总体	最小值(mg/kg)	25. 52	8. 05	7. 77	11. 90	0. 073 0
	最大值(mg/kg)	147. 40	420. 00	111. 00	160. 17	4. 000 0
	平均值(mg/kg)	69. 53	97. 62	34. 82	41. 57	1. 316 9
	变异系数	0. 26	0. 80	0. 53	0. 63	0. 418 8
Q 市	最小值(mg/kg)	52. 18	15. 27	7. 77	14. 36	0. 714 0
	最大值(mg/kg)	88. 71	134. 70	58. 51	114. 97	1. 578 0
	平均值(mg/kg)	63. 26	63. 50	25. 84	39. 96	1. 191 1
	变异系数	0. 14	0. 43	0. 44	0. 62	0. 235 3
L 市	最小值(mg/kg)	57. 23	27. 75	14. 58	23. 78	0. 775 0
	最大值(mg/kg)	76. 70	201. 40	53. 45	118. 67	1. 729 0
	平均值(mg/kg)	65. 50	82. 75	28. 93	46. 84	1. 255 5
	变异系数	0. 09	0. 42	0. 37	0. 59	0. 213 8

续表 7-10

不同部位		土壤	根	茎	叶	果实
A 市	最小值(mg/kg)	25.52	8.05	11.05	13.74	0.073 0
	最大值(mg/kg)	147.40	288.00	84.00	160.17	4.000 0
	平均值(mg/kg)	73.49	98.90	33.38	46.62	1.209 3
	变异系数	0.38	0.81	0.57	0.71	0.619 6
C 市	最小值(mg/kg)	53.80	29.50	21.30	15.40	1.130 0
	最大值(mg/kg)	90.80	238.00	73.80	74.00	2.270 0
	平均值(mg/kg)	68.83	75.34	36.91	38.75	1.439 0
	变异系数	0.19	0.79	0.39	0.54	0.227 6
S 市	最小值(mg/kg)	55.30	36.10	29.20	17.30	0.846 0
	最大值(mg/kg)	92.40	420.00	102.00	54.30	2.950 0
	平均值(mg/kg)	78.26	189.99	51.58	35.41	1.595 4
	变异系数	0.15	0.63	0.39	0.31	0.347 1
N 市	最小值(mg/kg)	37.20	32.00	29.40	11.90	0.835 0
	最大值(mg/kg)	100.00	195.00	111.00	90.70	3.420 0
	平均值(mg/kg)	66.50	82.75	43.02	29.89	1.495 5
	变异系数	0.25	0.67	0.56	0.78	0.496 4

总体上草莓园地土壤锌含量为25.52～147.40 mg/kg,平均值为69.53 mg/kg,变异系数0.26,属于中等变异程度,即锌在空间分布上不均匀,说明锌受外界影响程度中等,但各个采样区域总体情况不尽相同。不同采样区域土壤中锌含量差异比较明显,含量最高区域是最低区域的1.2倍,平均含量从大到小依次为S市>A市>C市>N市>L市>Q市。

根中锌含量为8.05～420.00 mg/kg,平均值为97.62 mg/kg,变异系数0.80,属于中等变异程度。不同采样区域草莓根中锌含量差异比较明显,含量最高区域是最低区域的3.0倍,平均含量从大到小依次为S市>A市>L市=N市>C市>Q市。

茎中锌含量为7.77～111.00 mg/kg,平均值为34.82 mg/kg,变异系数0.53,属于中等变异程度。不同采样区域草莓茎中锌含量差异比较明显,含量最高区域是最低区域的2.0倍,平均含量从大到小依次为S市>N市>C市>A市>L市>Q市。

叶中锌含量为11.90～160.17 mg/kg,平均值为41.57 mg/kg,变异系数0.63,属于中等变异程度。不同采样区域草莓叶中锌含量差异比较明显,含量最高区域是最低区域的1.6倍,平均含量从大到小依次为L市>A市>Q市>C市>S市>N市。

果实中锌含量为0.073 0～4.000 0 mg/kg,平均值为1.316 9 mg/kg,变异系数0.418 8,属于中等变异程度。不同采样区域草莓果实中锌含量差异比较明显,平均含量从大到小依次为 S 市 > N 市 > C 市 > L 市 > A 市 > Q 市，其中 S 市为 1.595 4 mg/kg，Q 市为 1.191 1 mg/kg。

7.2.2　同种重金属在土壤—草莓系统不同部位分布差异性分析

7.2.2.1　铅分布差异性

土壤—草莓系统中 Pb 分布情况见图 7-1。由图 7-1 可以看出，铅在土壤、草莓植株中分布差异较大。总体来说，土壤—草莓系统中铅平均含量土壤 > 根 > 叶 > 茎 > 果实，其中土壤含量显著高于草莓根、茎、叶、果实各器官，根含量显著高于茎、叶、果实，叶含量显著高于茎和果实，叶含量显著高于果实。各区域铅在土壤—草莓系统中分布规律基本一致，表明铅在草莓植株不同器官分布特征呈显著性差异，主要积累在草莓植株的根，其次为叶和茎，而果实中铅含量很少。

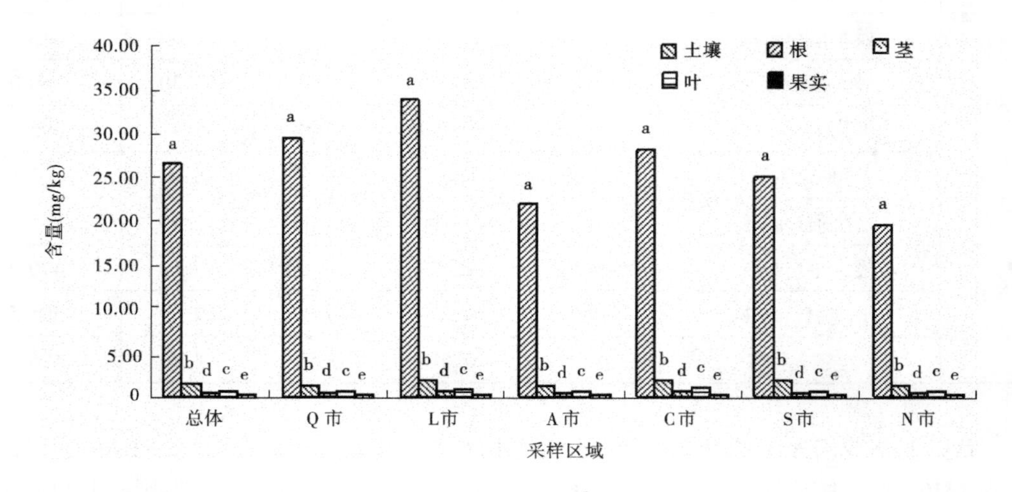

图 7-1　土壤—草莓系统中 Pb 分布情况

注：图中条形图上方字母不同表示在 5% 水平下呈显著性差异，下同。

7.2.2.2　镉分布差异性

土壤—草莓系统中 Cd 分布情况见图 7-2。由图 7-2 可以看出，镉在土壤、草莓植株中分布差异较大。总体来说，土壤—草莓系统中镉平均含量土壤 > 根 > 茎 > 叶 > 果实，其中土壤含量显著高于草莓根、茎、叶、果实各器官，根含量显著高于茎、叶、果实，茎含量显著高于叶和果实，叶含量显著高于果实。各区域镉在土壤—草莓系统中分布规律基本一致，表明镉在草莓植株不同器官分布特征呈显著性差异，主要积累在草莓植株的根，其次为茎和叶，而果实中镉含量很少。

7.2.2.3　铬分布差异性

土壤—草莓系统中 Cr 分布情况见图 7-3。由图 7-3 可以看出，铬在土壤、草莓植株中分布差异较大。总体来说，土壤—草莓系统中铬平均含量土壤 > 根 > 茎 > 叶 > 果实，其中土壤含量显著高于草莓根、茎、叶、果实各器官，根、茎含量显著高于叶、果实，叶含量显著高于果实。各区域铬在土壤—草莓系统中分布规律基本一致，表明铬在草莓植株不同器

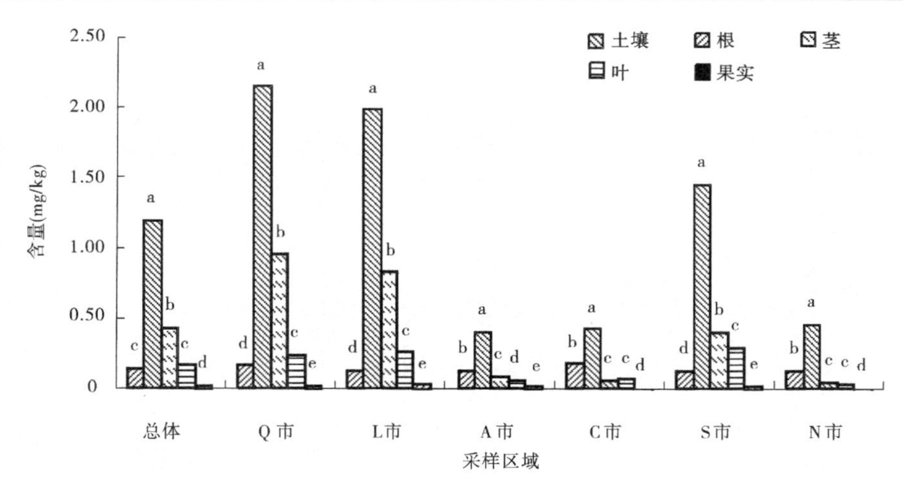

图7-2　土壤—草莓系统中 Cd 分布情况

官分布特征呈显著性差异，主要积累在草莓植株的根和茎，其次为叶，而果实中铬含量很少。

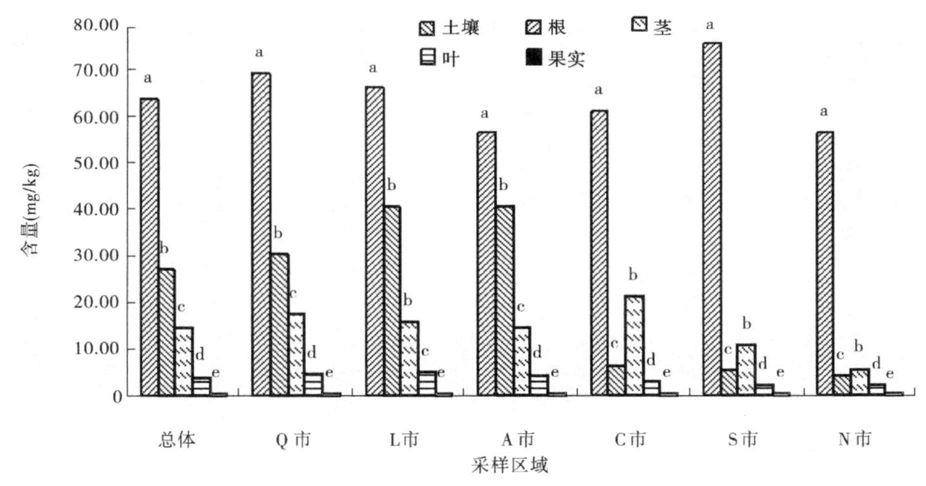

图7-3　土壤—草莓系统中 Cr 分布情况

7.2.2.4　汞分布差异性

土壤—草莓系统中 Hg 分布情况见图7-4。由图7-4可以看出，汞在土壤、草莓植株中分布差异较大。总体来说，土壤—草莓系统中汞平均含量土壤 > 叶 > 根 > 茎 > 果实，其中土壤含量显著高于草莓根、茎、叶、果实各器官，叶含量显著高于根、茎、果实，根、茎含量显著高于果实，根、茎含量差异不显著。各区域汞在土壤—草莓系统中分布规律基本一致，表明汞在草莓植株不同器官分布特征呈显著性差异，主要积累在草莓植株的叶，其次为根和茎，而果实中汞含量很少。

7.2.2.5　砷分布差异性

土壤—草莓系统中 As 分布情况见图7-5。由图7-5可以看出，砷在土壤、草莓植株中分布差异较大。总体来说，土壤—草莓系统中砷平均含量土壤 > 根 > 叶 > 茎 > 果实，其中

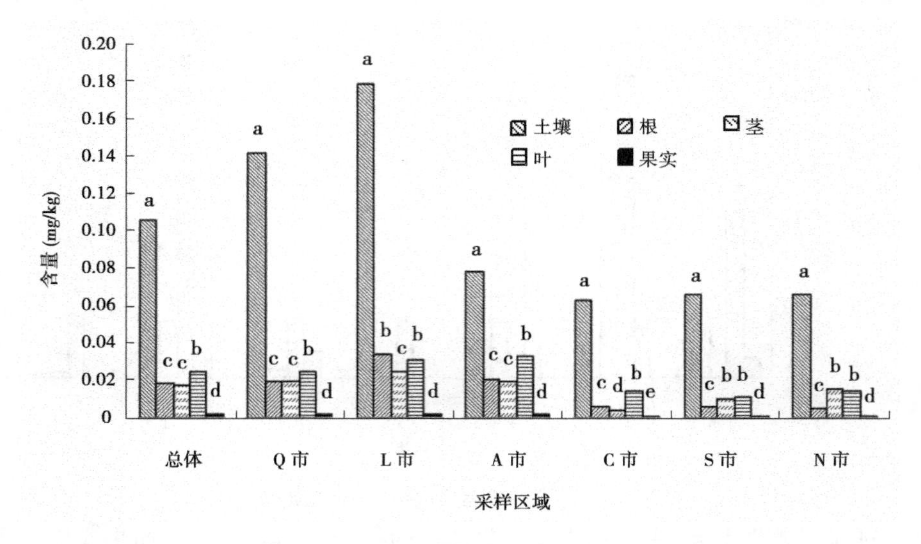

图 7-4　土壤—草莓系统中 Hg 分布情况

土壤含量显著高于草莓根、茎、叶、果实各器官,根含量显著高于茎、叶、果实,叶、茎含量显著高于果实,茎、叶含量差异不显著。各区域砷在土壤—草莓系统中分布规律基本一致,表明砷在草莓植株不同器官分布特征呈显著性差异,主要积累在草莓植株的根,其次为叶和茎,而果实中砷含量很少。

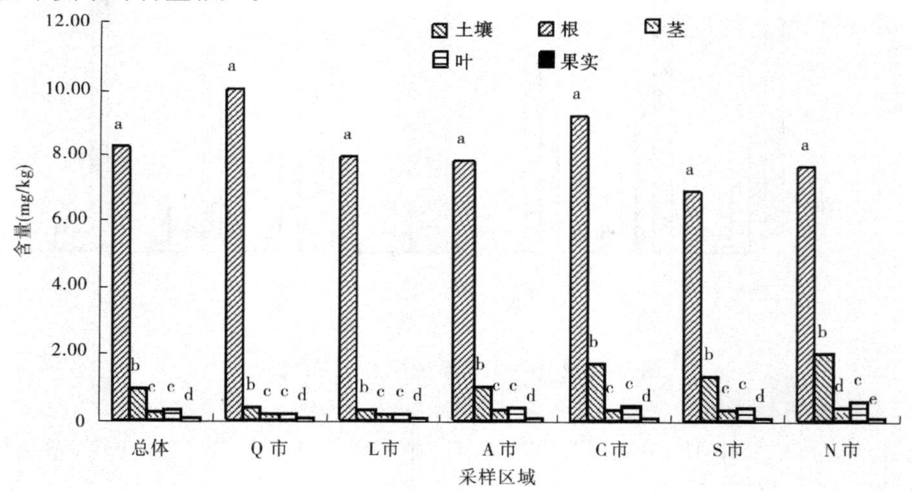

图 7-5　土壤—草莓系统中 As 分布情况

7.2.2.6　镍分布差异性

土壤—草莓系统中 Ni 分布情况见图 7-6。由图 7-6 可以看出,镍在土壤、草莓植株中分布差异较大。总体来说,土壤—草莓系统中镍平均含量土壤 > 根 > 茎 > 叶 > 果实,其中土壤含量显著高于草莓根、茎、叶、果实各器官,根含量显著高于茎、叶、果实,茎含量显著高于叶和果实,叶含量显著高于果实。各区域镍在土壤—草莓系统中分布规律基本一致,表明镍在草莓植株不同器官分布特征呈显著性差异,主要积累在草莓植株的根,其次为茎和叶,而果实中镍含量很少。

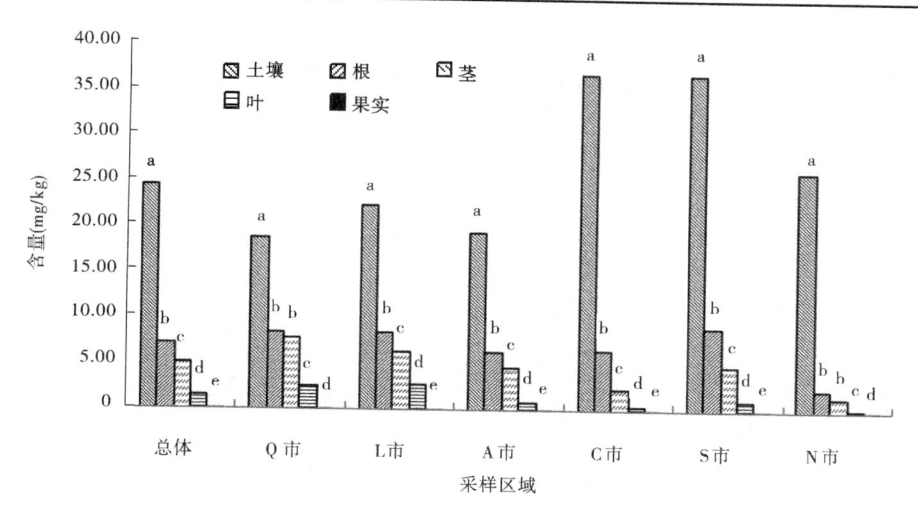

图7-6　土壤—草莓系统中Ni分布情况

7.2.2.7　铜分布差异性

土壤—草莓系统中Cu分布情况见图7-7。由图7-7可以看出，铜在土壤、草莓植株中分布差异较大。总体来说，土壤—草莓系统中铜平均含量土壤>根>叶>茎>果实，其中土壤含量显著高于草莓根、茎、叶、果实各器官，根含量显著高于茎、叶、果实，叶含量显著高于茎和果实，茎含量显著高于果实。各区域铜在土壤—草莓系统中分布规律基本一致，表明铜在草莓植株不同器官分布特征呈显著性差异，主要积累在草莓植株的根，其次为叶，再次为茎，而果实中铜含量最少。

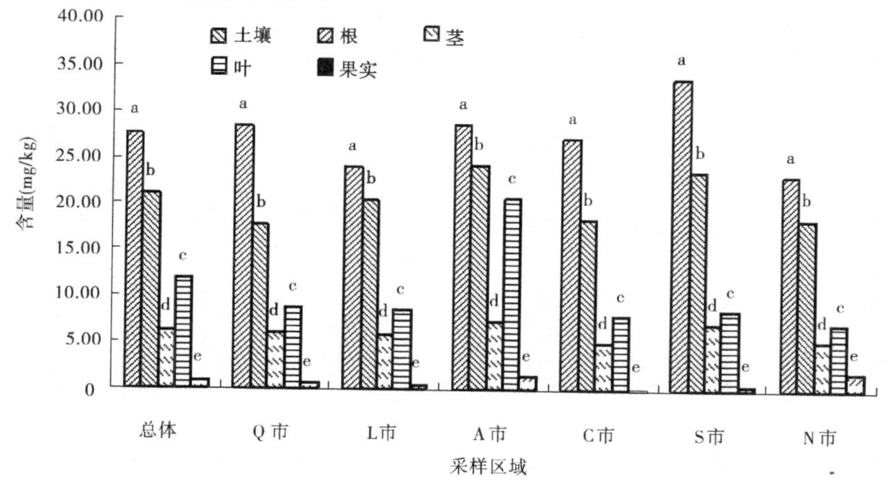

图7-7　土壤—草莓系统中Cu分布情况

7.2.2.8　锌分布差异性

土壤—草莓系统中Zn分布情况见图7-8。由图7-8可以看出，锌在土壤、草莓植株中分布差异较大。总体来说，土壤—草莓系统中锌平均含量根>土壤>叶>茎>果实，其中草莓根含量显著高于土壤及草莓茎、叶、果实各器官，土壤含量显著高于茎、叶、果实，叶含量显著高于茎和果实，茎含量显著高于果实。各区域锌在土壤—草莓系统中分布规律基本一致,表明锌在草莓植株不同器官分布特征呈显著性差异,主要积累在草莓植株的根,其次为茎和叶,而果实中锌含量最少。

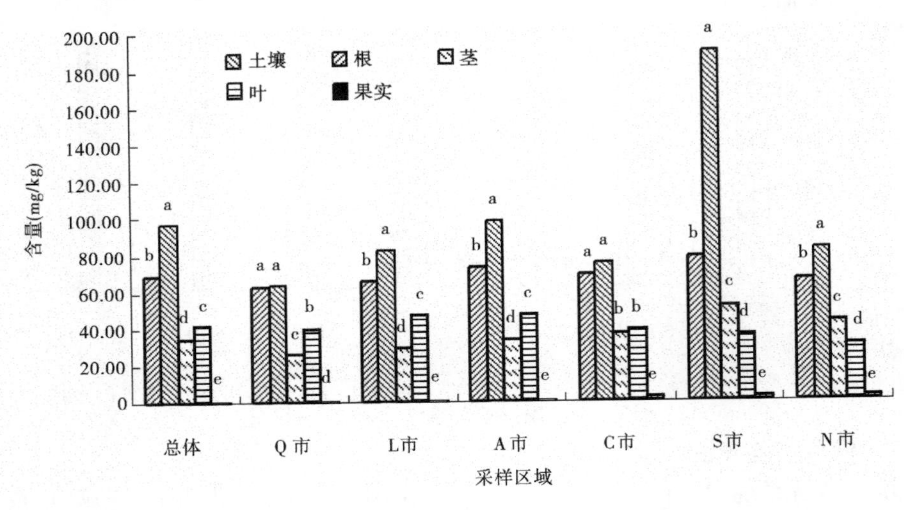

图 7-8　土壤—草莓系统中 Zn 分布情况

7.2.3　不同重金属在土壤—草莓系统相同部位分布差异性分析

7.2.3.1　不同重金属在园地土壤中分布差异性

图 7-9 为草莓园地土壤中重金属分布情况。由图 7-9 可以看出,不同重金属在园地土壤中分布差异较大,总体来说其含量高低基本顺序为 Zn、Cr > Cu、Pb、Ni > As、Cd、Hg。其中,Zn、Cu 是植物生长必需的营养元素,其含量也占绝对优势,但 Cr、Pb、Ni、As、Cd、Hg 为有害重金属元素,其含量过高势必会影响植物生长及其产品的安全。

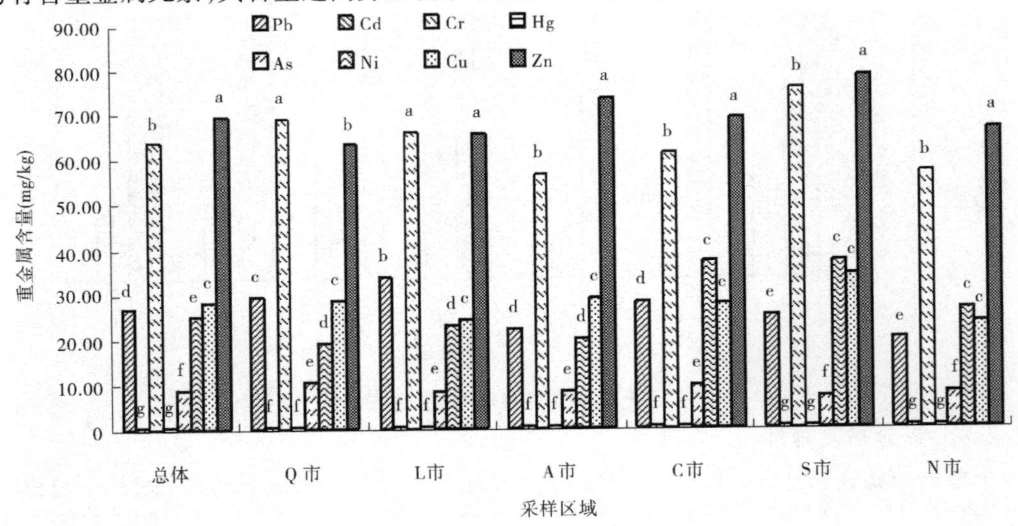

图 7-9　草莓园地土壤中重金属分布情况

7.2.3.2　不同重金属在草莓根中分布差异性

图7-10为草莓根中重金属分布情况。由图7-10可以看出，不同重金属在根中分布差异较大，其含量高低基本顺序为Zn > Cr、Cu > Pb、Ni、As、Cd、Hg。草莓根部重金属分布特征与相应重金属在园地土壤中分布特征不一致，反映出草莓对不同重金属吸收能力存在差异。

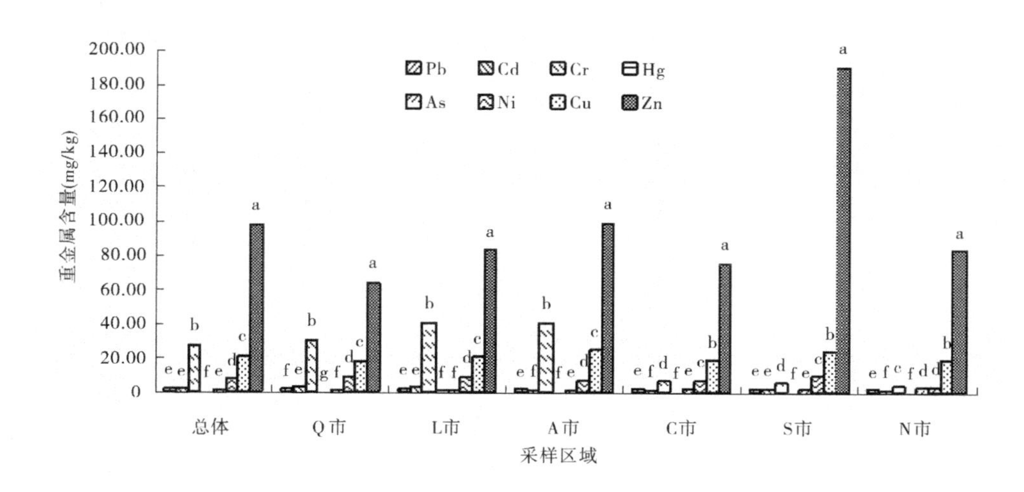

图7-10　草莓根中重金属分布情况

7.2.3.3　不同重金属在草莓茎中分布差异性

图7-11为草莓茎中重金属分布情况。由图7-11可以看出，不同重金属在茎中分布差异较大，其含量高低基本顺序为Zn > Cr > Cu、Ni > Pb、As、Cd、Hg。草莓茎部重金属分布特征与相应重金属在根部分布特征不一致的特征，反映出不同重金属在草莓根－茎间迁移能力的差异性。

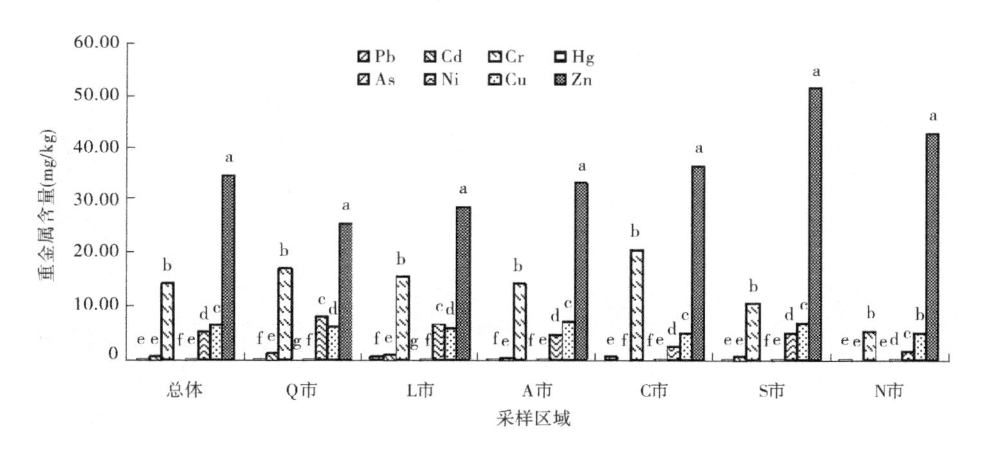

图7-11　草莓茎中重金属分布情况

7.2.3.4 不同重金属在草莓叶中分布差异性

图7-12为草莓叶中重金属分布情况。由图7-12可以看出,不同重金属在叶中分布差异较大,其含量高低基本顺序为 Zn > Cu > Cr > Ni > Pb、As、Cd、Hg。草莓叶部重金属分布特征与相应重金属在茎部分布特征不一致,反映出不同重金属在草莓茎-叶间迁移能力的差异性,同时也反映出草莓叶中重金属来源的不同。

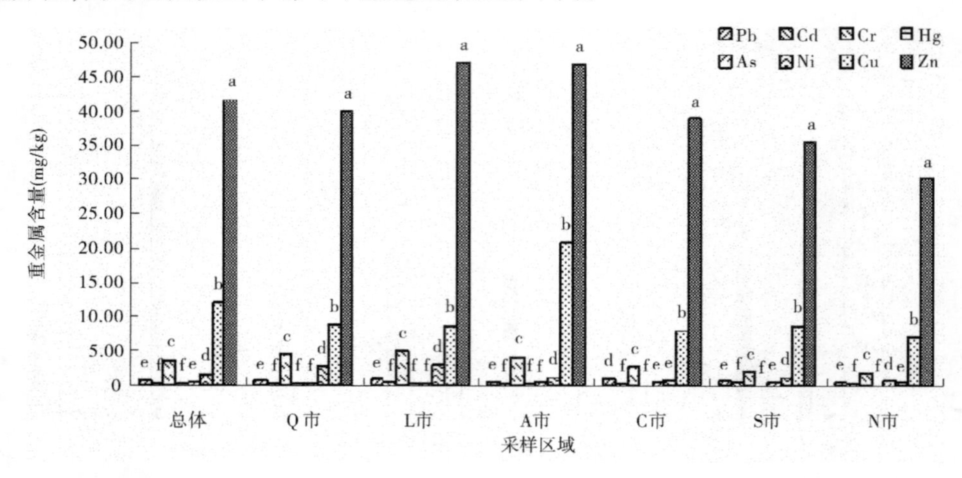

图7-12 草莓叶中重金属分布情况

7.2.3.5 不同重金属在草莓果实中分布差异性

图7-13为草莓果实中重金属分布情况。由图7-13可以看出,不同重金属在果实中分布差异较大,其含量高低基本顺序为 Zn、Cu > Ni > Cr > Pb、As、Cd、Hg。草莓果实中重金属分布特征与相应重金属在茎、叶部分布特征不一致,反映出不同重金属在草莓茎-果间迁移能力的差异性,同时也反映出草莓果实中重金属来源的不同。

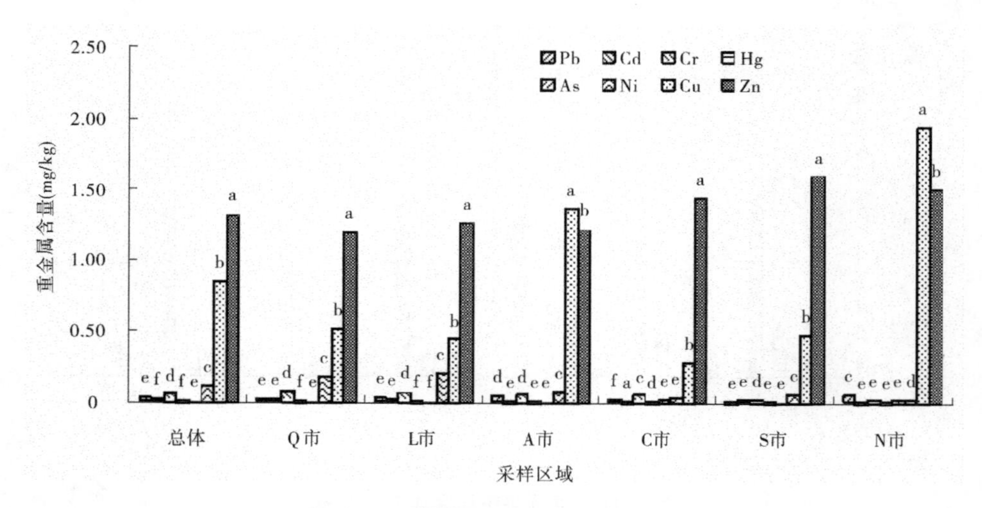

图7-13 草莓果实中金属分布情况

7.3　草莓植株不同部位重金属富集能力比较

7.3.1　铅富集能力

草莓植株中铅富集系数见表7-11和图7-14。可以看出，根富集系数为0.007 9～0.107 8，平均0.053 9；茎富集系数为0.002 1～0.024 0，平均0.011 8；叶富集系数为0.002 1～0.062 8，平均0.020 8；果实富集系数为0.000 1～0.093 3，平均0.008 5；不同部位富集系数平均值为0.023 8。总体来说，草莓植株不同部位铅富集系数高低顺序为$F_{根} > F_{叶} > F_{茎} > F_{果}$，且多为显著性差异，这与重金属铅在草莓植株中主要积累在根、其次为叶和茎、果实很少的分布特征基本一致。可见草莓植株不同部位铅富集系数差异较大，但均不足0.10，表明草莓植株各部位对铅的吸收能力差异较大，但均无富集作用。

表7-11　草莓植株中铅富集系数

不同部位		$F_{根}$	$F_{茎}$	$F_{叶}$	$F_{果}$	$F_{平均}$
总体	最小值	0.007 9	0.002 1	0.002 1	0.000 1	0.007 9
	最大值	0.107 8	0.024 0	0.062 8	0.093 3	0.052 8
	平均值	0.053 9	0.011 8	0.020 8	0.008 5	0.023 8
	变异系数	0.404 5	0.406 8	0.557 7	1.870 6	0.399 2
Q市	最小值	0.010 8	0.003 4	0.004 7	0.000 2	0.009 7
	最大值	0.079 7	0.020 4	0.045 1	0.008 8	0.028 7
	平均值	0.039 6	0.011 1	0.017 2	0.003 8	0.017 9
	变异系数	0.431 8	0.369 4	0.569 8	0.684 2	0.312 8
L市	最小值	0.020 1	0.006 3	0.003 7	0.000 2	0.007 9
	最大值	0.099 4	0.020 7	0.062 8	0.031 8	0.035 9
	平均值	0.052 1	0.012 6	0.021 5	0.005 9	0.023
	变异系数	0.372 4	0.357 1	0.632 6	1.372 9	0.321 7
A市	最小值	0.007 9	0.002 1	0.002 1	0.000 1	0.009
	最大值	0.107 8	0.023 9	0.055 6	0.084 5	0.052 8
	平均值	0.052 6	0.011 6	0.021 1	0.015 3	0.025 1
	变异系数	0.473 4	0.474 1	0.620 9	1.261 4	0.513 9
C市	最小值	0.039 5	0.008 3	0.013	0.000 8	0.019 1
	最大值	0.092 7	0.024	0.047 1	0.014 9	0.039 5
	平均值	0.067 4	0.014 2	0.029 3	0.003 1	0.028 5
	变异系数	0.265 6	0.352 1	0.382 3	1.387 1	0.231 6

续表 7-11

不同部位		$F_{根}$	$F_{茎}$	$F_{叶}$	$F_{果}$	$F_{平均}$
S 市	最小值	0.032 9	0.005	0.010 3	0.000 2	0.017 1
	最大值	0.102 9	0.017 4	0.029 1	0.001 8	0.030 8
	平均值	0.066 0	0.011 1	0.019 1	0.000 6	0.024 2
	变异系数	0.316 7	0.414 4	0.272 3	0.833 3	0.186 0
N 市	最小值	0.038 9	0.006 9	0.007 9	0.000 3	0.014 6
	最大值	0.080 3	0.023 6	0.040 8	0.093 3	0.050 8
	平均值	0.058 0	0.011 0	0.019 8	0.019 1	0.027
	变异系数	0.215 5	0.427 3	0.520 2	1.680 6	0.422 2

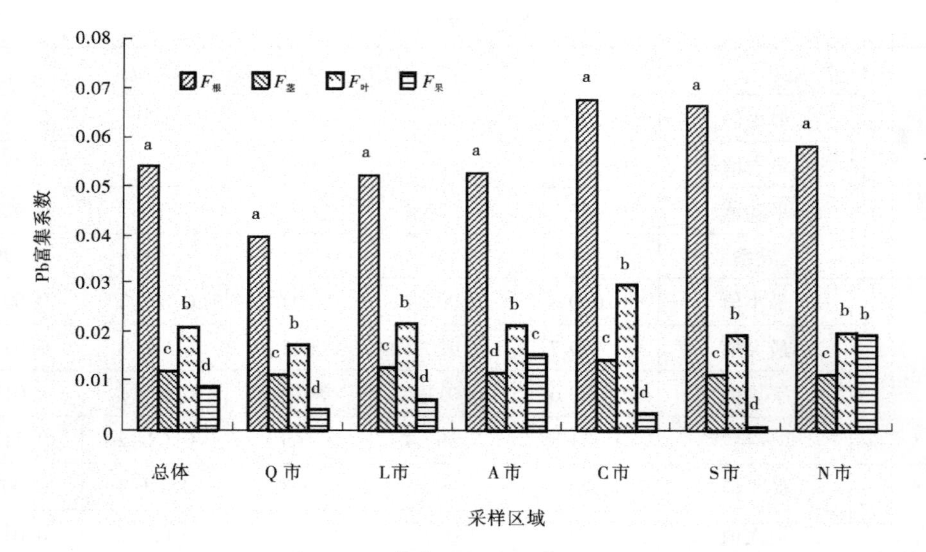

图 7-14　草莓植株中铅富集系数

7.3.2　镉富集能力

草莓植株中镉富集系数见表 7-12 和图 7-15。可以看出，草莓根富集系数为 0.650 9 ~ 42.720 3，平均 8.976 9；茎富集系数为 0.100 6 ~ 35.898 7，平均 3.145 8；叶富集系数为 0.006 7 ~ 17.835 8，平均 1.206 1；果实富集系数为 0.017 6 ~ 3.186 4，平均 0.483 7；不同部位富集系数平均值为 3.453 1。总体来说，草莓植株不同部位镉富集系数高低顺序为 $F_{根} > F_{茎} > F_{叶} > F_{果}$，且多为显著性差异，这与重金属镉在草莓植株中主要积累在根、其次为茎和叶、果实很少的分布特征基本一致。可见草莓植株不同部位镉富集系数差异较大，且富集系数高（平均值为 3.453 1），表明草莓植株各部位对镉的吸收能力差异较大，且具有一定富集作用。

表 7-12　草莓植株中镉富集系数

不同部位		$F_{根}$	$F_{茎}$	$F_{叶}$	$F_{果}$	$F_{平均}$
总体	最小值	0.650 9	0.100 6	0.006 7	0.017 6	0.282 5
	最大值	42.720 3	35.898 7	17.835 8	3.186 4	19.437 8
	平均值	8.976 9	3.145 8	1.206 1	0.483 7	3.453 1
	变异系数	1.062 1	1.738 7	1.825 0	1.445 7	1.214 2
Q 市	最小值	0.970 9	0.100 6	0.009 7	0.041 9	0.318 8
	最大值	42.720 3	35.898 7	5.961 9	3.186 4	16.313 6
	平均值	13.644 6	5.777 3	1.539 7	0.765 1	5.431 7
	变异系数	0.903 1	1.450 5	1.078 1	0.971 5	0.952 0
L 市	最小值	5.823 1	0.661 5	0.123 1	0.256 4	1.716
	最大值	31.622 6	18.981	8.226 4	2.918	14.307 4
	平均值	16.540 2	6.985 3	2.202	1.033 3	6.690 2
	变异系数	0.518 1	0.774 8	0.870 8	0.757 0	0.594 3
A 市	最小值	0.650 9	0.113 3	0.006 7	0.024 3	0.282 5
	最大值	20.629 9	7.181 1	2.992 1	1.921 3	8.181 1
	平均值	3.495 5	0.732 1	0.449	0.185 9	1.215 6
	变异系数	1.211 1	1.934 8	1.524 9	1.838 1	1.325 0
C 市	最小值	1.243 6	0.159 9	0.265 3	0.017 6	0.442 5
	最大值	4.104 7	0.537 2	0.565	0.080 4	1.264 6
	平均值	2.435 2	0.311 9	0.359 6	0.043 9	0.787 7
	变异系数	0.372 9	0.406 5	0.236 7	0.394 1	0.336 3
S 市	最小值	3.422 1	0.181 5	0.159 3	0.019 5	0.985 3
	最大值	38.059 7	18.806	17.835 8	3.049 8	19.437 8
	平均值	11.235 1	3.045 6	2.188 9	0.535 5	4.251 3
	变异系数	0.910 9	1.811 4	2.164 0	1.676 8	1.235 8
N 市	最小值	1.889 5	0.120 6	0.131 1	0.023 7	0.554 1
	最大值	6.572 6	0.541 3	0.371	0.163 8	1.846 6
	平均值	4.049 4	0.298 6	0.222 7	0.056 1	1.156 7
	变异系数	0.307 6	0.465 5	0.325 6	0.761 1	0.294 4

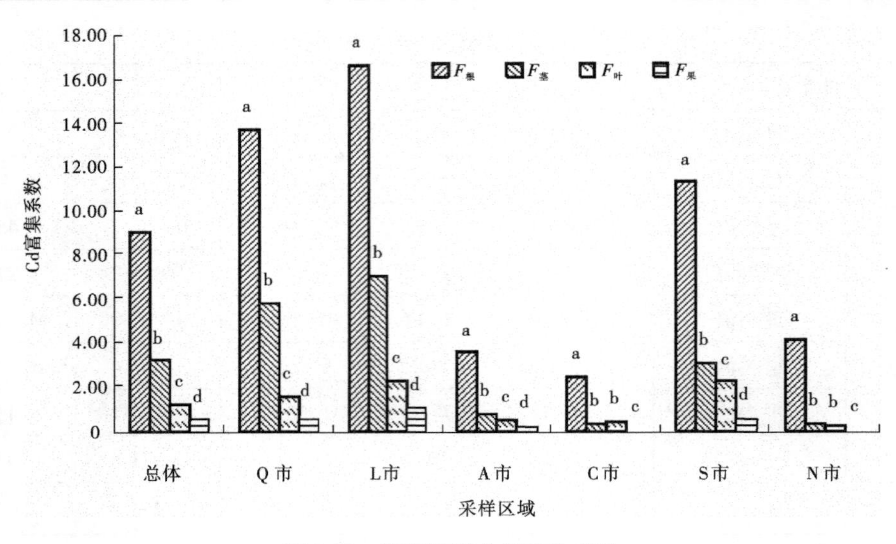

图 7-15　草莓植株中镉富集系数

7.3.3　铬富集能力

草莓植株中铬富集系数见表 7-13 和图 7-16。可以看出,草莓根富集系数为 0.020 3 ~ 3.091 2,平均 0.470 3;茎富集系数为 0.010 5 ~ 1.666 7,平均 0.225 6;叶富集系数为 0.013 2 ~ 0.400 8,平均 0.063 0;果实富集系数为 0.000 1 ~ 0.065 6,平均 0.005 2;不同部位富集系数平均值为 0.191 0。总体来说,草莓植株不同部位铬富集系数高低顺序为 $F_{根} > F_{茎} > F_{叶} > F_{果}$,均为显著性差异,这与重金属铬在草莓植株中主要积累在根和茎、其次为叶、果实很少的分布特征基本一致。可见草莓植株不同部位铬富集系数差异较大,但均不足 0.5,表明草莓植株各部位对铬的吸收能力差异较大,但均无富集作用。

表 7-13　草莓植株中铬富集系数

不同部位		$F_{根}$	$F_{茎}$	$F_{叶}$	$F_{果}$	$F_{平均}$
总体	最小值	0.020 3	0.010 5	0.013 2	0.000 1	0.014 1
	最大值	3.091 2	1.666 7	0.400 8	0.065 6	0.905 3
	平均值	0.470 3	0.225 6	0.063 0	0.005 2	0.191 0
	变异系数	1.230 9	0.845 7	0.928 6	1.750 0	0.903 7
Q 市	最小值	0.157 1	0.061 8	0.020	0.002 1	0.076 7
	最大值	0.888 1	0.342 2	0.108 5	0.019 6	0.322 8
	平均值	0.437 4	0.250 0	0.063 9	0.006 3	0.189 4
	变异系数	0.399 6	0.272 8	0.400 6	0.666 7	0.273 5
L 市	最小值	0.176 0	0.133 3	0.020 9	0.000 9	0.093 6
	最大值	1.169 8	0.378 9	0.227 7	0.065 6	0.423 0
	平均值	0.618 6	0.239 2	0.075 5	0.006 6	0.235 0
	变异系数	0.433 2	0.298 1	0.770 9	2.090 9	0.352 8

续表 7-13

不同部位		$F_{根}$	$F_{茎}$	$F_{叶}$	$F_{果}$	$F_{平均}$
A市	最小值	0.020 3	0.010 5	0.013 2	0.000 1	0.014 1
	最大值	3.091 2	0.798 2	0.400 8	0.045 6	0.905 3
	平均值	0.830 8	0.247 0	0.088 1	0.006 8	0.293 2
	变异系数	1.069 5	0.746 2	0.946 7	1.691 2	0.871 1
C市	最小值	0.035 9	0.122 2	0.015 6	0.001 2	0.055 1
	最大值	0.192 1	1.666 7	0.125 4	0.009 1	0.459 7
	平均值	0.102 4	0.336 5	0.044 0	0.004 7	0.121 9
	变异系数	0.445 3	1.403 9	0.806 8	0.595 7	0.990 2
S市	最小值	0.036 8	0.031 4	0.014 6	0.000 3	0.025 9
	最大值	0.091 3	0.405 9	0.065 3	0.003 0	0.132 3
	平均值	0.065 7	0.144 6	0.025 0	0.001 7	0.059 2
	变异系数	0.272 5	0.643 2	0.524 0	0.529 4	0.462 8
N市	最小值	0.031 8	0.027 2	0.015 7	0.000 4	0.031 9
	最大值	0.163 4	0.215 5	0.058 3	0.002 3	0.080 9
	平均值	0.074 1	0.089 1	0.032 2	0.001 2	0.049 2
	变异系数	0.453 5	0.413 5	0.552 3	0.521 7	0.608 2

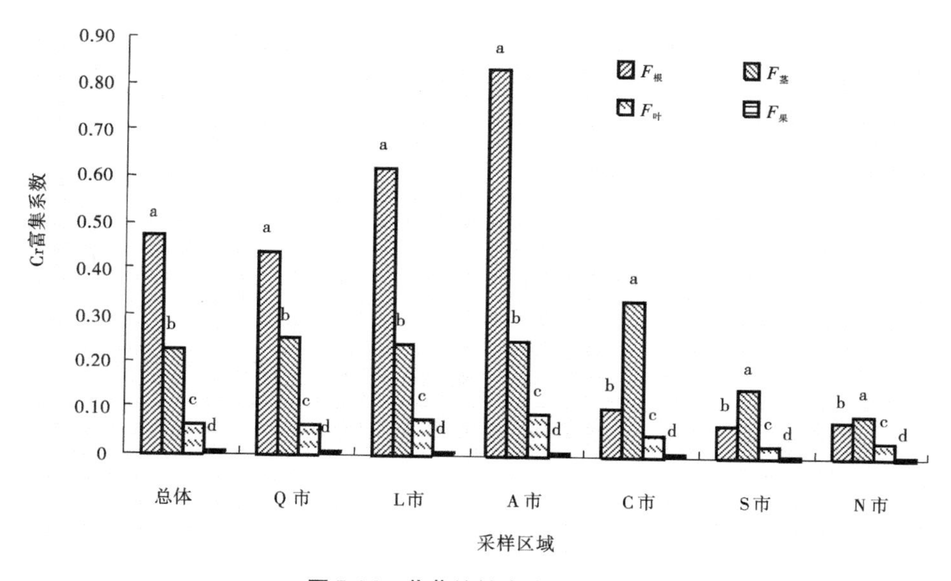

图 7-16　草莓植株中铬富集系数

7.3.4 汞富集能力

草莓植株中汞富集系数见表 7-14 和图 7-17。可以看出,草莓根富集系数为 0.017 8 ~ 0.654 3,平均 0.176 2;茎富集系数为 0.018 3 ~ 1.670 3,平均 0.213 5;叶富集系数为 0.051 1 ~ 2.516 5,平均 0.313 5;果实富集系数为 0.015 5 ~ 0.366 3,平均 0.080 4;不同部位富集系数平均值为 0.195 9。总体来说,草莓植株不同部位汞富集系数高低顺序为 $F_{叶} > F_{茎} > F_{根} > F_{果}$,且多为显著性差异,这与重金属汞在草莓植株中主要积累在叶、其次为茎和根、果实很少的分布特征基本一致。可见草莓植株不同部位汞富集系数差异较大,但均不足 0.5,表明草莓植株各部位对汞的吸收能力差异较大,但均无富集作用。

表 7-14　草莓植株中汞富集系数

不同部位		$F_{根}$	$F_{茎}$	$F_{叶}$	$F_{果}$	$F_{平均}$
总体	最小值	0.017 8	0.018 3	0.051 1	0.015 5	0.041 8
	最大值	0.654 3	1.670 3	2.516 5	0.366 3	1.297 6
	平均值	0.176 2	0.213 5	0.313 5	0.080 4	0.195 9
	变异系数	0.754 3	1.030 0	1.038 9	0.692 8	0.842 8
Q 市	最小值	0.051 5	0.038 3	0.051 1	0.015 9	0.041 8
	最大值	0.284 0	0.318 5	0.555 6	0.107 5	0.310 1
	平均值	0.146 1	0.154 0	0.206 2	0.067 8	0.143 5
	变异系数	0.431 9	0.379 2	0.566 0	0.326 0	0.379 8
L 市	最小值	0.081 6	0.063 7	0.077 6	0.015 5	0.062 9
	最大值	0.371 8	0.246 8	0.579 5	0.128 0	0.273 7
	平均值	0.198 5	0.155 2	0.201 8	0.072 4	0.157 0
	变异系数	0.350 1	0.395 0	0.670 5	0.385 4	0.375 8
A 市	最小值	0.019 4	0.137 1	0.109 9	0.040 5	0.110 1
	最大值	0.654 3	1.670 3	2.516 5	0.366 3	1.297 6
	平均值	0.265 0	0.303 6	0.502 7	0.106 2	0.294 4
	变异系数	0.690 9	0.918 6	0.901 3	0.634 7	0.752 7
C 市	最小值	0.029 9	0.018 3	0.098 0	0.018 1	0.042 8
	最大值	0.166 7	0.169 4	0.475 6	0.298 1	0.225 8
	平均值	0.102 2	0.069 5	0.265 9	0.084 7	0.130 6
	变异系数	0.406 1	0.720 9	0.416 7	0.941 0	0.382 1

续表 7-14

不同部位		$F_{根}$	$F_{茎}$	$F_{叶}$	$F_{果}$	$F_{平均}$
S市	最小值	0.017 8	0.052 1	0.080 5	0.024 4	0.047 8
	最大值	0.221 4	0.283 1	0.324 9	0.082 9	0.207 7
	平均值	0.098 3	0.173 1	0.190 0	0.055 1	0.129 1
	变异系数	0.706 0	0.369 2	0.379 5	0.323 0	0.358 6
N市	最小值	0.019 7	0.123 2	0.065 1	0.021 3	0.070 7
	最大值	0.430 2	1.546 5	1.651 2	0.310 1	0.984 5
	平均值	0.102 9	0.379 2	0.404 2	0.074 7	0.240 3
	变异系数	1.220 6	1.120 0	1.253 8	1.164 7	1.170 2

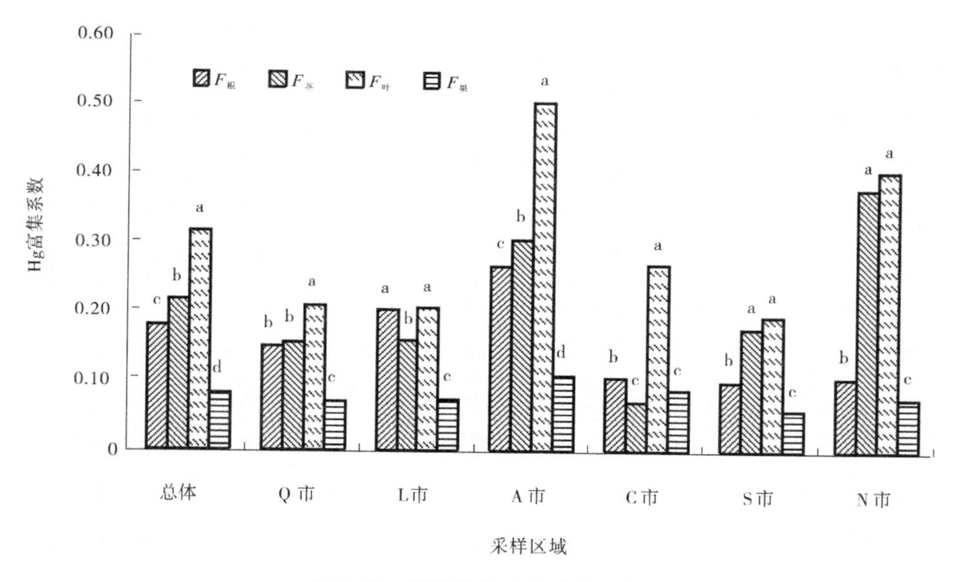

图 7-17 草莓植株中汞富集系数

7.3.5 砷富集能力

草莓植株中砷富集系数见表 7-15 和图 7-18。可以看出,草莓根富集系数为 0.005 6 ~ 1.324 9,平均 0.124 1;茎富集系数为 0.005 7 ~ 0.111 4,平均 0.031 5;叶富集系数为 0.001 3 ~ 0.187 6,平均 0.038 4;果实富集系数为 0.000 8 ~ 0.023 7,平均 0.006 5;不同部位富集系数平均值为 0.050 2。总体来说,草莓植株不同部位砷富集系数高低顺序为 $F_{根} > F_{叶} > F_{茎} > F_{果}$,且多为显著性差异,这与重金属砷在草莓植株中主要积累在根、其次为叶和茎、果实很少的分布特征基本一致。可见草莓植株不同部位砷富集系数差异较大,但均不足 0.20,表明草莓植株各部位对砷的吸收能力差异较大,但均无富集作用。

表 7-15　草莓植株中砷富集系数

不同部位		$F_{根}$	$F_{茎}$	$F_{叶}$	$F_{果}$	$F_{平均}$
总体	最小值	0.005 6	0.005 7	0.001 3	0.000 8	0.007 4
	最大值	1.324 9	0.111 4	0.187 6	0.023 7	0.410 0
	平均值	0.124 1	0.031 5	0.038 4	0.006 5	0.050 2
	变异系数	1.255 4	0.634 9	0.880 2	0.553 8	0.986 1
Q 市	最小值	0.005 6	0.006 3	0.001 3	0.002 8	0.007 4
	最大值	0.081 9	0.033 6	0.028 4	0.008 2	0.027 1
	平均值	0.032 7	0.016 1	0.013 0	0.004 6	0.016 6
	变异系数	0.706 4	0.515 5	0.607 7	0.304 3	0.403 6
L 市	最小值	0.013 1	0.005 7	0.003 7	0.001 7	0.009 0
	最大值	0.123 7	0.048 9	0.045 1	0.014 1	0.051 1
	平均值	0.036 0	0.021 0	0.017 0	0.005 8	0.019 9
	变异系数	0.672 2	0.600 0	0.588 2	0.586 2	0.472 4
A 市	最小值	0.023 5	0.009 7	0.015 1	0.002 8	0.019 1
	最大值	1.324 9	0.111 4	0.187 6	0.016 3	0.410 0
	平均值	0.152 6	0.040 6	0.049 8	0.006 4	0.062 4
	变异系数	1.527 5	0.630 5	0.833 3	0.484 4	1.139 4
C 市	最小值	0.103 9	0.018 1	0.018 5	0.003 1	0.038 3
	最大值	0.332 5	0.049 7	0.068 8	0.013 3	0.102 9
	平均值	0.178 2	0.031 0	0.043 0	0.007 3	0.064 9
	变异系 数	0.459 0	0.309 7	0.344 2	0.411 0	0.349 8
S 市	最小值	0.058 9	0.023 4	0.026 6	0.000 8	0.031 5
	最大值	0.451 3	0.062 8	0.092 1	0.015 3	0.138 8
	平均值	0.181 8	0.037 8	0.051 5	0.007 5	0.069 7
	变异系数	0.594 6	0.298 9	0.431 1	0.493 3	0.447 6
N 市	最小值	0.100 0	0.033 3	0.029 5	0.003 3	0.042 1
	最大值	0.412 2	0.087 9	0.172 8	0.023 7	0.154 6
	平均值	0.262 7	0.047 7	0.075 2	0.009 5	0.098 8
	变异系数	0.354 4	0.356 4	0.522 6	0.600 0	0.338 1

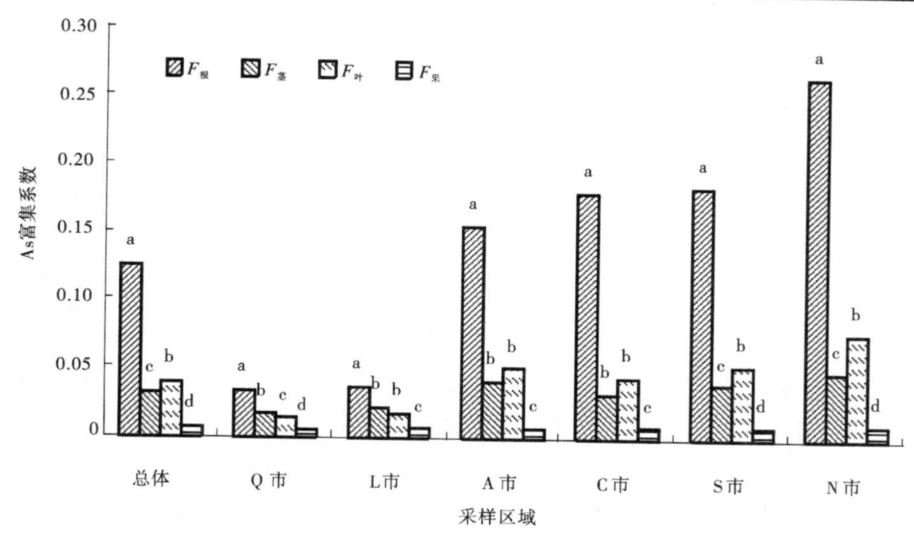

图7-18　草莓植株中砷富集系数

7.3.6　镍富集能力

草莓植株中镍富集系数见表7-16和图7-19。可以看出,草莓根富集系数为0.071 0～1.125 4,平均0.324 5;茎富集系数为0.035 0～0.903 3,平均0.242 7;叶富集系数为0.006 0～0.298 5,平均0.076 0;果实富集系数为0.000 6～0.167 2,平均0.034 7;不同部位富集系数平均值为0.169 5。总体来说,草莓植株不同部位镍富集系数高低顺序为$F_{根}>F_{茎}>F_{叶}>F_{果}$,且多为显著性差异,这与重金属镍在草莓植株中主要积累在根和茎、其次为叶、果实很少的分布特征基本一致。可见草莓植株不同部位镍富集系数差异较大,但均不足0.50,表明草莓植株各部位对镍的吸收能力差异较大,但均无富集作用。

表7-16　草莓植株中镍富集系数

不同部位		$F_{根}$	$F_{茎}$	$F_{叶}$	$F_{果}$	$F_{平均}$
总体	最小值	0.071 0	0.035 0	0.006 0	0.000 6	0.030 5
	最大值	1.125 4	0.903 3	0.298 5	0.167 2	0.471 8
	平均值	0.324 5	0.242 7	0.076 0	0.034 7	0.169 5
	变异系数	0.690 3	0.762 3	0.932 9	0.994 2	0.655 5
Q市	最小值	0.194 9	0.155 3	0.031 7	0.021 6	0.131 9
	最大值	0.866 3	0.818 5	0.298 5	0.167 2	0.417 3
	平均值	0.461 0	0.448 0	0.149 3	0.067 7	0.281 5
	变异系数	0.385 7	0.397 5	0.504 4	0.580 5	0.311 5

续表 7-16

不同部位		$F_{根}$	$F_{茎}$	$F_{叶}$	$F_{果}$	$F_{平均}$
L 市	最小值	0.140 5	0.156 5	0.059 8	0.029 6	0.123 4
	最大值	1.125 4	0.544 2	0.278 9	0.127 4	0.418 2
	平均值	0.400 3	0.301 3	0.127 6	0.061 3	0.222 6
	变异系数	0.589 3	0.357 1	0.525 1	0.443 7	0.380 5
A 市	最小值	0.071 9	0.053 5	0.012 0	0.002 4	0.042 3
	最大值	0.902 4	0.903 3	0.160 3	0.095 6	0.471 8
	平均值	0.352 1	0.244 9	0.058 2	0.026 7	0.170 5
	变异系数	0.701 2	0.730 1	0.630 6	0.820 2	0.598 2
C 市	最小值	0.107 6	0.047 9	0.006 8	0.000 6	0.049 0
	最大值	0.447 4	0.091 9	0.022 9	0.007 1	0.128 0
	平均值	0.181 5	0.063 7	0.015 1	0.004 5	0.066 2
	变异系数	0.549 9	0.246 5	0.344 4	0.444 4	0.350 5
S 市	最小值	0.073 5	0.046 7	0.007 6	0.001 7	0.034 8
	最大值	0.583 7	0.312 2	0.080 4	0.051 9	0.242 1
	平均值	0.234 0	0.127 2	0.028 2	0.010 0	0.099 9
	变异系数	0.620 1	0.638 4	0.790 8	1.280 0	0.610 6
N 市	最小值	0.071 0	0.035 0	0.006 0	0.001 0	0.030 5
	最大值	0.136 2	0.124 4	0.019 5	0.011 4	0.070 1
	平均值	0.093 2	0.063 3	0.009 7	0.005 1	0.042 8
	变异系数	0.275 8	0.461 3	0.422 7	0.666 7	0.308 4

7.3.7 铜富集能力

草莓植株中铜富集系数见表 7-17 和图 7-20。可以看出,草莓根富集系数为 0.283 0 ~ 1.890 8,平均 0.836 7;茎富集系数为 0.107 9 ~ 0.502 3,平均 0.235 2;叶富集系数为 0.122 1 ~ 4.774 0,平均 0.416 3;果实富集系数为 0.016 6 ~ 4.602 3,平均 0.332 5;不同部位富集系数平均值为 0.455 2。总体来说,草莓植株不同部位铜富集系数高低顺序为 $F_{根} > F_{叶} > F_{果} > F_{茎}$,且多为显著性差异,这与重金属铜在草莓植株中主要积累在根、其次为叶、果实和茎少的分布特征基本一致。可见草莓植株不同部位铜富集系数差异较大,但均不足 1.00,表明草莓植株各部位对铜的吸收能力差异较大,但均无富集作用。

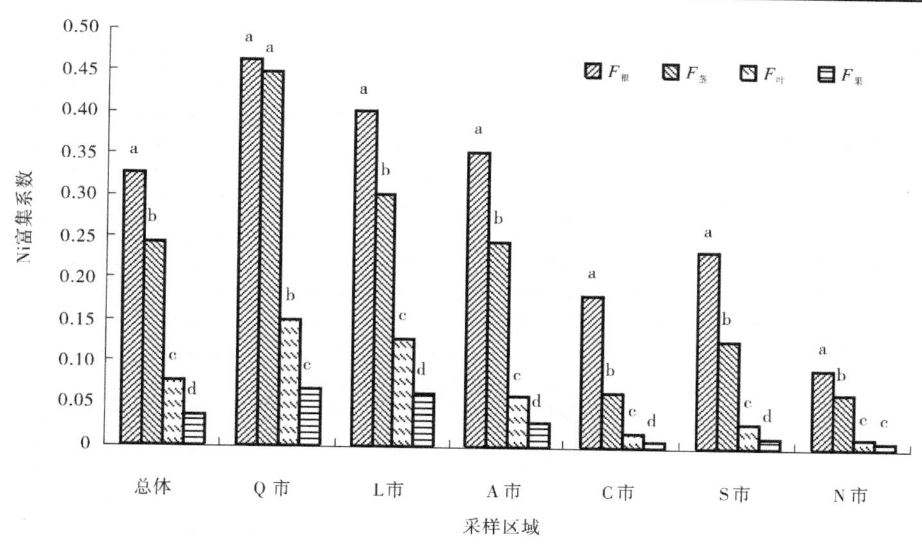

图 7-19　草莓植株中铅富集系数

表 7-17　草莓植株中铜富集系数

不同部位		$F_{根}$	$F_{茎}$	$F_{叶}$	$F_{果}$	$F_{平均}$
总体	最小值	0. 283 0	0. 107 9	0. 122 1	0. 016 6	0. 176 2
	最大值	1. 890 8	0. 502 3	4. 774 0	4. 602 3	1. 658 0
	平均值	0. 836 7	0. 235 2	0. 416 3	0. 332 5	0. 455 2
	变异系数	0. 374 9	0. 334 6	1. 200 1	2. 122 7	0. 646 5
Q 市	最小值	0. 283 0	0. 124 0	0. 122 1	0. 041 9	0. 176 2
	最大值	1. 148 6	0. 389 2	0. 808 5	0. 195 9	0. 500 6
	平均值	0. 641 0	0. 220 7	0. 324 9	0. 121 9	0. 327 1
	变异系数	0. 326 4	0. 296 3	0. 471 5	0. 383 9	0. 270 3
L 市	最小值	0. 514 6	0. 133 6	0. 192 7	0. 035 9	0. 236 8
	最大值	1. 208 4	0. 328 1	0. 773 3	0. 756 1	0. 732 1
	平均值	0. 861 9	0. 244 7	0. 358 9	0. 122 1	0. 396 9
	变异系数	0. 207 4	0. 237 0	0. 313 2	1. 236 7	0. 245 4
A 市	最小值	0. 508 4	0. 131 2	0. 178 2	0. 016 6	0. 226 2
	最大值	1. 890 8	0. 502 3	4. 774 0	3. 359 7	1. 578 8
	平均值	1. 020 6	0. 262 3	0. 650 1	0. 601 8	0. 633 7
	变异系数	0. 400 5	0. 362 2	1. 352 9	1. 346 8	0. 605 8

续表 7-17

不同部位		$F_{根}$	$F_{茎}$	$F_{叶}$	$F_{果}$	$F_{平均}$
C 市	最小值	0.503 6	0.118 8	0.196 8	0.030 3	0.256
	最大值	0.882 4	0.275 2	0.373 9	0.096 1	0.394 7
	平均值	0.685 0	0.184 0	0.295 4	0.066 8	0.307 8
	变异系数	0.182 3	0.258 2	0.205 1	0.348 8	0.175 1
S 市	最小值	0.542 9	0.107 9	0.179 6	0.037 7	0.239 1
	最大值	1.228 6	0.347 1	0.495 2	0.221 0	0.573 0
	平均值	0.736 7	0.214 8	0.273 9	0.099 2	0.331 2
	变异系数	0.271 3	0.344 0	0.331 1	0.478 8	0.287 1
N 市	最小值	0.457 3	0.127 8	0.192 3	0.058 6	0.217 6
	最大值	1.500 0	0.398 7	0.528 2	4.602 3	1.658 0
	平均值	0.896 0	0.241 0	0.329 6	0.958 8	0.606 3
	变异系数	0.379 4	0.391 7	0.291 3	1.645 3	0.810 8

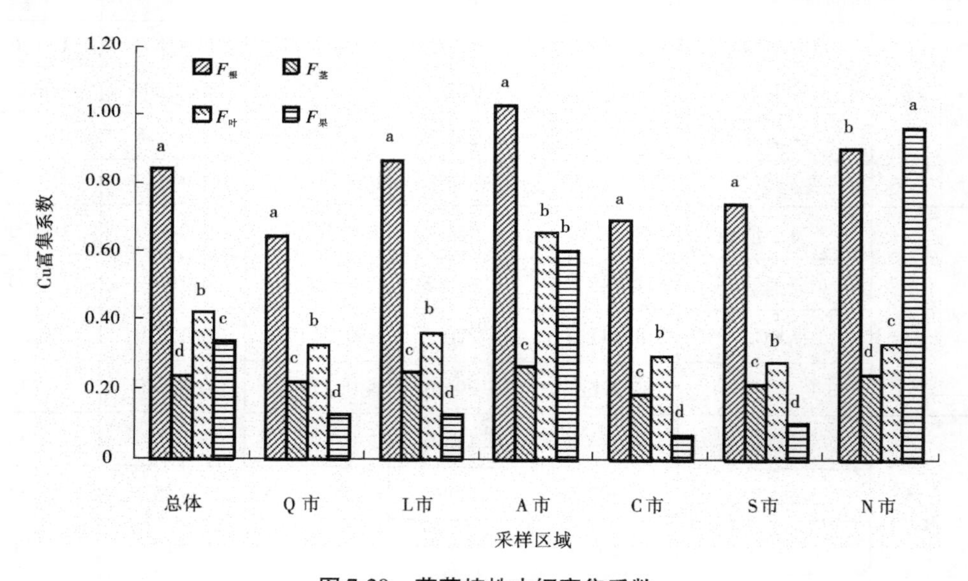

图 7-20　草莓植株中铜富集系数

7.3.8　锌富集能力

草莓植株中锌富集系数见表 7-18 和图 7-21。可以看出，草莓根富集系数为 0.210 1 ~ 4.866 7，平均 1.397 6；茎富集系数为 0.119 7 ~ 1.452 9，平均 0.507 1；叶富集系数为 0.218 4 ~ 1.657 3，平均 0.602 3；果实富集系数为 0.006 8 ~ 0.336 9，平均 0.131 1；不同部位富集系数平均值为 0.659 5。总体来说，草莓植株不同部位锌富集系数高低顺序为

$F_{根} > F_{叶} > F_{茎} > F_{果}$，且多为显著性差异，这与重金属锌在草莓植株中主要积累在根、其次为叶和茎、果实很少的分布特征基本一致。可见草莓植株不同部位锌富集系数差异较大，表明草莓植株各部位对锌的吸收能力差异较大，$F_{根}$高达 1.397 6，具有一定的吸收能力，但富集作用不明显，平均富集系数仅 0.659 5。

表 7-18 草莓植株中锌富集系数

不同部位		$F_{根}$	$F_{茎}$	$F_{叶}$	$F_{果}$	$F_{平均}$
总体	最小值	0.210 1	0.119 7	0.218 4	0.006 8	0.163 8
	最大值	4.866 7	1.452 9	1.657 3	0.336 9	1.703 1
	平均值	1.397 6	0.507 1	0.602 3	0.131 1	0.659 5
	变异系数	0.718 5	0.456 1	0.568 8	0.398 9	0.486 1
Q 市	最小值	0.235 2	0.119 7	0.221 2	0.061 5	0.170 2
	最大值	1.518 4	0.841 1	1.652 8	0.188 7	0.921 4
	平均值	0.996 3	0.411 8	0.638 8	0.127 2	0.543 5
	变异系数	0.375 3	0.430 1	0.600 7	0.253 9	0.323 5
L 市	最小值	0.424 7	0.252 2	0.363 9	0.085 6	0.288 2
	最大值	2.865 7	0.773 7	1.603 0	0.175 2	1.080 7
	平均值	1.258 3	0.438 9	0.704 9	0.127 6	0.632 4
	变异系数	0.383 9	0.336 5	0.541 1	0.190 4	0.288 7
A 市	最小值	0.210 1	0.165 3	0.237 1	0.006 8	0.163 8
	最大值	4.343 9	0.969 0	1.657 3	0.309 7	1.472 9
	平均值	1.414 4	0.480 3	0.633 4	0.120 2	0.662 1
	变异系数	0.820 1	0.505 7	0.547 5	0.570 7	0.570 2
C 市	最小值	0.506 9	0.359 0	0.240 7	0.085 4	0.322 5
	最大值	2.621 1	1.171 4	1.375 5	0.169 3	0.872 6
	平均值	1.042 9	0.551 0	0.586 9	0.141 5	0.580 6
	变异系数	0.570 3	0.436 5	0.617 1	0.192 2	0.326 6
S 市	最小值	0.455 8	0.397 8	0.218 4	0.076 8	0.305 6
	最大值	4.866 7	1.181 9	0.658 0	0.235 2	1.703 1
	平均值	2.417 1	0.657 6	0.460 0	0.136 1	0.917 7
	变异系数	0.570 3	0.436 5	0.617 1	0.192 2	0.326 6
N 市	最小值	0.578 7	0.426 0	0.247 7	0.067 3	0.358 9
	最大值	3.212 5	1.452 9	1.187 2	0.336 9	1.294 2
	平均值	1.329 9	0.657 5	0.438 3	0.161 1	0.646 7
	变异系数	0.699 1	0.462 8	0.657 3	0.557 4	0.547 5

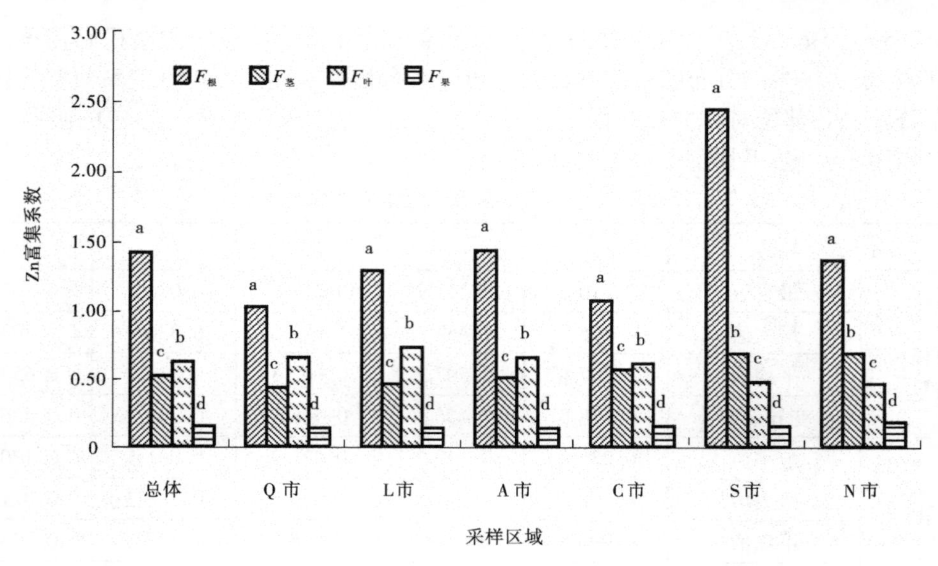

图 7-21　草莓植株中锌富集系数

7.4　重金属富集特征分析

7.4.1　不同重金属富集系数比较

草莓植株对重金属的积累在一定程度上受土壤中同种重金属含量的影响，当富集系数≥1 时，表明该种植物对重金属有富集作用。表 7-19 为不同区域草莓植株各部位重金属富集系数，可以看出，草莓植株对不同重金属富集能力差异较大，就总体情况来看，平均富集系数大小顺序为 Cd > Zn > Cu > Hg > Cr > Ni > As > Pb，这与陈永涛等对重金属在柑橘中的富集能力研究结果基本一致，与庞荣丽等对重金属在葡萄植株中的富集能力研究结果也基本一致。就平均富集系数而言，Cd 为 3. 453 1，Zn 为 0. 659 5，Cr、Pb、Ni、Hg、As、Cu 的均小于 0. 5，表明草莓植株对重金属 Cd 有一定的富集能力，Zn 吸收能力也较强，但不具有富集能力，而对重金属 Cr、Pb、Ni、Hg、As、Cu 的吸收能力较弱，不具有富集能力。

表 7-19　不同区域草莓植株各部位重金属富集系数

不同区域	不同组织	富集系数							
		F – Pb	*F* – Cd	*F* – Cr	*F* – Hg	*F* – As	*F* – Ni	*F* – Cu	*F* – Zn
总体	根	0. 053 9	8. 976 9	0. 470 3	0. 176 2	0. 124 1	0. 324 5	0. 836 7	1. 397 6
	茎	0. 011 8	3. 145 8	0. 225 6	0. 213 5	0. 031 5	0. 242 7	0. 235 2	0. 507 1
	叶	0. 020 8	1. 206 1	0. 063 0	0. 313 5	0. 038 4	0. 076 0	0. 416 3	0. 602 3
	果	0. 008 5	0. 483 7	0. 005 2	0. 080 4	0. 006 5	0. 034 7	0. 332 5	0. 131 1
	平均	0. 023 8	3. 453 1	0. 191 0	0. 195 9	0. 050 2	0. 169 5	0. 455 2	0. 659 5

续表 7-19

不同区域	不同组织	富集系数							
		$F-Pb$	$F-Cd$	$F-Cr$	$F-Hg$	$F-As$	$F-Ni$	$F-Cu$	$F-Zn$
Q 市	根	0.039 6	13.644 6	0.437 4	0.146 1	0.032 7	0.461 0	0.641 0	0.996 3
	茎	0.011 1	5.777 3	0.250 0	0.154 0	0.016 1	0.448 0	0.220 7	0.411 8
	叶	0.017 2	1.539 7	0.063 9	0.206 2	0.013 0	0.149 3	0.324 9	0.638 8
	果	0.003 8	0.765 1	0.006 3	0.067 8	0.004 6	0.067 7	0.121 9	0.127 2
	平均	0.017 9	5.431 7	0.189 4	0.143 5	0.016 6	0.281 5	0.327 1	0.543 5
L 市	根	0.052 1	16.540 2	0.618 6	0.198 5	0.036 0	0.400 3	0.861 9	1.258 3
	茎	0.012 6	6.985 3	0.239 2	0.155 2	0.021 0	0.301 3	0.244 7	0.438 9
	叶	0.021 5	2.202 0	0.075 5	0.201 8	0.017 0	0.127 6	0.358 9	0.704 9
	果	0.005 9	1.033 3	0.006 6	0.072 4	0.005 8	0.061 3	0.122 1	0.127 6
	平均	0.023 0	6.690 2	0.235 0	0.157 0	0.019 9	0.222 6	0.396 9	0.632 4
A 市	根	0.052 6	3.495 5	0.830 8	0.265 0	0.152 6	0.352 1	1.020 6	1.414 4
	茎	0.011 6	0.732 1	0.247 0	0.303 6	0.040 6	0.244 9	0.262 3	0.480 3
	叶	0.021 1	0.449 0	0.088 1	0.502 7	0.049 8	0.058 2	0.650 1	0.633 4
	果	0.015 3	0.185 9	0.006 8	0.106 2	0.006 4	0.026 7	0.601 8	0.120 2
	平均	0.025 1	1.215 6	0.293 2	0.294 4	0.062 4	0.170 5	0.633 7	0.662 1
C 市	根	0.067 4	2.435 2	0.102 4	0.102 2	0.178 2	0.181 5	0.685 0	1.042 9
	茎	0.014 2	0.311 9	0.336 5	0.069 5	0.031 0	0.063 7	0.184 0	0.551 0
	叶	0.029 3	0.359 6	0.044 0	0.265 9	0.043 0	0.015 1	0.295 4	0.586 9
	果	0.003 1	0.043 9	0.004 7	0.084 7	0.007 3	0.004 5	0.066 8	0.141 5
	平均	0.028 5	0.787 7	0.121 9	0.130 6	0.064 9	0.066 2	0.307 8	0.580 6
S 市	根	0.066 0	11.235 1	0.065 7	0.098 3	0.181 8	0.234 0	0.736 7	2.417 1
	茎	0.011 1	3.045 6	0.144 6	0.173 1	0.037 8	0.127 2	0.214 8	0.657 6
	叶	0.019 1	2.188 9	0.025 0	0.190 0	0.051 5	0.028 2	0.273 9	0.460 0
	果	0.000 6	0.535 5	0.001 7	0.055 1	0.007 5	0.010 0	0.099 2	0.136 1
	平均	0.024 2	4.251 3	0.059 2	0.129 1	0.069 7	0.099 9	0.331 2	0.917 7
N 市	根	0.058 0	4.049 4	0.074 1	0.102 9	0.262 7	0.093 2	0.896 0	1.329 9
	茎	0.011 0	0.298 6	0.089 1	0.379 2	0.047 7	0.063 3	0.241 0	0.657 5
	叶	0.019 8	0.222 7	0.032 2	0.404 2	0.075 2	0.009 7	0.329 6	0.438 3
	果	0.019 1	0.056 1	0.001 2	0.074 7	0.009 5	0.005 1	0.958 8	0.161 1
	平均	0.027 0	1.156 7	0.049 2	0.240 3	0.098 8	0.042 8	0.606 3	0.646 7

7.4.2 不同重金属富集能力差异性分析

草莓植株中重金属富集能力比较见图7-22,可以看出,草莓植株中Cd与Zn、Cr、Pb、Ni、Hg、As、Cu等富集系数差异均达极显著水平,除Hg与Cr差异不显著外,其余重金属平均富集系数也均为显著性差异。不同区域草莓植株对重金属平均富集系数规律基本一致。

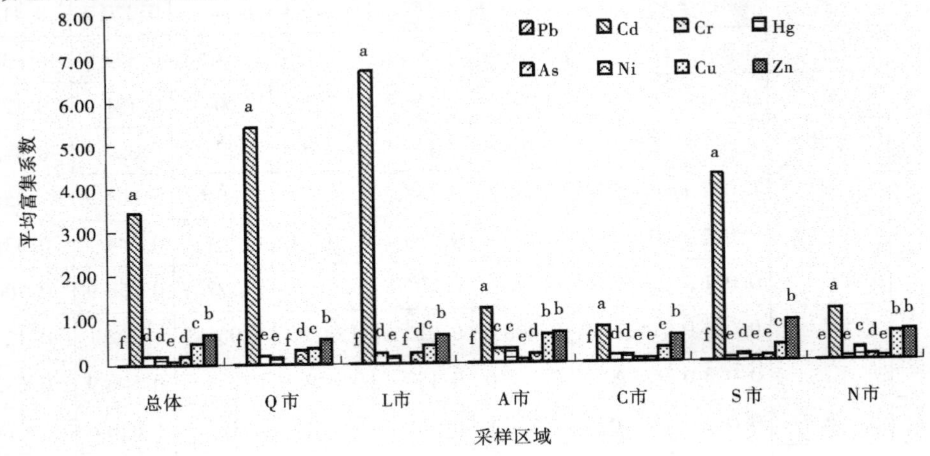

图7-22 草莓植株中重金属富集能力比较

7.4.3 不同重金属富集能力树状图

综合草莓植株对不同重金属富集系数大小,对8个重金属元素进行聚类,结果见图7-23。由图7-23可以看出,在阈值为5时可将重金属划分为2类:第1类是Cd,富集能力很强,第2类是Zn、Cr、Pb、Ni、Hg、As、Cu,无富集作用,但吸收能力大小为Zn > Cu > Hg > Cr > Ni > As > Pb。

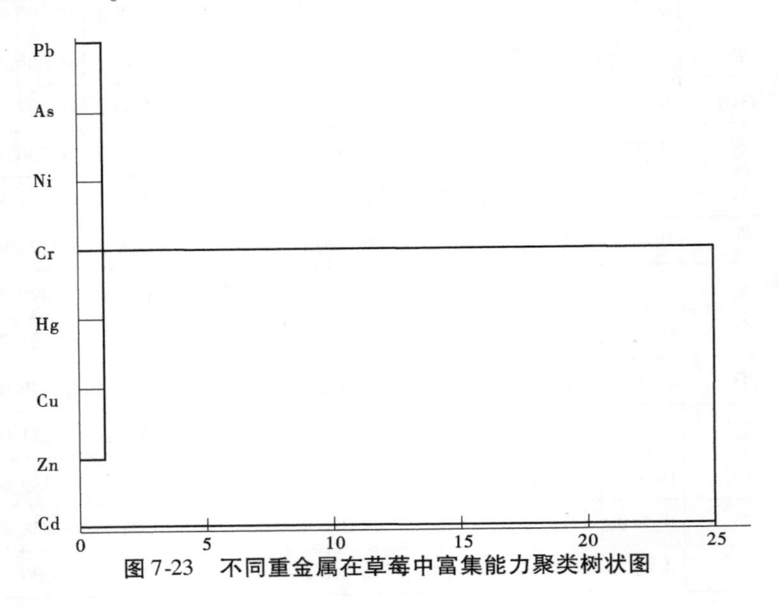

图7-23 不同重金属在草莓中富集能力聚类树状图

7.5　重金属分布特征及富集能力小结

7.5.1　重金属分布统计学特征

园地土壤—草莓系统中不同重金属分布特征不同，但同一重金属分布差异性较大。铅、砷、镉、镍、铜含量土壤 > 根 > 茎、叶 > 果实，主要积累在根，其次为茎和叶，果实含量很少；铬含量土壤 > 根、茎 > 叶 > 果实，主要积累在根和茎，其次为叶，果实含量很少；锌含量根 > 土壤 > 叶 > 茎 > 果实，主要积累在根，其次为叶和茎，果实含量最少；汞含量土壤 > 叶 > 根 > 茎 > 果实，主要积累在叶，其次为根和茎，果实含量很少。

7.5.2　土壤—草莓系统分布差异性

园地土壤—草莓系统中重金属分布差异较大。土壤含量顺序为 Zn、Cr > Cu、Pb、Ni > As、Cd、Hg。其中，Zn、Cu 是植物生长必需的营养元素，其含量也占绝对优势，但 Cr、Pb、Ni、As、Cd、Hg 为有害重金属元素，其含量过高势必会影响植物生长及其产品的安全；根含量顺序为 Zn > Cr、Cu > Pb、Ni、As、Cd、Hg，根部与土壤分布特征不一致，反映出草莓对不同重金属吸收能力存在差异；茎含量顺序为 Zn > Cr > Cu、Ni > Pb、As、Cd、Hg，茎部与根部分布特征不一致，反映出不同重金属在草莓根 - 茎间迁移能力的差异性；叶含量顺序为 Zn > Cu > Cr > Ni > Pb、As、Cd、Hg，叶部与茎部分布特征不一致，反映出不同重金属在草莓茎 - 叶间迁移能力的差异性，同时也反映出草莓叶中重金属来源的不同；果实含量顺序为 Zn、Cu > Ni > Cr > Pb、As、Cd、Hg，果实与茎、叶部分布特征不一致，反映出不同重金属在草莓茎 - 果间迁移能力的差异性，同时也反映出草莓果实中重金属来源的不同。

7.5.3　植株不同部位重金属富集能力差异

草莓植株不同部位对重金属富集能力不同，重金属富集系数高低顺序各不相同，镉为 $F_{根} > F_{茎} > F_{叶} > F_{果}$，多为显著性差异，且富集系数高（平均值为 3.453 1），表明草莓植株各部位对镉的吸收能力差异较大，具有一定富集作用；锌为 $F_{根} > F_{叶}$、$F_{茎} > F_{果}$，多为显著性差异，表明草莓植株各部位对锌的吸收能力差异较大，$F_{根}$ 高达 1.397 6，说明根系具有一定的吸收能力，但富集作用不明显，平均富集系数仅 0.659 5；铅为 $F_{根} > F_{叶} > F_{茎} > F_{果}$，铬为 $F_{根} > F_{茎} > F_{叶} > F_{果}$，汞为 $F_{叶} > F_{茎} > F_{根} > F_{果}$，砷为 $F_{根} > F_{叶} > F_{茎} > F_{果}$，镍为 $F_{根} > F_{茎} > F_{叶} > F_{果}$，铜为 $F_{根} > F_{叶} > F_{果} > F_{茎}$，多为显著性差异，但富集系数均不足 1.00，表明草莓植株各部位对相应重金属吸收能力差异较大，但均无富集作用。

7.5.4　不同重金属富集系数比较分析

草莓植株对不同重金属富集能力差异较大，就总体情况来看，平均富集系数大小顺序为 Cd > Zn > Cu > Hg > Cr > Ni > As > Pb。就平均富集系数而言，Cd 为 3.453 1，Zn 为 0.659 5，Cr、Pb、Ni、Hg、As、Cu 的均小于 0.5，表明草莓植株对重金属 Cd 有一定的富集能力，Zn 吸收能力也较强，但不具有富集能力，而对重金属 Cr、Pb、Ni、Hg、As、Cu 的吸收能力较弱,不具有富集能力。

7.5.5　不同重金属富集能力差异性分析

富集系数聚类结果显示,在阈值为 5 时可将 8 个重金属元素划分为 2 类:第 1 类是 Cd,富集能力很强,第 2 类是 Zn、Cr、Pb、Ni、Hg、As、Cu,无富集作用,但吸收能力大小为 Zn > Cu > Hg > Cr > Ni > As > Pb。

第 8 章　重金属在土壤—草莓系统中迁移能力及迁移特征

本章主要通过描述统计的方法,以河南省种植区草莓为研究对象,运用迁移系数分析草莓重金属由根部向地上部位的转移能力及迁移特征,评价不同重金属在园地土壤—草莓体系不同部位间的迁移能力,指出阻碍草莓吸收转运重金属的主要场所,以期为草莓对重金属御性机制研究提供科学数据,为重金属背景值偏高的地区安全生产草莓保驾护航。

8.1　试验方法

本部分严格按照前述章节介绍的植株样品的采集、制备、测试方法进行。

8.1.1　样品采集

试验在 2017~2019 年进行,共采集草莓根、茎、叶、果实样品各 104 个,每个采样点草莓根、茎、叶、果实样品分别与园地土壤样品一一对应,在草莓成熟上市前统一采集。采样区域及样品数量见表 8-1。

表 8-1　采样区域及样品数量　　(单位:个)

采样区域	根	茎	叶	果实
总体	104	104	104	104
Q 市	19	19	19	19
L 市	21	21	21	21
A 市	30	30	30	30
C 市	10	10	10	10
S 市	14	14	14	14
N 市	10	10	10	10

8.1.2　室内检测

植株样品共设参数 8 个,包括 Cd、Hg、As、Pb、Cr、Cu、Zn、Ni 重金属元素;土壤样品共设参数 8 个,包括 Cd、Hg、As、Pb、Cr、Cu、Zn、Ni 重金属元素。室内检测及质控严格按前述要求进行,检测参数及检测依据见表 8-2。

表 8-2 检测参数及检测依据

样品种类	序号	参数	检测方法	检测依据
土壤	1	镉	石墨炉原子吸收分光光度法	GB/T 17141—1997
	2	汞	原子荧光法	GB/T 22105.1—2008
	3	砷	原子荧光法	GB/T 22105.2—2008
	4	铅	石墨炉原子吸收分光光度法	GB/T 17141—1997
	5	铬	火焰原子吸收分光光度法	HJ 491—2019
	6	铜	火焰原子吸收分光光度法	HJ 491—2019
	7	锌	火焰原子吸收分光光度法	HJ 491—2019
	8	镍	火焰原子吸收分光光度法	HJ 491—2019
根、茎、叶、果实	1	镉	石墨炉原子吸收分光光度法	GB/T 5009.15—2014
	2	汞	原子荧光法	GB/T 5009.17—2014
	3	砷	原子荧光法	GB/T 5009.11—2014
	4	铅	石墨炉原子吸收分光光度法	GB/T 5009.12—2017
	5	铬	石墨炉原子吸收分光光度法	GB/T 5009.123—2014
	6	铜	火焰原子吸收分光光度法	GB/T 5009.13—2017
	7	锌	火焰原子吸收分光光度法	GB/T 5009.14—2003
	8	镍	石墨炉原子吸收分光光度法	GB/T 5009.138—2017

8.1.3 重金属迁移系数计算

迁移系数(Translocation Factors，简称 FT)是指植株后一部位中重金属含量与前一部位中重金属含量的比值(包括根系到茎、茎到叶、茎到果实等)。本书运用迁移系数(F_{T})评价草莓重金属由根部向地上部位转移能力大小，转运系数大于 1，说明草莓中重金属主要分布在地上部位，转运系数小于 1，说明草莓中重金属主要分布在根部。用迁移系数 F_{T1}、F_{T2}、F_{T3}分别表示重金属在根-茎、茎-叶、茎-果间的迁移能力，用累计富集系数 β 表示草莓果实中重金属相对于土壤的富集系数，计算公式分别为

$$F_{\mathrm{T1}} = C_{茎}/C_{根} \tag{8-1}$$

$$F_{\mathrm{T2}} = C_{叶}/C_{茎} \tag{8-2}$$

$$F_{\mathrm{T3}} = C_{果}/C_{茎} \tag{8-3}$$

$$F_{\mathrm{BC根}} = C_{根}/C_{土} \tag{8-4}$$

$$\beta = F_{\mathrm{BC根}} \times F_{\mathrm{T1}} \times F_{\mathrm{T3}} \tag{8-5}$$

式中 $C_{根}$——根部重金属 Pb、Cd、Cr、Hg、As、Ni、Cu、Zn 含量，mg/kg；

$C_{茎}$——茎部重金属 Pb、Cd、Cr、Hg、As、Ni、Cu、Zn 含量，mg/kg；

$C_{叶}$——叶部重金属 Pb、Cd、Cr、Hg、As、Ni、Cu、Zn 含量，mg/kg；

$C_{果}$——果实重金属 Pb、Cd、Cr、Hg、As、Ni、Cu、Zn 含量，mg/kg；

$C_土$——土壤重金属 Pb、Cd、Cr、Hg、As、Ni、Cu、Zn 含量，mg/kg。

8.1.4　数据统计分析方法

应用 Excel 2013 和 SPSS 21.0 软件进行试验数据的统计分析，采用 Excel 2013 进行图形绘制，所有数据采用显著性 F 测验和 Duncan 多重比较法（$p<0.05$）进行差异性分析。

8.2　土壤—草莓系统中重金属迁移能力分析

迁移系数可以反映根系吸收的重金属向茎、叶、果实的迁移情况，在重金属的吸收总量相同时，迁移系数越小，其根系吸收的重金属迁移到地上部叶片中的量越少；迁移系数越大，说明根部吸收的重金属迁移到地上部叶片中的量越多。

8.2.1　铅迁移能力

草莓植株中铅迁移系数比较见表 8-3。可以看出，就全省区域来说，草莓根迁移系数 $F_{BC根}$ 为 0.007 9～0.107 8，平均 0.053 9；根-茎间迁移系数 F_{T1} 为 0.047 8～1.073 7，平均 0. 261 8；茎-叶间迁移系数 F_{T2} 为 0.460 4～4.527 3，平均 1.830 7；茎-果间迁移系数 F_{T3} 为 0.001 7～1.635 1，平均 0.117 5；草莓累计富集系数 β 为 0.000 1～0.093 3，平均 0.008 5。表明重金属 Pb 在园地土壤—草莓体系中不同部位间迁移能力不同。

表 8-3　草莓植株中铅迁移系数比较

区域		$F_{BC根}$	$F_{T1}=C_茎/C_根$	$F_{T2}=C_叶/C_茎$	$F_{T3}=C_果/C_茎$	$\beta=F_{BC根}\times F_{T1}\times F_{T3}$
总体	最小值	0.007 9	0.047 8	0.460 4	0.001 7	0.000 1
	最大值	0.107 8	1.073 7	4.527 3	1.635 1	0.093 3
	平均值	0.053 9	0.261 8	1.830 7	0.117 5	0.008 5
	标准偏差	0.021 8	0.171 9	0.846 8	0.229 8	0.015 9
Q 市	最小值	0.010 8	0.104 8	0.602 6	0.002 2	0.000 2
	最大值	0.079 7	0.979 7	3.201 3	0.314 8	0.008 8
	平均值	0.039 6	0.349 2	1.577 2	0.069 6	0.003 8
	标准偏差	0.017 1	0.243 4	0.647 0	0.075 7	0.002 6
L 市	最小值	0.020 1	0.104 5	0.460 4	0.001 7	0.000 2
	最大值	0.099 4	0.458 0	4.204 0	0.418 7	0.031 8
	平均值	0.052 1	0.257 4	1.727 2	0.076 5	0.005 9
	标准偏差	0.019 4	0.082 5	0.972 7	0.103 8	0.008 1
A 市	最小值	0.007 9	0.047 8	0.572 7	0.002 5	0.000 1
	最大值	0.107 8	1.073 7	4.527 3	0.781 3	0.084 5
	平均值	0.052 6	0.275 4	1.921 7	0.180 1	0.015 3
	标准偏差	0.024 9	0.206 8	0.996 7	0.207 0	0.019 3

续表 8-3

区域		$F_{BC根}$	$F_{T1}=C_{茎}/C_{根}$	$F_{T2}=C_{叶}/C_{茎}$	$F_{T3}=C_{果}/C_{茎}$	$\beta=F_{BC根}\times F_{T1}\times F_{T3}$
C 市	最小值	0.039 5	0.089 6	1.142 1	0.007 1	0.000 8
	最大值	0.092 7	0.326 4	3.482 4	0.177 3	0.014 9
	平均值	0.067 4	0.222 0	2.149 5	0.034 9	0.003 1
	标准偏差	0.017 9	0.079 0	0.779 3	0.050 9	0.004 3
S 市	最小值	0.032 9	0.055 3	1.261 0	0.002 3	0.000 2
	最大值	0.102 9	0.529 1	2.664 5	0.054 2	0.001 8
	平均值	0.066 0	0.197 3	1.877 2	0.011 9	0.000 6
	标准偏差	0.020 9	0.131 6	0.454 9	0.014 9	0.000 5
N 市	最小值	0.038 9	0.106 5	0.824 8	0.004 3	0.000 3
	最大值	0.080 3	0.356 2	3.973 7	1.635 1	0.093 3
	平均值	0.058 0	0.194 3	1.873 1	0.337 1	0.019 1
	标准偏差	0.012 5	0.073 3	0.923 7	0.572 3	0.032 1

另外，由铅迁移特征（见图 8-1）可以看出，园地土壤—草莓体系中 Pb 迁移系数大小顺序为 $F_{T2}>F_{T1}>F_{T3}>F_{BC根}>\beta$，且迁移系数间差异均达到显著水平，各区域 Pb 迁移系数也表现出类似的规律。由此可知，重金属 Pb 在草莓茎-叶间的传输比较通畅，而在土-根、根-茎、茎-果间的传输则表现出明显的阻碍作用，阻止草莓对土壤中 Pb 吸收的主要场所是土-根界面、根-茎界面和茎-果界面。这与庞荣丽等对 Pb 在园地土壤—葡萄体系中迁移能力研究结果基本一致。

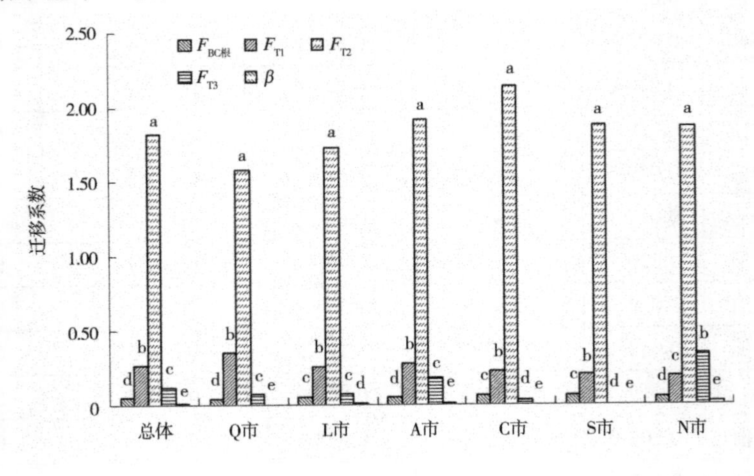

图 8-1　铅迁移特征

8.2.2　镉迁移能力

草莓植株中镉迁移系数比较见表8-4。可以看出,就全省区域来说,草莓根富集系数 $F_{BC根}$ 为0.650 9~42.720 3,平均8.976 9;根-茎间迁移系数 F_{T1} 为0.027 0~1.535 0,平均0.239 3;茎-叶间迁移系数 F_{T2} 为0.010 4~6.687 5,平均0.754 1;茎-果间迁移系数 F_{T3} 为0.003 1~0.272 7,平均0.043 9;草莓累计富集系数 β 为0.017 6~3.186 4,平均0.483 7。表明重金属Cd在园地土壤—草莓体系中不同部位间迁移能力不同。

表8-4　草莓植株中镉迁移系数比较

区域		$F_{BC根}$	$F_{T1}=C_{茎}/C_{根}$	$F_{T2}=C_{叶}/C_{茎}$	$F_{T3}=C_{果}/C_{茎}$	$\beta=F_{BC根}\times F_{T1}\times F_{T3}$
总体	最小值	0.650 9	0.027 0	0.010 4	0.003 1	0.017 6
	最大值	42.720 3	1.535 0	6.687 5	0.272 7	3.186 4
	平均值	8.976 9	0.239 3	0.754 1	0.043 9	0.483 7
	标准偏差	9.534 5	0.233 9	0.930 7	0.043 6	0.699 3
Q市	最小值	0.970 9	0.041 0	0.058 8	0.003 1	0.041 9
	最大值	42.720 3	1.535 0	6.687 5	0.117 6	3.186 4
	平均值	13.644 6	0.351 6	0.671 5	0.050 4	0.765 1
	标准偏差	12.323 0	0.329 3	1.470 0	0.040 9	0.743 3
L市	最小值	5.823 1	0.113 6	0.186 0	0.010 1	0.256 4
	最大值	31.622 6	0.675 9	0.604 0	0.079 2	2.918 0
	平均值	16.540 2	0.379 2	0.323 7	0.029 0	1.033 3
	标准偏差	8.569 4	0.158 2	0.102 9	0.017 4	0.782 2
A市	最小值	0.650 9	0.043 5	0.010 4	0.008 9	0.024 3
	最大值	20.629 9	1.391 3	5.153 8	0.235 3	1.921 3
	平均值	3.495 5	0.197 8	0.886 8	0.063 2	0.185 9
	标准偏差	4.233 4	0.245 3	1.125 7	0.049 8	0.341 7
C市	最小值	1.243 6	0.098 5	0.682 9	0.012 5	0.017 6
	最大值	4.104 7	0.163 5	1.838 2	0.029 8	0.080 4
	平均值	2.435 2	0.127 8	1.276 7	0.022 0	0.043 9
	标准偏差	0.908 0	0.020 9	0.394 2	0.006 0	0.017 3
S市	最小值	3.422 1	0.032 8	0.460 9	0.006 8	0.019 5
	最大值	38.059 7	0.494 1	0.966 3	0.272 7	3.049 8
	平均值	11.235 1	0.162 4	0.718 4	0.041 1	0.535 5
	标准偏差	10.233 6	0.138 9	0.187 4	0.067 3	0.897 9
N市	最小值	1.889 5	0.027 0	0.397 7	0.012 3	0.023 7
	最大值	6.572 6	0.110 4	2.208 0	0.087 1	0.163 8
	平均值	4.049 4	0.075 6	0.944 0	0.030 9	0.056 1
	标准偏差	1.245 5	0.027 6	0.653 6	0.023 6	0.042 7

另外,由镉迁移特征(见图 8-2)可以看出,园地土壤—草莓体系中 Cd 迁移系数大小顺序为 $F_{BC根}>F_{T2}>\beta>F_{T1}>F_{T3}$,且迁移系数间差异均达到显著水平,各区域 Cd 迁移系数也表现出类似的规律。由此可知,重金属 Cd 在草莓根中表现为明显的富集作用,Cd 被根系吸收后,在茎-叶间的传输比较通畅,而在根-茎、茎-果间的传输则表现出一定的阻碍作用,阻止草莓对土壤中 Cd 吸收的主要场所是根-茎界面和茎-果界面。

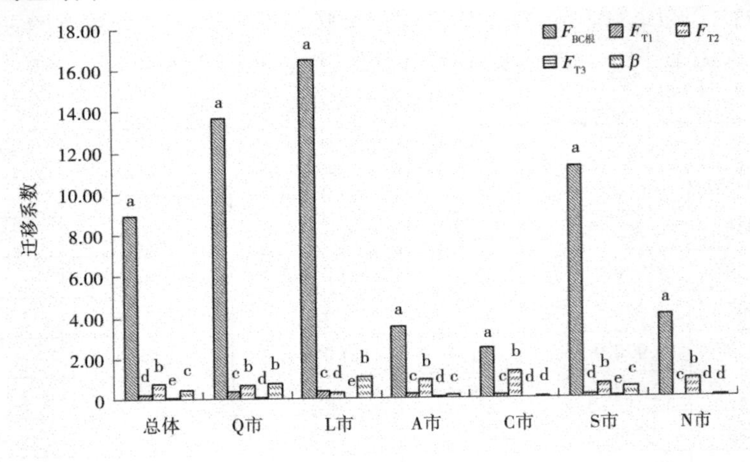

图 8-2 镉迁移特征

8.2.3 铬迁移能力

草莓植株中铬迁移系数比较见表 8-5。可以看出,就全省区域来说,草莓根富集系数 $F_{BC根}$ 为 0.020 3~3.091 2,平均 0.470 3;根-茎间迁移系数 F_{T1} 为 0.073 2~26.064 8,平均 1.475 6;茎-叶间迁移系数 F_{T2} 为 0.015 8~8.593 0,平均 0.442 7;茎-果间迁移系数 F_{T3} 为 0.000 1~0.034 4,平均 0.004 0;草莓累计富集系数 β 为 0.000 1~0.065 6,平均 0.005 2。表明重金属 Cr 在园地土壤—草莓体系中不同部位间迁移能力存在差异。

表 8-5 草莓植株中铬迁移系数比较

区域		$F_{BC根}$	$F_{T1}=C_{茎}/C_{根}$	$F_{T2}=C_{叶}/C_{茎}$	$F_{T3}=C_{果}/C_{茎}$	$\beta=F_{BC根}\times F_{T1}\times F_{T3}$
总体	最小值	0.020 3	0.073 2	0.015 8	0.000 1	0.000 1
	最大值	3.091 2	26.064 8	8.593 0	0.034 4	0.065 6
	平均值	0.470 3	1.475 6	0.442 7	0.004 0	0.005 2
	标准偏差	0.578 9	2.973 0	0.892 4	0.005 4	0.009 1
Q 市	最小值	0.157 1	0.295 5	0.103 6	0.001 0	0.002 1
	最大值	0.888 1	1.827 8	1.335 5	0.013 2	0.019 6
	平均值	0.437 4	0.641 9	0.299 5	0.004 4	0.006 3
	标准偏差	0.174 8	0.334 8	0.267 2	0.003 7	0.004 2

续表 8-5

区域		$F_{BC根}$	$F_{T1}=C_{茎}/C_{根}$	$F_{T2}=C_{叶}/C_{茎}$	$F_{T3}=C_{果}/C_{茎}$	$\beta=F_{BC根}\times F_{T1}\times F_{T3}$
L 市	最小值	0.176 0	0.176 0	0.112 9	0.000 5	0.000 9
	最大值	1.169 8	1.209 7	1.047 1	0.034 4	0.065 6
	平均值	0.618 6	0.465 7	0.309 9	0.004 1	0.006 6
	标准偏差	0.268 0	0.262 2	0.214 3	0.007 3	0.013 8
A 市	最小值	0.020 3	0.073 2	0.019 4	0.000 0	0.000 1
	最大值	3.091 2	26.064 8	8.593 0	0.030 2	0.045 6
	平均值	0.830 8	1.734 7	0.764 5	0.004 7	0.006 8
	标准偏差	0.888 5	4.944 5	1.583 2	0.007 0	0.011 5
C 市	最小值	0.035 9	0.882 1	0.015 8	0.000 2	0.001 2
	最大值	0.192 1	11.648 4	0.922 7	0.007 5	0.009 1
	平均值	0.102 4	3.212 0	0.264 3	0.003 9	0.004 7
	标准偏差	0.045 6	3.185 4	0.282 4	0.002 5	0.002 8
S 市	最小值	0.036 8	0.576 7	0.071 1	0.000 1	0.000 3
	最大值	0.091 3	4.484 6	0.536 9	0.006 4	0.003 0
	平均值	0.065 7	2.194 2	0.210 3	0.002 3	0.001 7
	标准偏差	0.017 9	1.146 0	0.112 0	0.001 6	0.000 9
N 市	最小值	0.031 8	0.186 6	0.088 5	0.000 5	0.000 4
	最大值	0.163 4	4.410 8	1.315 8	0.012 6	0.002 3
	平均值	0.074 1	1.660 5	0.531 8	0.003 2	0.001 2
	标准偏差	0.044 3	1.301 7	0.370 6	0.003 6	0.000 6

另外，由铬迁移特征（见图 8-3）可以看出，园地土壤—草莓体系中 Cr 迁移系数大小顺序为 $F_{T1}>F_{BC根}>F_{T2}>\beta>F_{T3}$，$F_{T1}$显著高于其他，$F_{BC根}$和 F_{T2}显著高于β和 F_{T3}，$F_{BC根}$与 F_{T2}、β与 F_{T3}之间差异不显著，各区域 Cr 迁移系数也表现出类似的规律。由此可知，重金属 Cr 在草莓根中表现为富集作用不明显，Cr 被根系吸收后，在根-茎间的传输比较通畅，在茎-叶间存在一定的阻碍作用，而茎-果间阻碍作用极强，表明阻止草莓对土壤中 Cr 吸收的主要场所是茎-果界面和茎-叶界面。

8.2.4　汞迁移能力

草莓植株中汞迁移系数比较见表 8-6。可以看出，就全省区域来说，草莓根富集系数 $F_{BC根}$为 0.017 8～0.654 3，平均 0.176 2；根-茎间迁移系数 F_{T1}为 0.109 8～11.900 0，平均 1. 834 9；茎-叶间迁移系数 F_{T2}为 0.435 3～10.166 7，平均 1.728 3；茎-果间迁移系数 F_{T3}为 0.024 1～2.444 4，平均 0.090 7；草莓累计富集系数β为 0.015 5～0.366 3，平均 0.080 4。表

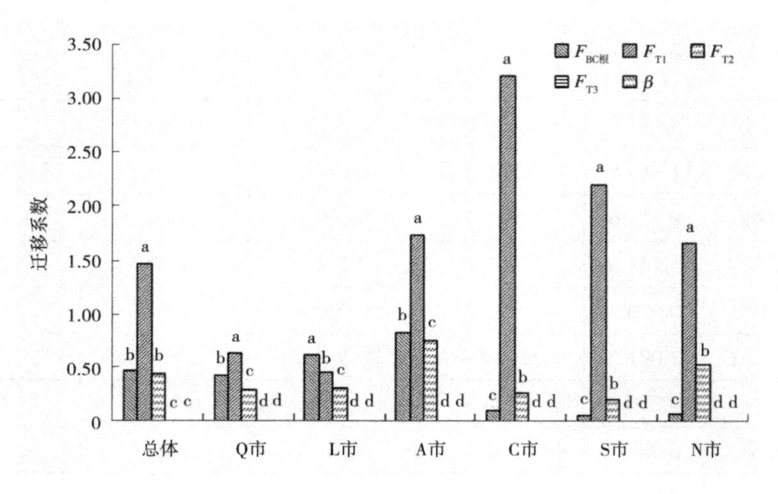

图 8-3　铬迁移特征

明重金属 Hg 在园地土壤—草莓体系中不同部位间迁移能力存在差异。

表 8-6　草莓植株中汞迁移系数比较

区域		$F_{BC根}$	$F_{T1}=C_{茎}/C_{根}$	$F_{T2}=C_{叶}/C_{茎}$	$F_{T3}=C_{果}/C_{茎}$	$\beta=F_{BC根}\times F_{T1}\times F_{T3}$
总体	最小值	0.017 8	0.109 8	0.435 3	0.024 1	0.015 5
	最大值	0.654 3	11.900 0	10.166 7	2.444 4	0.366 3
	平均值	0.176 2	1.834 9	1.728 3	0.090 7	0.080 4
	标准偏差	0.132 9	2.066 1	1.515 6	0.237 2	0.055 7
Q 市	最小值	0.051 5	0.617 5	0.469 6	0.038 8	0.015 9
	最大值	0.284 0	2.078 4	2.797 5	0.126 6	0.107 5
	平均值	0.146 1	1.154 3	1.353 9	0.068 8	0.067 8
	标准偏差	0.063 1	0.476 7	0.537 7	0.019 9	0.022 1
L 市	最小值	0.081 6	0.509 0	0.591 4	0.035 1	0.015 5
	最大值	0.371 8	1.617 9	2.596 0	0.208 3	0.128 0
	平均值	0.198 5	0.804 6	1.272 9	0.077 3	0.072 4
	标准偏差	0.069 5	0.284 9	0.515 5	0.042 6	0.027 9
A 市	最小值	0.019 4	0.330 4	0.435 3	0.027 8	0.040 5
	最大值	0.654 3	10.545 5	5.323 0	0.082 3	0.366 3
	平均值	0.265 0	1.857 9	1.695 6	0.057 0	0.106 2
	标准偏差	0.183 1	2.045 8	0.872 5	0.015 3	0.067 4
C 市	最小值	0.029 9	0.109 8	2.371 4	0.057 1	0.018 1
	最大值	0.166 7	2.000 0	10.166 7	2.444 4	0.298 1
	平均值	0.102 2	0.772 7	5.069 2	0.379 7	0.084 7
	标准偏差	0.041 5	0.558 6	2.822 8	0.730 1	0.079 7

续表 8-6

区域		$F_{BC根}$	$F_{T1}=C_{茎}/C_{根}$	$F_{T2}=C_{叶}/C_{茎}$	$F_{T3}=C_{果}/C_{茎}$	$\beta=F_{BC根}\times F_{T1}\times F_{T3}$
S市	最小值	0.017 8	0.786 5	0.743 2	0.029 4	0.024 4
	最大值	0.221 4	6.777 8	1.802 8	0.080 6	0.082 9
	平均值	0.098 3	2.619 4	1.143 4	0.050 9	0.055 1
	标准偏差	0.069 4	1.746 7	0.325 0	0.015 3	0.017 8
N市	最小值	0.019 7	1.886 4	0.460 0	0.024 1	0.021 3
	最大值	0.430 2	11.900 0	2.042 4	0.033 9	0.310 1
	平均值	0.102 9	5.186 6	0.971 8	0.028 4	0.074 7
	标准偏差	0.125 6	3.444 4	0.439 1	0.003 2	0.087 0

另外，由汞迁移特征(见图8-4)可以看出，园地土壤—草莓体系中Hg迁移系数大小顺序为$F_{T1}>F_{T2}>F_{BC根}>F_{T3}>\beta$，除$F_{T3}$与$\beta$、$F_{T1}$差异不显著外，其他部位迁移系数间差异均达到显著水平，各区域Hg迁移系数也表现出类似的规律。由此可知，重金属Hg在草莓根中表现为富集作用不明显，Hg被根系吸收后，在根-茎间及茎-叶间的传输比较通畅，在茎-果间存在一定的阻碍作用，表明阻止草莓对土壤中Hg吸收的主要场所是根-土界面和茎-果界面。

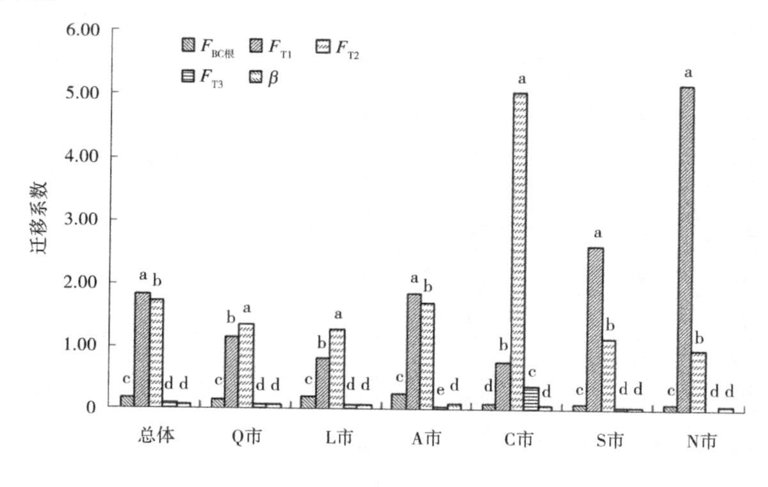

图 8-4　汞迁移特征

8.2.5　砷迁移能力

草莓植株中砷迁移系数比较见表8-7。可以看出，就全省区域来说，草莓根富集系数$F_{BC根}$为0.005 6~1.324 9，平均0.124 1；根-茎间迁移系数F_{T1}为0.057 0~2.208 0，平均0.484 3；茎-叶间迁移系数F_{T2}为0.183 1~3.650 0，平均1.236 6；茎-果间迁移系数F_{T3}为0.002 3~0.170 8，平均0.040 8；草莓累计富集系数β为0.000 8~0.023 7，平均0.006 5。表明重金属As在园地土壤—草莓体系中不同部位间迁移能力存在差异。

表 8-7　草莓植株中砷迁移系数比较

区域		$F_{BC根}$	$F_{T1}=C_{茎}/C_{根}$	$F_{T2}=C_{叶}/C_{茎}$	$F_{T3}=C_{果}/C_{茎}$	$\beta=F_{BC根}\times F_{T1}\times F_{T3}$
总体	最小值	0.005 6	0.057 0	0.183 1	0.002 3	0.000 8
	最大值	1.324 9	2.208 0	3.650 0	0.170 8	0.023 7
	平均值	0.124 1	0.484 3	1.236 6	0.040 8	0.006 5
	标准偏差	0.155 8	0.453 9	0.667 5	0.028 0	0.003 6
Q 市	最小值	0.005 6	0.124 3	0.183 1	0.014 5	0.002 8
	最大值	0.081 9	2.208 0	3.083 3	0.149 4	0.008 2
	平均值	0.032 7	0.764 9	0.947 3	0.053 2	0.004 6
	标准偏差	0.023 1	0.644 1	0.744 9	0.029 7	0.001 4
L 市	最小值	0.013 1	0.137 3	0.307 7	0.009 4	0.001 7
	最大值	0.123 7	2.185 2	3.650 0	0.116 3	0.014 1
	平均值	0.036 0	0.709 8	1.022 5	0.048 6	0.005 8
	标准偏差	0.024 2	0.504 8	0.810 1	0.026 4	0.003 4
A 市	最小值	0.023 5	0.057 0	0.382 7	0.005 7	0.002 8
	最大值	1.324 9	1.485 2	3.169 5	0.170 8	0.016 3
	平均值	0.152 6	0.442 1	1.335 0	0.035 1	0.006 4
	标准偏差	0.233 1	0.338 9	0.604 4	0.033 2	0.003 1
C 市	最小值	0.103 9	0.087 5	0.807 9	0.015 8	0.003 1
	最大值	0.332 5	0.373 6	2.644 7	0.077 7	0.013 3
	平均值	0.178 2	0.199 8	1.422 5	0.039 0	0.007 3
	标准偏差	0.081 8	0.093 2	0.489 4	0.020 5	0.003 0
S 市	最小值	0.058 9	0.084 3	0.748 1	0.002 3	0.000 8
	最大值	0.451 3	0.609 9	2.535 1	0.091 5	0.015 3
	平均值	0.181 8	0.265 3	1.372 5	0.034 0	0.007 5
	标准偏差	0.108 1	0.143 3	0.493 0	0.023 3	0.003 7
N 市	最小值	0.100 0	0.104 6	0.831 1	0.014 0	0.003 3
	最大值	0.412 2	0.354 5	2.540 5	0.041 4	0.023 7
	平均值	0.262 7	0.195 4	1.564 3	0.029 4	0.009 5
	标准偏差	0.093 1	0.071 7	0.511 6	0.010 8	0.005 7

另外，由砷迁移特征（见图 8-5）可以看出，园地土壤—草莓体系中 As 迁移系数大小顺序为 $F_{T2}>F_{T1}>F_{BC根}>F_{T3}>\beta$，不同部位间迁移系数差异均达到显著水平，各区域 As 迁移系数也表现出类似的规律。由此可知，重金属 As 在草莓根中表现为富集作用不明显，As 被根系吸收后，在茎-叶间的传输比较通畅，根-茎间存在一定的阻碍作用，在茎-果间阻

碍作用比较明显，表明阻止草莓对土壤中 As 吸收的主要场所是根-土界面和茎-果界面。

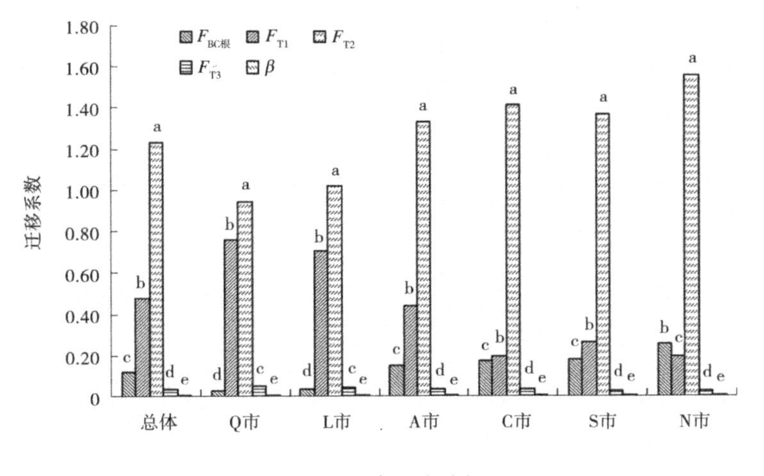

图 8-5　砷迁移特征

8.2.6　镍迁移能力

草莓植株中镍迁移系数比较见表 8-8。可以看出，就全省区域来说，草莓根富集系数 $F_{BC根}$为 0.071 0～1.125 4，平均 0.324 5；根-茎间迁移系数 F_{T1}为 0.110 2～1.969 9，平均 0.805 3；茎-叶间迁移系数 F_{T2}为 0.084 5～1.447 3，平均 0.306 4；茎-果间迁移系数 F_{T3}为 0.001 8～0.105 1，平均 0.020 5；草莓累计富集系数 β 为 0.000 6～0.167 2，平均 0.034 7。表明重金属 Ni 在园地土壤—草莓体系中不同部位间迁移能力均不强，但存在一定差异。

表 8-8　草莓植株中镍迁移系数比较

区域		$F_{BC根}$	$F_{T1}=C_{茎}/C_{根}$	$F_{T2}=C_{叶}/C_{茎}$	$F_{T3}=C_{果}/C_{茎}$	$\beta=F_{BC根}\times F_{T1}\times F_{T3}$
总体	最小值	0.071 0	0.110 2	0.084 5	0.001 8	0.000 6
	最大值	1.125 4	1.969 9	1.447 3	0.105 1	0.167 2
	平均值	0.324 5	0.805 3	0.306 4	0.020 5	0.034 7
	标准偏差	0.224 0	0.440 4	0.212 5	0.017 0	0.034 5
Q 市	最小值	0.194 9	0.501 1	0.091 0	0.006 4	0.021 6
	最大值	0.866 3	1.969 9	0.826 7	0.105 1	0.167 2
	平均值	0.461 0	1.046 8	0.360 3	0.025 2	0.067 7
	标准偏差	0.177 8	0.454 6	0.193 8	0.020 6	0.039 3
L 市	最小值	0.140 5	0.273 5	0.125 6	0.018 2	0.029 6
	最大值	1.125 4	1.898 8	1.447 3	0.052 9	0.127 4
	平均值	0.400 3	0.919 2	0.458 3	0.031 0	0.061 3
	标准偏差	0.235 9	0.470 2	0.273 6	0.009 7	0.027 2

续表 8-8

区域		$F_{BC根}$	$F_{T1}=C_{茎}/C_{根}$	$F_{T2}=C_{叶}/C_{茎}$	$F_{T3}=C_{果}/C_{茎}$	$\beta=F_{BC根}\times F_{T1}\times F_{T3}$
A 市	最小值	0.071 9	0.272 7	0.084 5	0.003 9	0.002 4
	最大值	0.902 4	1.751 5	1.213 0	0.078 7	0.095 6
	平均值	0.352 1	0.850 0	0.280 2	0.019 6	0.026 7
	标准偏差	0.246 9	0.474 5	0.218 6	0.018 4	0.021 9
C 市	最小值	0.107 6	0.110 2	0.136 6	0.001 8	0.000 6
	最大值	0.447 4	0.853 8	0.364 1	0.014 8	0.007 1
	平均值	0.181 5	0.425 5	0.242 5	0.010 4	0.004 5
	标准偏差	0.099 8	0.207 8	0.083 8	0.003 8	0.002 0
S 市	最小值	0.073 5	0.288 0	0.108 7	0.004 4	0.001 7
	最大值	0.583 7	0.899 4	0.334 0	0.078 3	0.051 9
	平均值	0.234 0	0.567 0	0.211 6	0.013 2	0.010 0
	标准偏差	0.145 1	0.191 1	0.076 8	0.019 0	0.012 8
N 市	最小值	0.071 0	0.366 4	0.097 4	0.002 3	0.001 0
	最大值	0.136 2	1.215 4	0.198 9	0.028 1	0.011 4
	平均值	0.093 2	0.687 1	0.159 9	0.012 9	0.005 1
	标准偏差	0.025 7	0.262 7	0.033 4	0.008 2	0.003 4

另外,由镍迁移特征(见图 8-6)可以看出,园地土壤—草莓体系中 Ni 迁移系数大小顺序为 $F_{T1}>F_{BC根}>F_{T2}>\beta>F_{T3}$,除了 $F_{BC根}$ 与 F_{T2} 之间差异不显著,其他部位间迁移系数差异均达到显著水平,各区域 Ni 迁移系数也表现出类似的规律。由此可知,重金属 Ni 在草莓根中吸收能力较弱,基本没有富集作用,Ni 被根系吸收后,在根-茎间的传输相对比较通畅,茎-叶间存在一定的阻碍作用,在茎-果间阻碍作用比较明显,表明阻止草莓对土壤中 Ni 吸收的主要场所是根-土界面、茎-叶界面及茎-果界面。

8.2.7　铜迁移能力

铜是植物生长的必需元素,草莓植株中铜迁移系数比较见表 8-9。可以看出,就全省区域来说,草莓根富集系数 $F_{BC根}$ 为 0.283 0~1.890 8,平均 0.836 7;根-茎间迁移系数 F_{T1} 为 0.105 4~0.761 9,平均 0.299 2;茎-叶间迁移系数 F_{T2} 为 0.862 1~9.503 4,平均 1.678 1;茎-果间迁移系数 F_{T3} 为 0.009 3~2.563 5,平均 0.188 0;草莓累计富集系数 β 为 0.016 6~4.602 3,平均 0.332 5。表明重金属 Cu 在园地土壤—草莓体系中迁移能力较强,但不同部位间存在一定差异。

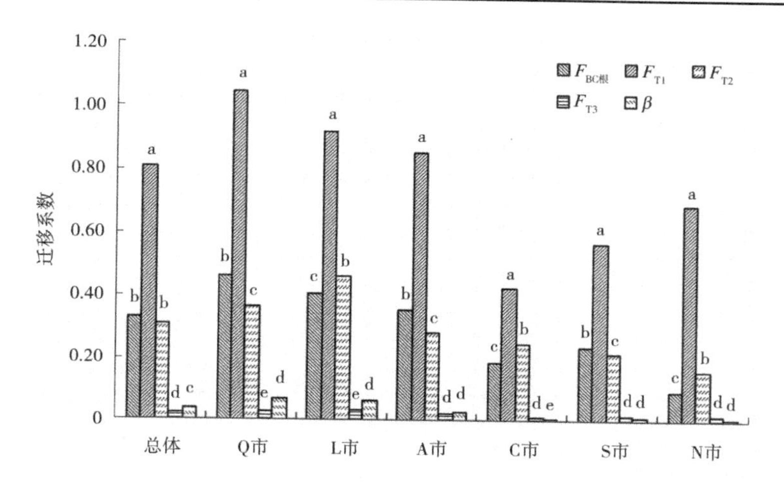

图 8-6　镍迁移特征

表 8-9　草莓植株中铜迁移系数比较

区域		$F_{BC根}$	$F_{T1}=C_{茎}/C_{根}$	$F_{T2}=C_{叶}/C_{茎}$	$F_{T3}=C_{果}/C_{茎}$	$\beta=F_{BC根}\times F_{T1}\times F_{T3}$
总体	最小值	0.283 0	0.105 4	0.862 1	0.009 3	0.016 6
	最大值	1.890 8	0.761 9	9.503 4	2.563 5	4.602 3
	平均值	0.836 7	0.299 2	1.678 1	0.188 0	0.332 5
	标准偏差	0.313 7	0.102 7	1.042 8	0.361 5	0.705 8
Q 市	最小值	0.283 0	0.162 0	0.984 8	0.034 0	0.041 9
	最大值	1.148 6	0.761 9	2.823 2	0.138 2	0.195 9
	平均值	0.641 0	0.368 5	1.453 0	0.085 5	0.121 9
	标准偏差	0.209 2	0.132 3	0.430 1	0.031 3	0.046 8
L 市	最小值	0.514 6	0.137 9	0.918 4	0.021 6	0.035 9
	最大值	1.208 4	0.486 8	2.489 3	0.365 1	0.756 1
	平均值	0.861 9	0.296 0	1.535 8	0.073 1	0.122 1
	标准偏差	0.178 8	0.089 2	0.526 8	0.073 6	0.151 0
A 市	最小值	0.508 4	0.105 4	0.984 6	0.009 3	0.016 6
	最大值	1.890 8	0.588 3	9.503 4	1.492 1	3.359 7
	平均值	1.020 6	0.279 1	2.168 6	0.319 8	0.601 8
	标准偏差	0.408 8	0.112 8	1.747 1	0.395 5	0.810 5
C 市	最小值	0.503 6	0.183 0	1.157 7	0.026 0	0.030 3
	最大值	0.882 4	0.374 2	2.034 4	0.079 8	0.096 1
	平均值	0.685 0	0.269 4	1.636 1	0.056 7	0.066 8
	标准偏差	0.124 9	0.051 5	0.239 0	0.021 2	0.023 3

续表 8-9

区域		$F_{BC根}$	$F_{T1}=C_{茎}/C_{根}$	$F_{T2}=C_{叶}/C_{茎}$	$F_{T3}=C_{果}/C_{茎}$	$\beta=F_{BC根}\times F_{T1}\times F_{T3}$
S市	最小值	0.542 9	0.179 9	0.862 1	0.030 8	0.037 7
	最大值	1.228 6	0.389 3	2.024 8	0.095 5	0.221 0
	平均值	0.736 7	0.292 7	1.329 8	0.069 8	0.099 2
	标准偏差	0.199 9	0.070 6	0.359 4	0.021 0	0.047 5
N市	最小值	0.457 3	0.198 1	0.955 5	0.043 1	0.058 6
	最大值	1.500 0	0.365 5	2.431 0	2.563 5	4.602 3
	平均值	0.896 0	0.273 4	1.462 7	0.525 6	0.958 8
	标准偏差	0.339 9	0.061 8	0.424 1	0.835 5	1.577 5

另外，由铜迁移特征（见图 8-7）可以看出，园地土壤—草莓体系中 Cu 迁移系数大小顺序为 $F_{T2}>F_{BC根}>\beta>F_{T1}>F_{T3}$，不同部位间迁移系数差异均达到显著水平，各区域 Cu 迁移系数也表现出类似的规律。由此可知，重金属 Cu 在草莓根中吸收能力较强，但富集作用不明显，Cu 一旦被根系吸收后，在茎-叶间的传输相对比较通畅，根-茎、茎-果间存在一定的阻碍作用，表明阻止草莓对土壤中 Cu 吸收的主要场所是根-茎界面及茎-果界面。

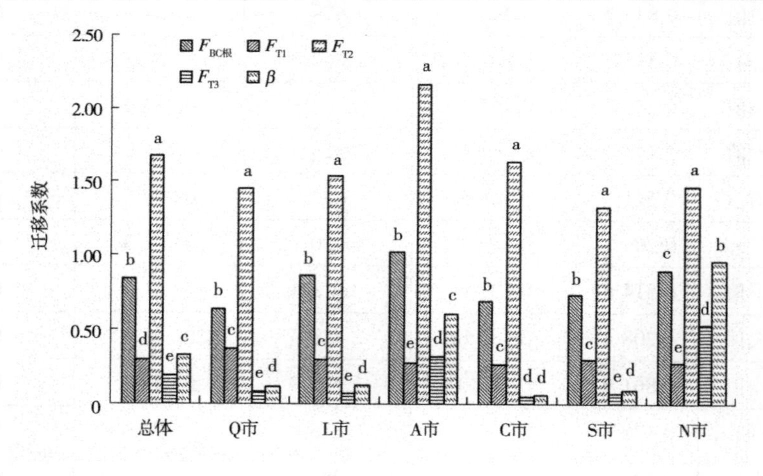

图 8-7 铜迁移特征

8.2.8 锌迁移能力

Zn 是植物生长的必须元素，草莓植株中锌迁移系数比较见表 8-10。可以看出，就全省区域来说，草莓根富集系数 $F_{BC根}$ 为 0.210 1～4.866 7，平均 1.397 6；根-茎间迁移系数 F_{T1} 为 0.137 0～1.528 0，平均 0.474 7；茎-叶间迁移系数 F_{T2} 为 0.390 2～4.122 8，平均 1.306 2；茎-果间迁移系数 F_{T3} 为 0.005 3～0.131 0，平均 0.042 9；草莓累计富集系数 β 为 0.006 8～0.336 9，平均 0.131 1。表明重金属 Zn 在园地土壤—草莓体系中迁移能力较强，但不同部位间存在一定差异。

表 8-10　草莓植株中锌迁移系数比较

区域		$F_{BC根}$	$F_{T1}=C_{茎}/C_{根}$	$F_{T2}=C_{叶}/C_{茎}$	$F_{T3}=C_{果}/C_{茎}$	$\beta=F_{BC根}\times F_{T1}\times F_{T3}$
总体	最小值	0.210 1	0.137 0	0.390 2	0.005 3	0.006 8
	最大值	4.866 7	1.528 0	4.122 8	0.131 0	0.336 9
	平均值	1.397 6	0.474 7	1.306 2	0.042 9	0.131 1
	标准偏差	1.004 2	0.275 4	0.705 3	0.019 4	0.052 3
Q 市	最小值	0.235 2	0.215 8	0.827 5	0.019 2	0.061 5
	最大值	1.518 4	1.260 5	3.553 1	0.131 0	0.188 7
	平均值	0.996 3	0.468 5	1.578 6	0.054 4	0.127 2
	标准偏差	0.373 9	0.260 8	0.623 9	0.026 9	0.032 3
L 市	最小值	0.424 7	0.220 8	0.925 9	0.025 7	0.085 6
	最大值	2.865 7	0.762 7	2.841 3	0.096 9	0.175 2
	平均值	1.258 3	0.376 5	1.581 7	0.048 2	0.127 6
	标准偏差	0.483 0	0.153 2	0.469 6	0.019 2	0.024 3
A 市	最小值	0.210 1	0.200 6	0.459 1	0.005 3	0.006 8
	最大值	4.343 9	1.372 7	4.122 8	0.084 8	0.309 7
	平均值	1.414 4	0.481 5	1.516 3	0.039 4	0.120 2
	标准偏差	1.160 0	0.307 0	0.884 0	0.017 6	0.068 6
C 市	最小值	0.506 9	0.137 0	0.570 9	0.021 7	0.085 4
	最大值	2.621 1	1.528 0	2.176 5	0.069 6	0.169 3
	平均值	1.042 9	0.633 0	1.057 8	0.042 5	0.141 5
	标准偏差	0.594 8	0.356 2	0.500 8	0.014 6	0.027 2
S 市	最小值	0.455 8	0.166 2	0.460 8	0.017 1	0.076 8
	最大值	4.866 7	1.002 8	1.056 9	0.051 7	0.235 2
	平均值	2.417 1	0.397 9	0.713 2	0.032 2	0.136 1
	标准偏差	1.450 8	0.264 0	0.173 6	0.008 8	0.040 6
N 市	最小值	0.578 7	0.183 6	0.390 2	0.023 7	0.067 3
	最大值	3.212 5	1.093 8	1.111 7	0.061 6	0.336 9
	平均值	1.329 9	0.621 6	0.659 0	0.036 2	0.161 1
	标准偏差	0.929 7	0.255 1	0.225 6	0.011 0	0.089 8

另外,由锌迁移特征(见图 8-8)可以看出,园地土壤—草莓体系中 Zn 迁移系数大小顺序为 $F_{BC根}>F_{T2}>F_{T1}>\beta>F_{T3}$,不同部位间迁移系数差异均达到显著水平,各区域 Zn 迁移系数也表现出类似的规律。由此可知,重金属 Zn 在草莓根中吸收能力较强,具有一定富集作用,Zn 被根系吸收后,在茎-叶间的传输相对非常通畅,根-茎间存在一定的阻碍作用,茎-果间阻碍作用明显,表明阻止草莓对土壤中 Zn 吸收的主要场所是根-茎界面及茎-果界面。

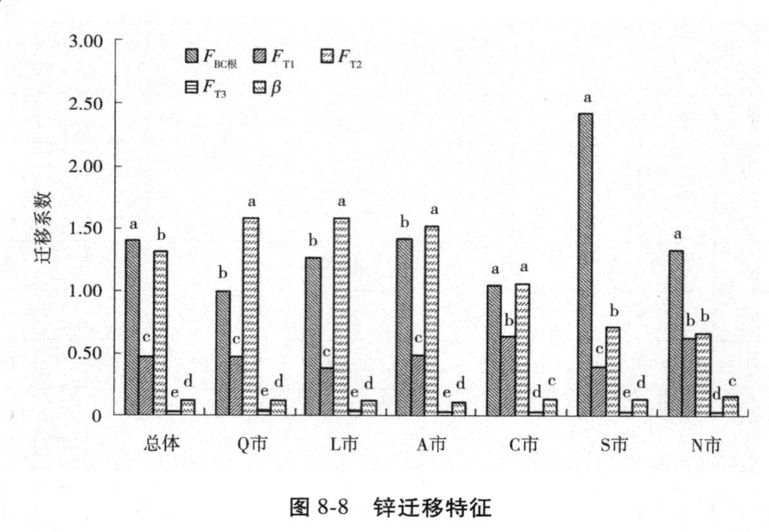

图 8-8 锌迁移特征

8.3 土壤—草莓系统中重金属迁移特征

8.3.1 在土根之间的迁移特征

重金属在草莓土-根间迁移系数见表 8-11。可以看出,不同区域 Pb 根系迁移系数为 0.039 6~0.067 4,总体平均值 0.053 9;Cd 根系迁移系数为 2.435 2~13.644 6,总体平均值 8.976 9;Cr 根系迁移系数为 0.065 7~0.830 8,总体平均值 0.470 3;Hg 根系迁移系数为 0.098 3~0.265 0,总体平均值 0.176 2;As 根系迁移系数为 0.032 7~0.262 7,总体平均值 0.124 1;Ni 根系迁移系数为 0.093 2~0.461 0,总体平均值 0.324 5;Cu 根系迁移系数为 0.641 0~1.020 6,总体平均值 0.836 7;Zn 根系迁移系数为 0.996 3~2.417 1,总体平均值 1.397 6。重金属在草莓土-根间迁移能力总体来说大小顺序为 Cd>Zn>Cu>Cr>Ni>Hg>As>Pb,其中 Cd 最强,其次为 Zn、Cu,而 Cr、Ni、Hg、As、Pb 迁移能力相对较弱,根系迁移系数平均值均小于 0.500 0,尤其是 Pb 迁移系数平均值不足 0.100 0。由图 8-9 可以看出,除 Hg 与 As 在草莓土-根间迁移能力差异不显著外,其他重金属在草莓土-根间迁移能力均达显著性差异,可见不同重金属在草莓土-根之间迁移能力差异较大。

表 8-11　重金属在草莓土-根间迁移系数

区域	Pb	Cd	Cr	Hg	As	Ni	Cu	Zn
总体	0.053 9	8.976 9	0.470 3	0.176 2	0.124 1	0.324 5	0.836 7	1.397 6
Q市	0.039 6	13.644 6	0.437 4	0.146 1	0.032 7	0.461 0	0.641 0	0.996 3
L市	0.052 1	16.540 2	0.618 6	0.198 5	0.036 0	0.400 3	0.861 9	1.258 3
A市	0.052 6	3.495 5	0.830 8	0.265 0	0.152 6	0.352 1	1.020 6	1.414 4
C市	0.067 4	2.435 2	0.102 4	0.102 2	0.178 2	0.181 5	0.685 0	1.042 9
S市	0.066 0	11.235 1	0.065 7	0.098 3	0.181 8	0.234 0	0.736 7	2.417 1
N市	0.058 0	4.049 4	0.074 1	0.102 9	0.262 7	0.093 2	0.896 0	1.329 9

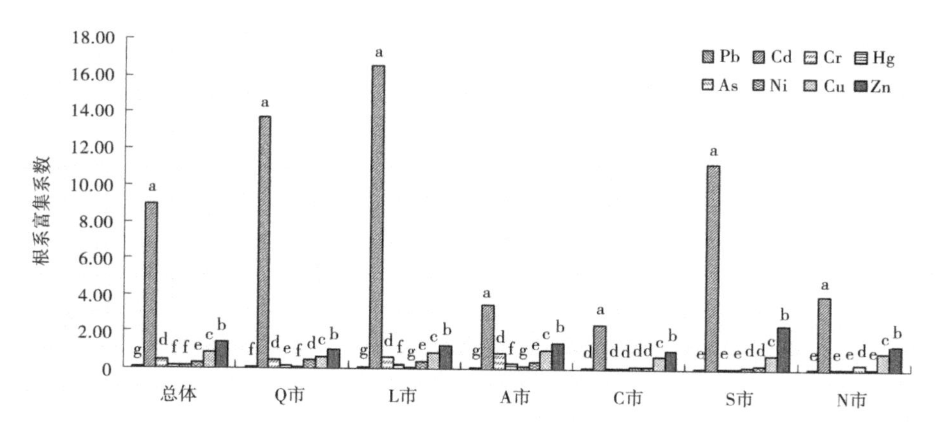

图 8-9　草莓土-根之间重金属迁移特征

8.3.2　在根茎之间的迁移特征

重金属在草莓根-茎间迁移系数见表 8-12。可以看出,不同区域 Pb 根-茎间迁移系数为 0.194 3~0.349 2,总体平均值 0.261 8;Cd 根-茎间迁移系数为 0.075 6~0.379 2,总体平均值 0.239 3;Cr 根-茎间迁移系数为 0.465 7~3.212 0,总体平均值 1.475 6;Hg 根-茎间迁移系数为 0.772 7~5.186 6,总体平均值 1.834 9;As 根-茎间迁移系数为 0.195 4~0.764 9,总体平均值 0.484 3;Ni 根-茎间迁移系数为 0.425 5~1.046 8,总体平均值 0.805 3;Cu 根-茎间迁移系数为 0.269 4~0.368 5,总体平均值 0.299 2;Zn 根-茎间迁移系数为 0.376 5~0.633 0,总体平均值 0.474 7。草莓中重金属在根-茎间迁移能力总体来说大小顺序为 Hg>Cr>Ni>As>Zn>Cu>Pb>Cd,其中 Hg 最强,其次为 Cr,再次为 Ni,而 As、Zn、Cu、Pb、Cd 迁移能力相对较弱,根-茎间迁移系数平均值均小于 0.500 0。由图 8-10 可以看出,除了 Pb 与 Cd、Zn 与 As 在草莓根-茎间迁移能力差异不显著,其他重金属在草莓根-茎间迁移能力均达显著性差异,可见不同重金属在草莓根-茎间迁移能力差异较大。

表 8-12　重金属在草莓根-茎间迁移系数

区域	Pb	Cd	Cr	Hg	As	Ni	Cu	Zn
总体	0.261 8	0.239 3	1.475 6	1.834 9	0.484 3	0.805 3	0.299 2	0.474 7
Q 市	0.349 2	0.351 6	0.641 9	1.154 3	0.764 9	1.046 8	0.368 5	0.468 5
L 市	0.257 4	0.379 2	0.465 7	0.804 6	0.709 8	0.919 2	0.296 0	0.376 5
A 市	0.275 4	0.197 8	1.734 7	1.857 9	0.442 1	0.850 0	0.279 1	0.481 5
C 市	0.222 0	0.127 8	3.212 0	0.772 7	0.199 8	0.425 5	0.269 4	0.633 0
S 市	0.197 3	0.162 4	2.194 2	2.619 4	0.265 3	0.567 0	0.292 7	0.397 9
N 市	0.194 3	0.075 6	1.660 5	5.186 6	0.195 4	0.687 1	0.273 4	0.621 6

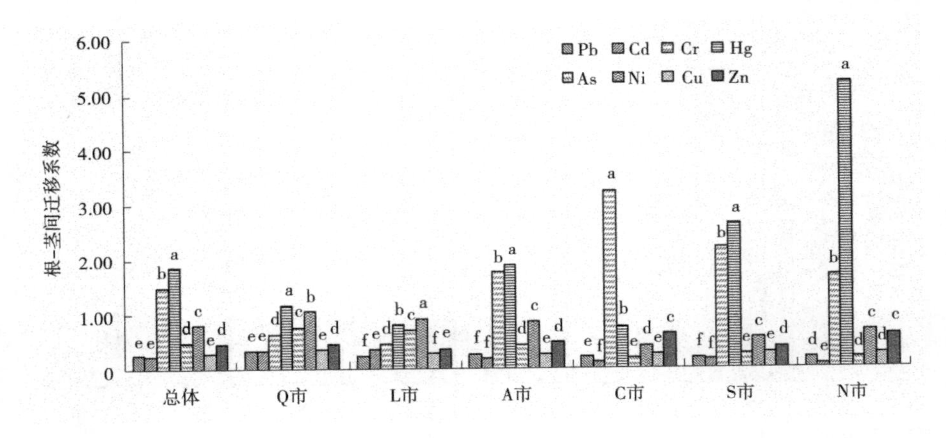

图 8-10　草莓根-茎间重金属迁移特征

8.3.3　在茎叶之间的迁移特征

重金属在草莓茎-叶间迁移系数见表 8-13。可以看出，不同区域 Pb 茎-叶间迁移系数为 1.577 2~2.149 5，总体平均值 1.830 7；Cd 茎-叶间迁移系数为 0.323 7~1.276 7，总体平均值 0.754 1；Cr 茎-叶间迁移系数为 0.210 3~0.764 5，总体平均值 0.442 7；Hg 茎-叶间迁移系数为 0.971 8~5.069 2，总体平均值 1.728 3；As 茎-叶间迁移系数为 0.947 3~1.564 3，总体平均值 1.236 6；Ni 茎-叶间迁移系数为 0.159 9~0.458 3，总体平均值 0.306 4；Cu 茎-叶间迁移系数为 1.329 8~2.168 6，总体平均值 1.678 1；Zn 茎-叶间迁移系数为 0.659 0~1.581 7，总体平均值 1.306 2。草莓中重金属在茎-叶间迁移能力总体来说大小顺序为 Pb>Hg>Cu>Zn>As>Cd>Cr>Ni，其中 Pb、Hg、Cu 最强，其迁移系数在 1.500 0 以上，其次为 Zn、As，其迁移系数大于 1.000 0，再次为 Cd，而 Ni、Cr 迁移能力相对较弱，茎-叶间迁移系数平均值均小于 0.500 0。由图 8-11 可以看出，除了 Hg 与 Cu、Zn 与 As 及 Cr 与 Ni 在草莓茎-叶间迁移能力差异不显著，其他重金属在草莓茎-叶间迁移能力均达显著性差异，可见不同重金属在草莓茎-叶间迁移能力差异较大。

表 8-13　重金属在草莓茎-叶间迁移系数

区域	Pb	Cd	Cr	Hg	As	Ni	Cu	Zn
总体	1.830 7	0.754 1	0.442 7	1.728 3	1.236 6	0.306 4	1.678 1	1.306 2
Q 市	1.577 2	0.671 5	0.299 5	1.353 9	0.947 3	0.360 3	1.453 0	1.578 6
L 市	1.727 2	0.323 7	0.309 9	1.272 9	1.022 5	0.458 3	1.535 8	1.581 7
A 市	1.921 7	0.886 8	0.764 5	1.695 6	1.335 0	0.280 2	2.168 6	1.516 3
C 市	2.149 5	1.276 7	0.264 3	5.069 2	1.422 5	0.242 5	1.636 1	1.057 8
S 市	1.877 2	0.718 4	0.210 3	1.143 4	1.372 5	0.211 6	1.329 8	0.713 2
N 市	1.873 1	0.944 0	0.531 8	0.971 8	1.564 3	0.159 9	1.462 7	0.659 0

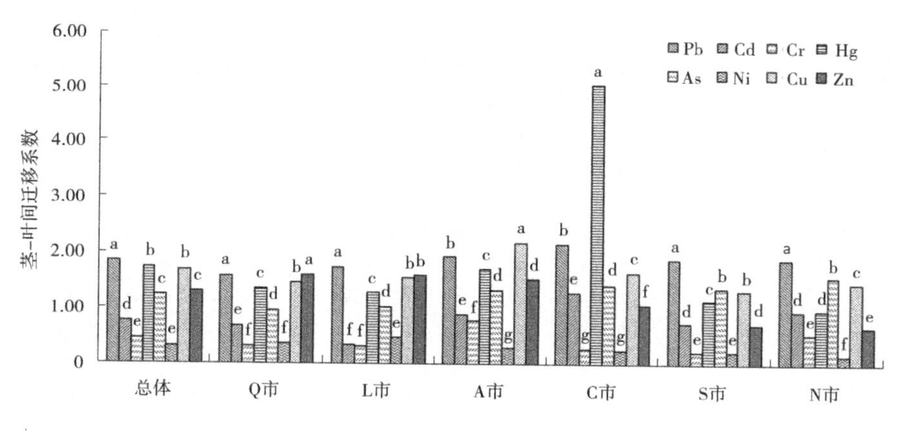

图 8-11　草莓茎-叶间重金属迁移特征

8.3.4　在茎果之间的迁移特征

重金属在草莓茎-果间迁移系数见表 8-14。可以看出，不同区域 Pb 茎-果间迁移系数为 0.011 9～0.337 1，总体平均值 0.117 5；Cd 茎-果间迁移系数为 0.022 0～0.063 2，总体平均值 0.043 9；Cr 茎-果间迁移系数为 0.002 3～0.004 7，总体平均值 0.004 0；Hg 茎-果间迁移系数为 0.028 4～0.379 7，总体平均值 0.090 7；As 茎-果间迁移系数为 0.029 4～0.053 2，总体平均值 0.040 8；Ni 茎-果间迁移系数为 0.010 4～0.031 0，总体平均值 0.020 5；Cu 茎-果间迁移系数为 0.056 7～0.525 6，总体平均值 0.188 0；Zn 茎-果间迁移系数为 0.032 2～0.054 4，总体平均值 0.042 9。草莓中重金属在茎-果间迁移能力总体来说大小顺序为 Cu>Pb>Hg>Cd>Zn>As>Ni>Cr，其中 Cu、Pb 相对较强，其余重金属元素迁移能力相对较弱，其迁移系数均不足 0.100 0。由图 8-12 可以看出，除了 Cd、As、Zn 在草莓茎-果间迁移能力差异不显著，其他重金属在草莓茎-果间迁移能力均达显著性差异，可见研究范围内重金属在草莓茎-果间迁移能力不强，但不同重金属间迁移能力差异较大。

表 8-14　重金属在草莓茎-果间迁移系数

区域	Pb	Cd	Cr	Hg	As	Ni	Cu	Zn
总体	0.117 5	0.043 9	0.004 0	0.090 7	0.040 8	0.020 5	0.188 0	0.042 9
Q 市	0.069 6	0.050 4	0.004 4	0.068 8	0.053 2	0.025 2	0.085 5	0.054 4
L 市	0.076 5	0.029 0	0.004 1	0.077 3	0.048 6	0.031 0	0.073 1	0.048 2
A 市	0.180 1	0.063 2	0.004 7	0.057 0	0.035 1	0.019 6	0.319 8	0.039 4
C 市	0.034 9	0.022 0	0.003 9	0.379 7	0.039 0	0.010 4	0.056 7	0.042 5
S 市	0.011 9	0.041 1	0.002 3	0.050 9	0.034 0	0.013 2	0.069 8	0.032 2
N 市	0.337 1	0.030 9	0.003 2	0.028 4	0.029 4	0.012 9	0.525 6	0.036 2

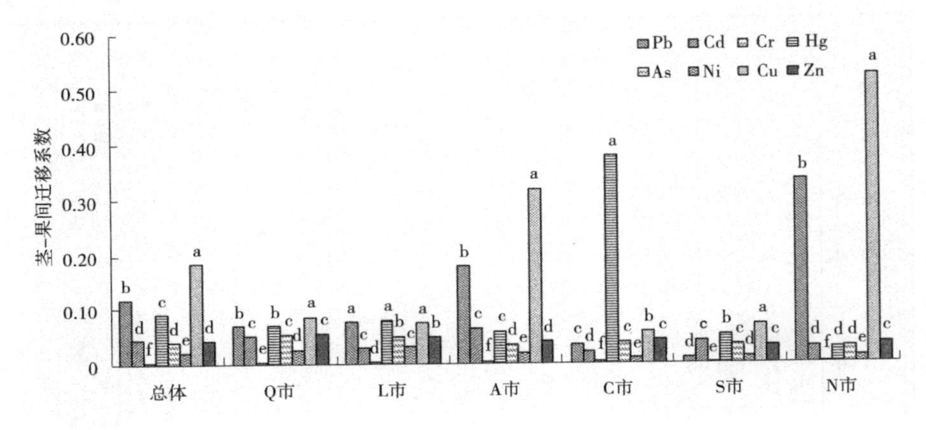

图 8-12　草莓茎-果间重金属迁移特征

8.3.5　在土果之间的迁移特征

草莓果实中重金属累计富集系数见表 8-15。可以看出,不同区域 Pb 在园地土壤与果实之间累计富集系数为 0.000 6~0.019 1,总体平均值 0.008 5;Cd 园地土壤与果实之间累计富集系数为 0.043 9~1.033 3,总体平均值 0.483 7;Cr 园地土壤与果实之间累计富集系数为 0.001 2~0.006 8,总体平均值 0. 005 2;Hg 园地土壤与果实之间累计富集系数为 0. 055 1~0.106 2,总体平均值 0.080 4;As 园地土壤与果实之间累计富集系数为 0.004 6~0.009 5,总体平均值 0.006 5;Ni 园地土壤与果实之间累计富集系数为 0.004 5~0.067 7,总体平均值 0.034 7;Cu 园地土壤与果实之间累计富集系数为 0.066 8~0.958 8,总体平均值 0.332 5;Zn 园地土壤与果实之间累计富集系数为 0.120 2~0.161 1,总体平均值 0.131 1。草莓中重金属在园地土壤与果实之间迁移能力总体来说大小顺序为 Cd>Cu>Zn>Hg>Ni>Pb>As>Cr,其中 Cd、Cu、Zn 迁移能力相对较强,但其累计富集系数也不足 0.500 0,其余重金属元素迁移能力相对较弱,其累计富集系数均不足 0.100 0。由图 8-13 可以看出,除了 Pb、Cr、As 在草莓园地土壤与果实之间迁移能力差异不显著,其他重金属迁移能力均达显著性差异,可见研究范围内重金属在草莓园地土壤与果实之间迁移能力不强,但不同重金属间迁移能力差异较大。

表 8-15　草莓果实中重金属累计富集系数

区域	Pb	Cd	Cr	Hg	As	Ni	Cu	Zn
总体	0.008 5	0.483 7	0.005 2	0.080 4	0.006 5	0.034 7	0.332 5	0.131 1
Q 市	0.003 8	0.765 1	0.006 3	0.067 8	0.004 6	0.067 7	0.121 9	0.127 2
L 市	0.005 9	1.033 3	0.006 6	0.072 4	0.005 8	0.061 3	0.122 1	0.127 6
A 市	0.015 3	0.185 9	0.006 8	0.106 2	0.006 4	0.026 7	0.601 8	0.120 2
C 市	0.003 1	0.043 9	0.004 7	0.084 7	0.007 3	0.004 5	0.066 8	0.141 5
S 市	0.000 6	0.535 5	0.001 7	0.055 1	0.007 5	0.010 0	0.099 2	0.136 1
N 市	0.019 1	0.056 1	0.001 2	0.074 7	0.009 5	0.005 1	0.958 8	0.161 1

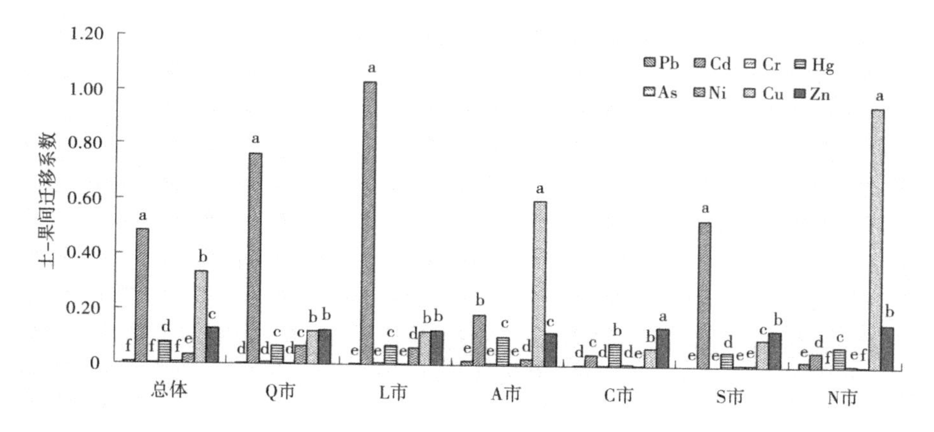

图 8-13　草莓土-果间重金属迁移特征

8.4　重金属迁移特征小结

8.4.1　土壤—草莓系统中重金属迁移能力

重金属在园地土壤—草莓体系不同部位间迁移能力不同，就迁移系数来说：Pb 为 $F_{T2}>F_{T1}>F_{T3}>F_{BC根}>\beta$，Pb 在茎-叶间传输比较通畅，在土-根、根-茎、茎-果间表现出明显的阻碍作用，表明阻止草莓对土壤中 Pb 吸收的主要场所是土-根界面、根-茎界面和茎-果界面；Cd 为 $F_{BC根}>F_{T2}>\beta>F_{T1}>F_{T3}$，Cd 在根中富集作用明显，在茎-叶间传输比较通畅，在根-茎、茎-果间则表现出一定的阻碍作用，表明阻止草莓对土壤中 Cd 吸收的主要场所是根-茎界面和茎-果界面；Cr 为 $F_{T1}>F_{BC根}>F_{T2}>\beta>F_{T3}$，Cr 在根中富集作用不明显，根-茎间传输比较通畅，在茎-叶间存在一定的阻碍作用，而茎-果间阻碍作用极强，表明阻止草莓对土壤中 Cr 吸收的主要场所是茎-果界面和茎-叶界面；Hg 为 $F_{T1}>F_{T2}>F_{BC根}>F_{T3}>\beta$，Hg 在根中富集作用不明显，根-茎及茎-叶间传输比较通畅，茎-果间存在一定的阻碍作用，表明阻止草莓对土壤中 Hg 吸收的主要场所是根-土界面和茎-果界面;As 为 $F_{T2}>F_{T1}>F_{BC根}>F_{T3}>\beta$,As 在根中富集作用不明显,茎-叶间传输比较通畅,根-茎间存在一定的阻碍作用,茎-果间阻碍作用比较明显,表明阻止草莓对土壤中 As 吸收的主要场所是根-土界面和茎-果界面;Ni 为 $F_{T1}>F_{BC根}>F_{T2}>\beta>F_{T3}$,Ni 在草莓根中吸收能力较弱,基本没有富集作用,根-茎间传输相对比较通畅,茎-叶间存在一定的阻碍作用,茎-果间阻碍作用比较明显,表明阻止草莓对土壤中 Ni 吸收的主要场所是根-土界面、茎-叶界面及茎-果界面;Cu 为 $F_{T2}>F_{BC根}>\beta>F_{T1}>F_{T3}$,Cu 在草莓根中吸收能力较强,但富集作用不明显,茎-叶间传输相对比较通畅,根-茎、茎-果间存在一定的阻碍作用,表明阻止草莓对土壤中 Cu 吸收的主要场所是根-茎界面及茎-果界面;Zn 为 $F_{BC根}>F_{T2}>F_{T1}>\beta>F_{T3}$,Zn 在草莓根中吸收能力较强,具有一定富集作用,茎-叶间的传输相对非常通畅,根-茎间存在一定的阻碍作用,茎-果间阻碍作用明显,表明阻止草莓对土壤中 Cu 吸收的主要场所是根-茎界面及茎-果界面。

8.4.2　土壤—草莓系统中重金属迁移特征

不同重金属在草莓土-根之间迁移能力差异较大,其大小顺序为 Cd>Zn>Cu>Cr>Ni>Hg>As>Pb,其中 Cd 最强,富集系数平均值为 8.976 9,其次为 Zn、Cu,富集系数平均值分别为 1.397 6 和 0.836 7,而 Ni、Hg、Cr、As、Pb 迁移能力相对较弱,根系富集系数平均值均小于 0.500 0,尤其是 Pb 富集系数平均值不足 0.100 0。不同重金属在草莓根-茎间迁移能力差异较大,其大小顺序为 Hg>Cr>Ni>As>Zn>Cu>Pb>Cd,其中 Hg 最强,其次为 Cr,再次为 Ni,而 Pb、Cd、As、Cu、Zn 迁移能力相对较弱,根-茎间迁移系数平均值均小于 0.500 0。不同重金属在草莓茎-叶间迁移能力差异较大,其大小顺序为 Pb>Hg>Cu>Zn>As>Cd>Cr>Ni,其中 Pb、Hg、Cu 最强,其迁移系数在 1.500 0 以上,其次为 Zn、As,其迁移系数大于 1.000 0,再次为 Cd,而 Ni、Cr 迁移能力相对较弱,茎-叶间迁移系数平均值均小于 0.500 0;不同重金属在茎-果间迁移能力差异较大,其大小顺序为 Cu>Pb>Hg>Cd>Zn>As>Ni>Cr,其中 Cu、Pb 相对较强,其余重金属元素迁移能力相对较弱,其迁移系数均不足 0.100 0。重金属在草莓园地土壤与果实之间迁移能力不强,但不同重金属间迁移能力差异较大。其大小顺序为 Cd>Cu>Zn>Hg>Ni>Pb>As>Cr,其中 Cd、Cu、Zn 迁移能力相对较强,但其累计富集系数也不足 0.500 0,其余重金属元素迁移能力相对较弱,其累计富集系数均不足 0.100 0。

第 9 章　土壤—草莓系统中重金属含量相关性分析

本章主要通过描述统计的方法，以河南省种植区草莓为研究对象，深入分析土壤理化性质与土壤—草莓系统中重金属的相关性。通过比较草莓园地土壤中 8 种重金属含量间的相关性，讨论土壤中重金属污染来源及其影响因素。通过对土壤 pH、有机质、重金属含量等理化性质与草莓植株系统中重金属含量、富集系数及迁移系数之间相关性的分析，探讨土壤 pH、有机质、重金属含量等理化性质对重金属生物可利用性及其在土壤—草莓系统中吸收、迁移转化的影响。

9.1　试验方法

本部分严格按照前述章节介绍的土壤、植株样品的采集、制备、测试方法进行。

9.1.1　样品采集

试验在 2017～2019 年进行，共采集草莓园地土壤、根、茎、叶、果实样品各 104 个，每个采样点草莓根、茎、叶、果实样品分别与园地土壤样品一一对应，在草莓成熟上市前统一采集。采样区域及样品数量见表 9-1。

表 9-1　采样区域及样品数量　（单位：个）

采样区域	土壤	根	茎	叶	果实
总体	104	104	104	104	104
Q 市	19	19	19	19	19
L 市	21	21	21	21	21
A 市	30	30	30	30	30
C 市	10	10	10	10	10
S 市	14	14	14	14	14
N 市	10	10	10	10	10

9.1.2　室内检测

共设检测参数 8 个，包括 Cd、Hg、As、Pb、Cr、Cu、Zn、Ni 重金属元素。室内检测及质控严格按前述要求进行，检测参数及检测依据见表 9-2。

表 9-2　检测参数及检测依据

样品种类	序号	参数	检测方法	检测依据
土壤	1	镉	石墨炉原子吸收分光光度法	GB/T 5009.15—2014
	2	汞	原子荧光法	GB/T 5009.17—2014
	3	砷	原子荧光法	GB/T 5009.11—2014
	4	铅	石墨炉原子吸收分光光度法	GB/T 5009.12—2017
	5	铬	石墨炉原子吸收分光光度法	GB/T 5009.123—2014
	6	铜	火焰原子吸收分光光度法	GB/T 5009.13—2017
	7	锌	火焰原子吸收分光光度法	GB/T 5009.14—2003
	8	镍	石墨炉原子吸收分光光度法	GB/T 5009.138—2017
根、茎、叶、果实	1	镉	石墨炉原子吸收分光光度法	GB/T 5009.15—2014
	2	汞	原子荧光法	GB/T 5009.17—2014
	3	砷	原子荧光法	GB/T 5009.11—2014
	4	铅	石墨炉原子吸收分光光度法	GB/T 5009.12—2017
	5	铬	石墨炉原子吸收分光光度法	GB/T 5009.123—2014
	6	铜	火焰原子吸收分光光度法	GB/T 5009.13—2017
	7	锌	火焰原子吸收分光光度法	GB/T 5009.14—2003
	8	镍	石墨炉原子吸收分光光度法	GB/T 5009.138—2017

9.1.3　相关分析概念

相关分析(correlation analysis)是研究现象之间是否存在某种依存关系,并对具体有依存关系的现象探讨其相关方向以及相关程度,是研究随机变量之间相关关系的一种统计方法。相关系数 r 是反映变量之间相关性关系密切程度的统计指标,当相关系数绝对值的值越来越大而向 1 靠拢时,表明两者的相关程度越来越密切;当相关系数绝对值的值越来越小而向 0 靠拢时,表明两者的相关程度越来越微弱。因此,可以通过计算相关系数,来判断任意两种重金属元素之间的相关性关系,通常情况下,$|r|<0.3$ 表示微弱相关,$0.3\leq|r|<0.5$ 表示低度相关,$0.5\leq|r|<0.8$ 表示显著相关,$0.8\leq|r|<1$ 表示高度相关。各采样点位之间重金属的相关性受相应的自然环境及人为因素的影响,其数值大小又表明各点位重金属之间分布的相似程度,在同一区域,土壤中的各种重金属存在不同的质量比,若重金属之间存在相关性,则有可能有相似的污染来源。

9.1.4　数据统计分析方法

应用 Excel 2013 和 SPSS 21.0 软件进行试验数据的统计分析,采用 Excel 2013 进行图形绘制。

9.2　土壤—草莓系统中8种重金属元素相关性

运用SPSS软件对草莓园地土壤中重金属元素含量进行相关性分析，8种重金属污染物含量间的Pearson相关系数矩阵见表9-3。Pearson双变量相关性分析结果显示，研究区域草莓园地土壤中8种重金属元素，除Hg与Ni、Cu、Zn含量之间呈负相关外，其余重金属含量之间均呈正相关；土壤中Cu与Zn之间极显著水平下呈高度正相关，相关系数r(Cu,Zn)高达0.841；另外Pb与Hg、Cr与Ni、Cr与Cu、Cr与Zn之间极显著水平下呈显著正相关，相关系数分别为r(Pb,Hg)= 0.535、r(Cr,Ni)= 0.548、r(Cr,Cu)= 0.702、r(Cr,Zn)= 0.553；Pb与Cr、Ni与Cu、Ni与Zn之间极显著水平下呈低度正相关，相关系数分别为r(Pb,Cr)= 0.469、r(Ni,Cu)= 0.413、r(Ni,Zn)= 0.400；其余重金属元素之间呈微弱正相关。由此可见，草莓园地土壤中Cu与Zn相关性程度最高，其次是Pb与Hg、Cr与Ni、Cr与Cu、Cr与Zn，表明研究区域内草莓园地土壤中Cu与Zn来源相似度非常高，可能主要来自土壤成土母质及农业生产过程中肥料等的施用。Pb与Hg以及Cr与Ni、Cu、Zn来源相似度也较高，其来源除受成土母质等的影响外，可能还受到大气污染或灌溉等的影响。

表9-3　土壤中重金属含量相关性

重金属	Pb	Cd	Cr	Hg	As	Ni	Cu	Zn
Pb	1							
Cd	0.245*	1						
Cr	0.469**	0.045	1					
Hg	0.535**	0.000	0.160	1				
As	0.245*	0.233*	0.162	0.123	1			
Ni	0.078	0.082	0.548**	−0.289**	0.003	1		
Cu	0.191	0.184	0.702**	−0.079	0.150	0.413**	1	
Zn	0.085	0.128	0.553**	−0.060	0.089	0.400**	0.841**	1

注：显著性（双侧），N= 104；符号“**”表示在0.01水平（双侧）上显著相关；符号“*”表示在0.05水平（双侧）上显著相关。下同。

9.3　土壤理化性质与土壤—草莓植株系统中重金属元素相关性

9.3.1　与土壤—草莓植株系统中Pb相关性

9.3.1.1　pH与土壤—草莓植株系统中Pb相关性

园地土壤pH与土壤—草莓植株系统中Pb Pearson双变量相关性分析结果见表9-4。

表 9-4 园地土壤 pH 与土壤—草莓植株系统中 Pb 相关性

含量		富集系数		迁移系数	
土壤	-0.544**	$F_{根}$	-0.037	$F_{根}$	-0.037
根	-0.387**	$F_{茎}$	0.185	$F_{T1}=C_{茎}/C_{根}$	0.127
茎	-0.149	$F_{叶}$	0.206*	$F_{T2}=C_{叶}/C_{茎}$	0.072
叶	-0.048	$F_{果}$	0.240*	$F_{T3}=C_{果}/C_{茎}$	0.224*
果实	0.162	$F_{平均}$	0.165	β	0.240*

由 pH 与土壤—草莓植株系统中 Pb 含量相关性可以看出，pH 除与草莓果实中 Pb 含量呈微弱正相关外，与土壤、根、茎、叶 Pb 含量均呈负相关关系，其相关系数分别为 r(pH，土壤 Pb) = -0.544、r(pH，根 Pb) = -0.387、r(pH，茎 Pb) = -0.149、r(pH，叶 Pb) = -0.048，表明 pH 与土壤—植株系统中 Pb 含量基本呈负相关关系，园地土壤 pH 越高，土壤—草莓植株系统中 Pb 含量相对越低，土壤中 Pb 越不易被草莓根系吸收转运。

由 pH 与土壤—草莓植株系统中 Pb 富集系数相关性可以看出，pH 除与草莓根系 Pb 迁移系数呈微弱负相关外，与茎、叶、果实 Pb 富集系数均呈微弱正相关关系。表明土壤 pH 与土壤—植株系统中 Pb 富集系数基本呈正相关关系，虽然土壤 pH 升高可能会在一定程度上抑制根系对土壤中 Pb 的吸收，但土壤中 Pb 一旦进入植株根系，pH 升高则可能促进植株茎、叶、果实对 Pb 的吸收积累，但其影响程度相对较弱。

由 pH 与土壤—草莓植株系统中 Pb 迁移系数相关性可以看出，pH 与草莓根-茎、茎-叶、茎-果间 Pb 迁移系数、果实 Pb 累计富集系数均呈正相关关系，但相关系数不高。表明土壤 pH 与土壤—草莓植株系统中 Pb 迁移系数呈微弱正相关关系，虽然 pH 与根中 Pb 迁移系数呈微弱负相关，在一定程度上土壤 pH 升高不利于根系对土壤中 Pb 的吸收，但土壤中铅一旦进入植株根系后，pH 升高则能促进 Pb 在植株根-茎、茎-叶、茎-果间的迁移转化，但其影响程度相对较弱。

9.3.1.2 有机质含量与土壤—草莓植株系统中 Pb 相关性

园地土壤有机质含量与土壤—草莓植株系统中 Pb Pearson 双变量相关性分析结果见表 9-5。

表 9-5 园地土壤有机质含量与土壤—草莓植株系统中 Pb 相关性

含量		富集系数		迁移系数	
土壤	0.451**	$F_{根}$	-0.105	$F_{根}$	-0.105
根	0.175	$F_{茎}$	-0.106	$F_{T1}=C_{茎}/C_{根}$	-0.004
茎	0.156	$F_{叶}$	-0.213*	$F_{T2}=C_{叶}/C_{茎}$	-0.178
叶	0.016	$F_{果}$	-0.398**	$F_{T3}=C_{果}/C_{茎}$	-0.367**
果实	-0.299**	$F_{平均}$	-0.304**	β	-0.398**

由有机质与土壤—草莓植株系统中 Pb 含量相关性可以看出，有机质除与果实中 Pb 含量呈微弱负相关外，与土壤、根、茎、叶中 Pb 含量均呈正相关关系，且与土壤中 Pb 含量在极显著水平下呈低度正相关，其相关系数为 r(有机质，土壤 Pb) = 0.451。表明土壤有机质含量在一定程度上影响着土壤—草莓植株系统中 Pb 含量，园地土壤有机质含量越高，土壤及草莓根、茎、叶中 Pb 含量相对越高，土壤中 Pb 可能越易被草莓根系吸收转运。

由有机质与土壤—草莓植株系统中 Pb 富集系数相关性可以看出，有机质含量与根、茎、叶、果实中 Pb 富集系数均呈负相关，且与果实 Pb 富集系数及草莓植株 Pb 平均富集系数均在极显著条件下呈低度负相关，其相关系数分别为 r(pH，$F_{果}$Pb) = −0.398、r(pH，$F_{平均}$Pb) = −0.304。表明园地土壤有机质含量与土壤—植株系统中 Pb 富集系数基本呈负相关关系，土壤有机质含量升高可能会在一定程度上不利于根系对土壤中 Pb 的吸收，且土壤中 Pb 进入植株根系后，高含量有机质仍可能抑制植株茎、叶、果实对 Pb 的吸收积累，且其影响程度相对较强。

由有机质与土壤—草莓植株系统中 Pb 迁移系数相关性可以看出，有机质含量与草莓根 Pb 迁移系数及根-茎、茎-叶、茎-果间 Pb 迁移系数、果实 Pb 累计富集系数均呈负相关，且与茎-果间 Pb 迁移系数、果实 Pb 累计富集系数均在极显著水平下呈低度负相关。表明土壤有机质含量升高不利于根系对土壤 Pb 的吸收，且在土壤中 Pb 进入植株根系后，高含量有机质也不利于土壤—植株系统中 Pb 的迁移转运，不利于果实中 Pb 的累积，且其影响程度相对较大。

9.3.1.3 土壤 Pb 含量与土壤—草莓植株系统中 Pb 相关性

园地土壤 Pb 含量与土壤—草莓植株系统中 Pb 双变量相关性分析结果见表 9-6。

表 9-6 园地土壤 Pb 含量与土壤—草莓植株系统中 Pb 双变量相关性分析结果

含量		富集系数		迁移系数	
根	0.500**	$F_{根}$	−0.257**	$F_{根}$	−0.257**
茎	0.513**	$F_{茎}$	−0.099	$F_{T1}=C_{茎}/C_{根}$	0.074
叶	0.472**	$F_{叶}$	−0.221*	$F_{T2}=C_{叶}/C_{茎}$	−0.230*
果实	−0.397**	$F_{果}$	−0.425**	$F_{T3}=C_{果}/C_{茎}$	−0.393**
—	—	$F_{平均}$	−0.404**	β	−0.425**

由土壤 Pb 含量与草莓植株系统中 Pb 含量相关性可以看出，土壤 Pb 除与果实中 Pb 含量极显著水平下呈低度负相关外，与根、茎、叶中 Pb 含量均在极显著水平下呈正相关关系，其相关系数分别为 r(土壤 Pb，根 Pb) = 0.500、r(土壤 Pb，茎 Pb) = 0.513、r(土壤 Pb，叶 Pb) = 0.472。园地土壤 Pb 含量越高，草莓植株根、茎、叶中 Pb 含量越高，表明土壤 Pb 含量高低在一定程度上影响着其在土壤—草莓体系中的吸收积累，且影响程度较大。值得注意的是，土壤 Pb 含量越高而果实中 Pb 含量却越低，表明其影响机制复杂，具体情况有待于进一步研究。

由土壤 Pb 含量与草莓植株系统中 Pb 富集系数相关性可以看出，土壤 Pb 与草莓根、茎、叶、果实中 Pb 富集系数均呈负相关，且与果实 Pb 富集系数、植株 Pb 平均富集系数均在极显著条件下呈低度负相关，其相关系数分别为 r(土壤 Pb，$F_{果}$Pb)= -0.425、r(土壤 Pb，$F_{平均}$Pb)= -0.404。表明土壤 Pb 含量越高，土壤—草莓植株系统中 Pb 富集系数越小，高含量土壤 Pb 可能会在一定程度上不利于根系对土壤中 Pb 的吸收，且土壤中 Pb 进入植株根系后，可能抑制植株茎、叶、果实对 Pb 的吸收积累，但其影响程度相对较强。

由土壤 Pb 含量与草莓植株系统中 Pb 迁移系数相关性可以看出，土壤 Pb 除与草莓根-茎间 Pb 迁移系数呈低度正相关外，与根 Pb 迁移系数及茎-叶、茎-果间 Pb 迁移系数和果实 Pb 累计富集系数均呈负相关，且与茎-果间 Pb 迁移系数、果实 Pb 累计富集系数均在极显著水平下呈低度负相关，其相关系数分别为 r(土壤 Pb，F_{T3}Pb)= -0.393、r(土壤 Pb，βPb)= -0.425。表明高含量的土壤 Pb 不利于根系的吸收，且在土壤 Pb 进入植株根系后，高含量的土壤 Pb 也不利于土壤—植株系统中 Pb 的迁移转运，尤其不利于茎-果间 Pb 的迁移，总体上说不利于果实中 Pb 的累积，且其影响程度相对较大。

9.3.2 与土壤—草莓植株系统中 Cd 相关性

9.3.2.1 pH 与土壤—草莓植株系统中 Cd 相关性

园地土壤 pH 与土壤—草莓植株系统中 Cd Pearson 双变量相关性分析结果见表 9-7。

表 9-7 园地土壤 pH 与土壤—草莓植株系统中 Cd 相关性

含量		富集系数		迁移系数	
土壤	-0.01	$F_{根}$	-0.728**	$F_{根}$	-0.728**
根	-0.645**	$F_{茎}$	-0.607**	$F_{T1}=C_{茎}/C_{根}$	-0.450**
茎	-0.528**	$F_{叶}$	-0.560**	$F_{T2}=C_{叶}/C_{茎}$	0.339**
叶	-0.534**	$F_{果}$	-0.654**	$F_{T3}=C_{果}/C_{茎}$	0.186
果实	-0.656**	$F_{平均}$	-0.713**	β	-0.654**

由 pH 与土壤—草莓植株系统中 Cd 含量相关性可以看出，除与土壤中 Cd 含量呈微弱负相关外，pH 与草莓根、茎、叶、果实中 Cd 含量均在极显著水平下呈显著负相关，其相关系数分别为 r(pH，根 Cd)= -0.645、r(pH，茎 Cd)= -0.528、r(pH，叶 Cd)= -0.534、r(pH，果实 Cd)= -0.656。表明土壤 pH 与土壤—草莓植株系统中 Cd 含量呈负相关关系，园地土壤 pH 越高，土壤—草莓植株系统中 Cd 含量相对越低，即土壤 pH 越高，土壤中 Cd 越不易被草莓根系吸收转运。

由 pH 与土壤—草莓植株系统中 Cd 富集系数相关性可以看出，pH 与草莓根、茎、叶、果实 Cd 富集系数均呈负相关关系，且均为极显著水平下呈显著负相关，其相关系数分别为 r(pH，$F_{根}$ Cd)= -0.728、r(pH，$F_{茎}$Cd)= -0.607、r(pH，$F_{叶}$Cd)= -0.560、r(pH，$F_{果}$Cd)= -0.654，pH 与根、茎、叶、果实中 Cd 平均富集系数的相关系数绝对值也高达 0.713。表明土壤 pH 与土壤—植株系统中 Cd 富集系数负相关程度极高，园地土壤 pH 越高，土壤中 Cd 越不易被草莓根系吸收转运，且其影响程度很大。

由pH与土壤—草莓植株系统中Cd迁移系数相关性可以看出,pH与草莓根中Cd迁移系数、果实Cd累计富集系数均在极显著水平下呈显著负相关,与根-茎间Cd迁移系数在极显著水平下呈低度负相关,与茎-叶间Cd迁移系数在极显著水平下呈低度正相关,与茎-果间Cd迁移系数呈微弱正相关。表明土壤pH升高不利于草莓根系对土壤Cd的吸收,土壤中Cd进入植株根系后,pH升高不利于Cd在根-茎间迁移转运,但有利于茎-叶间、茎-果间Cd的迁移转运,总体上pH升高不利于果实中Cd的累积。

9.3.2.2　有机质含量与土壤—草莓植株系统中Cd相关性

园地土壤有机质含量与土壤—草莓植株系统中Cd Pearson双变量相关性分析结果见表9-8。

表9-8　园地土壤有机质含量与土壤—草莓植株系统中Cd相关性

含量		富集系数		迁移系数	
土壤	0.285**	$F_{根}$	0.299**	$F_{根}$	0.299**
根	0.341**	$F_{茎}$	0.158	$F_{T1}=C_{茎}/C_{根}$	0.079
茎	0.173	$F_{叶}$	0.197*	$F_{T2}=C_{叶}/C_{茎}$	−0.190
叶	0.217*	$F_{果}$	0.209*	$F_{T3}=C_{果}/C_{茎}$	−0.225*
果实	0.234*	$F_{平均}$	0.256**	β	0.209*

由有机质与土壤—草莓植株系统中Cd含量相关性可以看出,有机质含量与土壤及草莓根、茎、叶、果实中Cd含量均呈正相关关系,且与根中Cd含量在极显著水平下呈低度正相关,其相关系数为r(有机质,根Cd)= 0.341。表明土壤有机质含量在一定程度上影响着土壤—草莓植株系统中Cd的吸收,园地土壤有机质含量越高,土壤及草莓根、茎、叶、果实中Cd含量相对越高。

由有机质与土壤—草莓植株系统中Cd富集系数相关性可以看出,有机质含量与根、茎、叶、果实Cd富集系数均呈微弱正相关关系,与草莓植株中Cd平均富集系数也呈微弱正相关关系。表明土壤有机质含量与土壤—植株系统中Cd富集系数正相关程度较低,土壤有机质含量升高可能会促进植株茎、叶、果实对Cd的吸收积累,但其影响程度相对较弱。

由有机质与土壤—草莓植株系统中Cd迁移系数相关性可以看出,有机质含量与草莓根Cd迁移系数、根-茎间Cd迁移系数、果实Cd累计富集系数均呈微弱正相关,与茎-叶、茎-果间Cd迁移系数呈低度负相关。表明土壤有机质含量升高有利于根系对土壤Cd的吸收,且在土壤中Cd进入植株根系后,有机质含量升高有利于根-茎间Cd的迁移转运,但不利于茎-叶、茎-果间Cd迁移转运,总体上有利于果实中Cd的累积,但其影响程度相对较弱。

9.3.2.3　土壤Cd含量与草莓植株系统中Cd相关性

园地土壤Cd含量与草莓植株系统中Cd Pearson双变量相关性分析结果见表9-9。

表 9-9　园地土壤 Cd 含量与土壤—草莓植株系统中 Cd 相关性

含量		富集系数		迁移系数	
根	0.053	$F_{根}$	-0.039	$F_{根}$	-0.039
茎	0.025	$F_{茎}$	0.011	$F_{T1}=C_{茎}/C_{根}$	0.042
叶	0.041	$F_{叶}$	-0.042	$F_{T2}=C_{叶}/C_{茎}$	-0.012
果实	0.01	$F_{果}$	-0.131	$F_{T3}=C_{果}/C_{茎}$	-0.096
—	—	$F_{平均}$	-0.029	β	-0.131

由土壤 Cd 含量与草莓植株中 Cd 含量相关性可以看出，土壤 Cd 与草莓根、茎、叶、果实中 Cd 含量均呈微弱正相关关系，但其相关系数很低，均不足 0.1。园地土壤 Cd 含量越高，草莓植株根、茎、叶、果实中 Cd 含量相对越高，表明土壤 Cd 含量高低在一定程度上影响着 Cd 在土壤—草莓体系中的吸收与迁移，但影响程度很弱。

由土壤 Cd 含量与草莓植株系统中 Cd 富集系数相关性可以看出，土壤 Cd 除与草莓茎富集系数呈微弱正相关外，与根、叶、果实富集系数及草莓植株平均富集系数均呈微弱负相关，且相关系数绝对值很低。表明土壤 Cd 含量越高，土壤—草莓植株系统中 Cd 富集系数越小，高的土壤 Cd 含量可能会在一定程度上不利于根系对土壤中 Cd 的吸收，且土壤中 Cd 进入植株根系后，也可能抑制植株叶片、果实对 Cd 的吸收积累，但其影响程度相对很弱。

由土壤 Cd 含量与草莓植株系统中 Cd 迁移系数相关性可以看出，土壤 Cd 除与草莓根-茎间 Cd 迁移系数呈低度正相关外，与草莓根 Cd 迁移系数及茎-叶、茎-果间 Cd 迁移系数和果实 Cd 累计富集系数均呈低度负相关。表明高的土壤 Cd 含量不利于根系对土壤 Cd 的吸收，且在土壤 Cd 进入植株根系后，高的土壤 Cd 含量也不利于草莓茎-叶、茎-果间 Cd 的迁移转运，总体上说不利于果实中 Cd 的累积，但其影响程度相对较弱。

9.3.3　与土壤—草莓植株系统中 Cr 相关性

9.3.3.1　pH 与土壤—草莓植株系统中 Cr 相关性

园地土壤 pH 与土壤—草莓植株系统中 Cr Pearson 双变量相关性分析结果见表 9-10。

表 9-10　园地土壤 pH 与土壤—草莓植株系统中 Cr 相关性

含量		富集系数		迁移系数	
土壤	-0.450**	$F_{根}$	0.029	$F_{根}$	0.029
根	-0.065	$F_{茎}$	-0.127	$F_{T1}=C_{茎}/C_{根}$	-0.118
茎	-0.228*	$F_{叶}$	-0.036	$F_{T2}=C_{叶}/C_{茎}$	0.123
叶	-0.213*	$F_{果}$	0.052	$F_{T3}=C_{果}/C_{茎}$	0.112
果实	-0.007	$F_{平均}$	-0.014	β	0.052

由 pH 与土壤—草莓植株系统中 Cr 含量相关性可以看出，除与土壤 Cr 含量呈低度负

相关[r(pH,土壤 Cr)= -0.450]外,pH 与草莓根、茎、叶、果实中 Cr 含量均呈微弱负相关。表明土壤 pH 与土壤—草莓植株系统中 Cr 含量呈负相关关系,园地土壤 pH 越高,土壤—草莓植株系统中 Cr 含量相对越低,土壤 pH 越高,土壤中 Cr 越不易被草莓根系吸收转运。

由 pH 与土壤—草莓植株系统中 Cr 富集系数相关性可以看出,pH 与草莓根、果实 Cr 富集系数呈正相关,与茎、叶 Cr 富集系数呈负相关,相关系数绝对值均低于 0.3,与根、茎、叶、果实中 Cr 平均富集系数也呈微弱的负相关。表明土壤 pH 与土壤—植株系统中 Cr 富集系数相关程度不高,园地土壤 pH 对土壤中 Cr 的吸收转运影响不大。

由 pH 与土壤—草莓植株系统中 Cr 迁移系数相关性可以看出,pH 除与草莓根-茎间 Cr 迁移系数呈微弱负相关外,与根中 Cr 迁移系数、茎-叶、茎-果间 Cr 迁移系数、果实 Cr 累计富集系数均呈微弱正相关。表明土壤 pH 与土壤—植株系统中 Cr 迁移系数总体呈微弱正相关关系,在一定程度上土壤 pH 升高不利于 Cr 在根-茎间迁移转运,但有利于茎-叶间、茎-果间 Cr 的迁移转运,总体上 pH 升高有利于果实中 Cr 的累积,但其影响程度相对较弱。

9.3.3.2　有机质含量与土壤—草莓植株系统中 Cr 相关性

园地土壤有机质含量与土壤—草莓植株系统中 Cr Pearson 双变量相关性分析结果见表 9-11。

表 9-11　园地土壤有机质含量与土壤—草莓植株系统中 Cr 相关性

含量		富集系数		迁移系数	
土壤	0.491**	$F_{根}$	-0.406**	$F_{根}$	-0.406**
根	-0.266**	$F_{茎}$	-0.072	$F_{T1}=C_{茎}/C_{根}$	0.053
茎	0.064	$F_{叶}$	-0.342**	$F_{T2}=C_{叶}/C_{茎}$	-0.211*
叶	-0.143	$F_{果}$	0.076	$F_{T3}=C_{果}/C_{茎}$	0.034
果实	0.205*	$F_{平均}$	-0.388**	β	0.076

由有机质与土壤—草莓植株系统中 Cr 含量相关性可以看出,有机质含量与土壤中 Cr 含量在极显著水平下呈低度正相关,其相关系数为 r(有机质,土壤 Cr)= 0.491,与草莓茎、果实中 Cr 含量呈微弱正相关,与根、叶中 Cr 含量呈微弱负相关。表明土壤有机质含量在一定程度上影响着土壤—草莓植株系统中 Cr 含量,园地土壤有机质含量越高,土壤、茎、果实中 Cr 含量相对越高,而根、叶中 Cr 含量相对越低。

由有机质与土壤—草莓植株系统中 Cr 富集系数相关性可以看出,有机质含量除与草莓果实 Cr 富集系数呈微弱正相关外,与根、茎、叶中 Cr 富集系数均在极显著条件下呈低度负相关,与植株 Cr 平均富集系数也在极显著条件下呈低度负相关。表明土壤有机质含量与土壤—植株系统中 Cr 富集系数基本呈负相关关系,土壤有机质含量升高可能会在一定程度上不利于根系对土壤中 Cr 的吸收,且土壤中 Cr 进入植株根系后,也可能抑制植株茎、叶对 Cr 的吸收积累,且其影响程度相对较大。

由有机质与土壤—草莓植株系统中 Cr 迁移系数相关性可以看出,有机质含量与草莓根 Cr 迁移系数极显著水平下呈低度负相关,与茎-叶间 Cr 迁移系数呈微弱负相关,与根-

茎、茎-果间 Cr 迁移系数及果实 Cr 累计富集系数均呈微弱正相关。表明土壤有机质含量升高不利于根系对土壤 Cr 的吸收,且在土壤 Cr 进入植株根系后,也不利于茎-叶间 Cr 的迁移转运,但有利于根-茎、茎-果间 Cr 的迁移转运,总体上有利于果实中 Cr 的累积,但其影响程度相对较弱。

9.3.3.3　土壤 Cr 含量与草莓植株系统中 Cr 相关性

园地土壤 Cr 含量与土壤—草莓植株系统中 Cr Pearson 双变量相关性分析结果见表 9-12。

表 9-12　园地土壤 Cr 含量与土壤—草莓植株系统中 Cr 相关性

含量		富集系数		迁移系数	
根	0.053	$F_{根}$	−0.389**	$F_{根}$	−0.389**
茎	0.025	$F_{茎}$	−0.034	$F_{T1}=C_{茎}/C_{根}$	0.221*
叶	0.041	$F_{叶}$	−0.479**	$F_{T2}=C_{叶}/C_{茎}$	−0.286**
果实	0.01	$F_{果}$	−0.270**	$F_{T3}=C_{果}/C_{茎}$	−0.280**
—	—	$F_{平均}$	−0.380**	β	−0.270**

由土壤 Cr 含量与草莓植株中 Cr 含量相关性可以看出,土壤 Cr 与草莓根、茎、叶、果实中 Cr 含量均呈微弱正相关。园地土壤 Cr 含量越高,草莓植株根、茎、叶中 Cr 含量越高,表明土壤 Cr 含量高低在一定程度上影响着 Cr 在土壤—草莓体系中的吸收与积累,但影响程度不大。值得注意的是,土壤 Cr 含量越高而果实中 Cr 含量却越低,表明影响机制复杂,具体情况有待于进一步研究。

由土壤 Cr 含量与草莓植株系统中 Cr 富集系数相关性可以看出,土壤 Cr 与草莓根、茎、叶、果实中 Cr 富集系数均呈负相关,且与根、叶中 Cr 富集系数、草莓植株 Cr 平均富集系数在极显著条件下呈低度负相关,其相关系数分别为 r(土壤 Cr,$F_{根}$Cr)= −0.389、r(土壤 Cr,$F_{叶}$Cr)= −0.479、r(土壤 Cr,$F_{平均}$Cr)= −0.380。表明土壤 Cr 含量越高,土壤—草莓植株系统中 Cr 富集系数越小,高的土壤 Cr 含量可能会在一定程度上不利于根系对土壤中 Cr 的吸收,且土壤中 Cr 进入植株根系后,也可能抑制植株茎、叶、果实对 Cr 的吸收积累,且其影响程度相对较强。

由土壤 Cr 含量与草莓植株系统中 Cr 迁移系数相关性可以看出,土壤 Cr 除与草莓根-茎间 Cr 迁移系数呈低度正相关外,与草莓根 Cr 迁移系数及茎-叶、茎-果间 Cr 迁移系数和果实 Cr 累计富集系数均呈负相关关系,且与根 Cr 富集系数在极显著水平下呈低度负相关。表明高的土壤 Cr 含量不利于草莓根系对土壤 Cr 的吸收,且在土壤 Cr 进入植株根系后,也不利于草莓茎-叶、茎-果间 Cr 的迁移转运,总体上说不利于果实中 Cr 的累积,但其影响程度相对较弱。

9.3.4　与土壤—草莓植株系统中 Hg 相关性

9.3.4.1　pH 与土壤—草莓植株系统中 Hg 相关性

园地土壤 pH 与土壤—草莓植株系统中 Hg Pearson 双变量相关性分析结果见

表 9-13。

表 9-13　园地土壤 pH 与土壤—草莓植株系统中 Hg 相关性

含量		富集系数		迁移系数	
土壤	−0.320**	$F_{根}$	0.050	$F_{根}$	0.050
根	−0.285**	$F_{茎}$	0.171	$F_{T1}=C_{茎}/C_{根}$	0.131
茎	−0.225*	$F_{叶}$	0.237*	$F_{T2}=C_{叶}/C_{茎}$	0.263**
叶	−0.035	$F_{果}$	0.147	$F_{T3}=C_{果}/C_{茎}$	0.085
果实	−0.312**	$F_{平均}$	0.196*	β	0.147

由 pH 与土壤—草莓植株系统中 Hg 含量相关性可以看出，pH 与土壤、草莓果实中 Hg 含量在极显著水平下呈低度负相关，其相关系数分别为 r(pH，土壤 Hg) = −0.320、r(pH，果实 Hg) = −0.312，与草莓根、茎、叶中 Hg 含量呈微弱负相关。表明土壤 pH 与土壤—草莓植株系统中 Hg 含量呈负相关关系，园地土壤 pH 越高，土壤—草莓植株系统中 Hg 含量相对越低，土壤中 Hg 越不易被草莓根系吸收转运。

由 pH 与土壤—草莓植株系统中 Hg 富集系数相关性可以看出，pH 与根、茎、叶、果实 pH 富集系数呈正相关关系，但相关程度不高，相关系数绝对值均低于 0.3，与根、茎、叶、果实中 Hg 平均富集系数也呈微弱正相关。表明土壤 pH 与土壤—植株系统中 Hg 富集系数呈微弱正相关关系，园地土壤 pH 越高，土壤中 Hg 越容易被草莓根系吸收转运，但其影响程度相对较弱。

由 pH 与土壤—草莓植株系统中 Hg 迁移系数相关性可以看出，pH 与草莓根中 Hg 迁移系数、根-茎、茎-叶、茎-果间 Hg 迁移系数、果实 Hg 累计富集系数呈微弱正相关关系。表明土壤 pH 与土壤—植株系统中 Hg 迁移有一定的影响，在一定程度上土壤 pH 升高有利于土壤—植株系统中 Hg 的迁移转运，总体上 pH 升高有利于果实中 Hg 的累积，但其影响程度相对较弱。

9.3.4.2　有机质含量与土壤—草莓植株系统中 Hg 相关性

园地土壤有机质含量与土壤—草莓植株系统中 Hg Pearson 双变量相关性分析结果见表 9-14。

表 9-14　园地土壤有机质含量与土壤—草莓植株系统中 Hg 相关性

含量		富集系数		迁移系数	
土壤	0.239*	$F_{根}$	−0.374**	$F_{根}$	−0.374**
根	0.007	$F_{茎}$	−0.367**	$F_{T1}=C_{茎}/C_{根}$	−0.007
茎	0.001	$F_{叶}$	−0.404**	$F_{T2}=C_{叶}/C_{茎}$	−0.032
叶	−0.141	$F_{果}$	−0.367**	$F_{T3}=C_{果}/C_{茎}$	0.096
果实	0.021	$F_{平均}$	−0.427**	β	−0.367**

由有机质与土壤—草莓植株系统中 Hg 含量相关性可以看出，有机质含量除与草莓

叶中 Hg 含量呈微弱负相关外，与土壤及草莓根、茎、果实中 Hg 含量均呈微弱正相关关系。表明土壤有机质含量在一定程度上影响着土壤—草莓植株系统中 Hg 含量，园地土壤有机质含量越高，土壤及草莓根、茎、果实中 Hg 含量相对越高，而叶中 Hg 含量相对越低，但其影响程度比较小。

由土壤有机质与土壤—草莓植株系统中 Hg 富集系数相关性可以看出，有机质含量与草莓根、茎、叶、果实中 Hg 富集系数在极显著条件下均呈低度负相关，与草莓植株 Hg 平均富集系数也在极显著条件下均呈低度负相关。表明土壤有机质含量与土壤—植株系统中 Hg 富集系数呈负相关关系，土壤有机质含量升高可能会在一定程度上不利于根系对土壤中 Hg 的吸收，且在土壤中 Hg 进入植株根系后，仍可能抑制植株茎、叶、果实对 Hg 的吸收积累，且其影响程度相对较大。

由有机质与土壤—草莓植株系统中 Hg 迁移系数相关性可以看出，有机质含量除与草莓茎-果间 Hg 迁移系数呈低度正相关外，与根 Hg 迁移系数及根-茎、茎-叶间 Hg 迁移系数、果实 Hg 累计富集系数均呈负相关关系，且与果实 Hg 累计富集系数在极显著水平下呈低度负相关。表明土壤有机质含量升高不利于根系对土壤 Hg 的吸收，且在土壤 Hg 进入植株根系后，仍不利于根-茎、茎-叶间 Hg 的迁移转运，但有利于茎-果间 Hg 的迁移转运，总体上不利于果实中 Hg 的累积，且其影响程度相对较强。

9.3.4.3 土壤 Hg 含量与草莓植株系统中 Hg 相关性

园地土壤 Hg 含量与土壤—草莓植株系统中 Hg Pearson 双变量相关性分析结果见表 9-15。

表 9-15 园地土壤 Hg 含量与土壤—草莓植株系统中 Hg 相关性

含量		富集系数		迁移系数	
根	0.001	$F_{根}$	−0.092	$F_{根}$	−0.092
茎	0.125	$F_{茎}$	−0.353**	$F_{T1}=C_{茎}/C_{根}$	−0.311**
叶	−0.017	$F_{叶}$	−0.389**	$F_{T2}=C_{叶}/C_{茎}$	−0.197*
果实	−0.01	$F_{果}$	−0.372**	$F_{T3}=C_{果}/C_{茎}$	−0.075
—	—	$F_{平均}$	−0.359**	β	−0.372**

由土壤 Hg 含量与草莓植株中 Hg 含量相关性可以看出，土壤 Hg 与草莓叶片、果实中 Hg 含量呈微弱负相关，与根、茎中 Hg 含量均呈微弱正相关。表明园地土壤 Hg 含量越高，草莓植株根、茎中 Hg 含量越高，而叶片和果实中 Hg 含量相对越低，表明土壤 Hg 含量高低在一定程度上影响着 Hg 在土壤—草莓体系中的吸收与迁移，但其影响机制复杂，影响程度较低。

由土壤 Hg 含量与草莓植株系统中 Hg 富集系数相关性可以看出，土壤 Hg 与草莓根、茎、叶、果实中 Hg 富集系数均呈负相关，且与茎、叶、果实中 Hg 富集系数、草莓植株 Hg 平均富集系数均在极显著条件下呈低度负相关，其相关系数分别为 r(土壤 Hg, $F_{茎}$ Hg) = −0. 353、r(土壤 Hg, $F_{叶}$ Hg) = −0.389、r(土壤 Hg, $F_{果}$ Hg) = −0.372、r(土壤 Hg, $F_{平均}$ Hg) = −0.359。表明土壤 Hg 含量越高，土壤—草莓植株系统中 Hg 富集系数越小，高的土壤 Hg

含量可能会在一定程度上不利于根系对土壤中Hg的吸收,且土壤中Hg进入植株根系后,仍可能抑制植株茎、叶、果实对Hg的吸收积累,且其影响程度相对较强。

由土壤Hg含量与草莓植株系统中Hg迁移系数相关性可以看出,土壤Hg与草莓根Hg迁移系数及根-茎、茎-叶、茎-果间Hg迁移系数和果实Hg累计富集系数均呈负相关关系,且与根-茎间Hg迁移系数、果实Hg累计富集系数在极显著水平下呈低度负相关。表明高的土壤Hg含量不利于根系对土壤Hg的吸收,且在土壤Hg进入植株根系后,仍不利于草莓植株中Hg的迁移转运,总体上不利于果实中Hg的累积,且其影响程度相对较大。

9.3.5　与土壤—草莓植株系统中As相关性

9.3.5.1　pH与土壤—草莓植株系统中As相关性

园地土壤pH与土壤—草莓植株系统中As Pearson双变量相关性分析结果见表9-16。

表9-16　园地土壤pH与土壤—草莓植株系统中As相关性

含量		富集系数		迁移系数	
土壤	0.082	$F_{根}$	0.338**	$F_{根}$	0.338**
根	0.490**	$F_{茎}$	0.423**	$F_{T1}=C_{茎}/C_{根}$	-0.193*
茎	0.529**	$F_{叶}$	0.452**	$F_{T2}=C_{叶}/C_{茎}$	0.148
叶	0.615**	$F_{果}$	0.044	$F_{T3}=C_{果}/C_{茎}$	-0.411**
果实	0.147	$F_{平均}$	0.386**	β	0.044

由pH与土壤—草莓植株系统中As含量相关性可以看出,pH与草莓茎、叶中As含量在极显著水平下呈显著正相关,其相关系数分别为r(pH,茎As)=0.529、r(pH,叶Hg)=0.615,与草莓根中As含量在极显著水平下呈低度正相关,与园地土壤及草莓果实中As含量呈微弱正相关。可见土壤pH与土壤—草莓植株系统中As含量呈正相关关系,园地土壤pH越高,土壤—草莓植株系统中As含量相对越高,土壤中As越容易被草莓根系吸收转运。

由pH与土壤—草莓植株系统中As富集系数相关性可以看出,pH除与果实As富集系数均呈微弱正相关外,与根、茎、叶As富集系数均在极显著水平下呈低度正相关,其相关系数分别为r(pH,$F_{根}$As)=0.338、r(pH,$F_{茎}$As)=0.423、r(pH,$F_{叶}$As)=0.452,与根、茎、叶、果实中As平均富集系数也在极显著水平下呈低度正相关。表明土壤pH与土壤—植株系统中As富集系数正相关程度较高,园地土壤pH越高,土壤中As越易被草莓根系吸收转运,且其影响程度较大。

由pH与土壤—草莓植株系统中As迁移系数相关性可以看出,pH与根中As迁移系数在极显著水平下呈低度正相关,与茎-叶间和果实As累计富集系数呈微弱正相关,与茎-果间As迁移系数在极显著水平下呈低度负相关,与根-茎间As迁移系数呈微弱负相关。表明土壤pH升高有利于根系对土壤中As的吸收,土壤中As进入植株根系后,仍有利于As在茎-叶间迁移转运,但不利于根-茎间,尤其是茎-果间As的迁移转运,总体上pH升高有利于果实中As的累积,但其影响程度相对较弱。

9.3.5.2　有机质含量与土壤—草莓植株系统中 As 相关性

园地土壤有机质含量与土壤—草莓植株系统中 As Pearson 双变量相关性分析结果见表 9-17。

表 9-17　园地土壤有机质含量与土壤—草莓植株系统中 As 相关性

含量		富集系数		迁移系数	
土壤	0.162	$F_{根}$	-0.160	$F_{根}$	-0.160
根	-0.065	$F_{茎}$	-0.328^{**}	$F_{T1}=C_{茎}/C_{根}$	0.135
茎	-0.246^{*}	$F_{叶}$	-0.273^{**}	$F_{T2}=C_{叶}/C_{茎}$	-0.045
叶	-0.188	$F_{果}$	-0.118	$F_{T3}=C_{果}/C_{茎}$	0.267^{**}
果实	0.017	$F_{平均}$	-0.208^{*}	β	-0.118

由有机质与土壤—草莓植株系统中 As 含量相关性可以看出，有机质含量与草莓园地土壤、草莓果实中 As 含量呈微弱正相关，与根、茎、叶中 As 含量呈微弱负相关。表明土壤有机质含量在一定程度上影响着土壤—草莓植株系统中 As 含量，园地土壤有机质含量越高，草莓根、茎、叶中 As 含量相对越低，而园地土壤及草莓果实中 As 含量则相对越高，但影响程度比较小。

由有机质与土壤—草莓植株系统中 As 富集系数相关性可以看出，有机质含量与草莓根、叶、果实中 As 富集系数均呈微弱负相关，与植株中 As 平均富集系数也呈微弱负相关，但与茎中 As 富集系数在极显著条件下呈低度负相关。表明土壤有机质含量与土壤—植株系统中 As 富集系数基本呈负相关关系，有机质含量升高可能会在一定程度上不利于根系对土壤中 As 的吸收，且土壤中 As 进入植株根系后，仍可能抑制植株茎、叶、果实对 As 的吸收积累，但其影响程度相对较弱。

由有机质与土壤—草莓植株系统中 As 迁移系数相关性可以看出，有机质含量与草莓根 As 迁移系数、茎-叶间 As 迁移系数、果实 As 累计富集系数呈微弱负相关，与根-茎、茎-果间 As 迁移系数呈微弱正相关。表明土壤有机质含量升高不利于草莓根系对土壤 As 的吸收，在土壤 As 进入植株根系后，有机质含量升高不利于茎-叶 As 迁移转运，有利于根-茎、茎-果间 As 迁移转运，总体上不利于果实中 As 的累积，且其影响程度相对较弱。

9.3.5.3　土壤 As 含量与草莓植株系统中 As 相关性

园地土壤 As 含量与土壤—草莓植株系统中 As Pearson 双变量相关性分析结果见表 9-18。

表 9-18　园地土壤 As 含量与土壤—草莓植株系统中 As 相关性

含量		富集系数		迁移系数	
根	0.229	$F_{根}$	-0.340^{**}	$F_{根}$	-0.340^{**}
茎	0.299^{*}	$F_{茎}$	-0.458^{**}	$F_{T1}=C_{茎}/C_{根}$	0.074
叶	0.077	$F_{叶}$	-0.483^{**}	$F_{T2}=C_{叶}/C_{茎}$	-0.096
果实	0.205	$F_{果}$	-0.570^{**}	$F_{T3}=C_{果}/C_{茎}$	0.065
—	—	$F_{平均}$	-0.406^{**}	β	-0.570^{**}

由土壤 As 含量与草莓植株中 As 含量相关性可以看出，土壤 As 与草莓根、茎、叶、果实中 As 含量均呈正相关关系，但其相关度较低。园地土壤 As 含量越高，草莓植株根、茎、叶、果实中 As 含量相对越高，表明土壤 As 含量高低在一定程度上影响着 As 在土壤—草莓体系中的吸收与迁移，但其影响程度不大。

由土壤 As 含量与草莓植株系统中 As 富集系数相关性可以看出，土壤 As 与草莓根、茎、叶中 As 富集系数均在极显著条件下呈低度负相关，与果实 As 富集系数在极显著条件下呈显著负相关，与草莓植株 As 平均富集系数也在极显著条件下呈低度负相关，其相关系数分别为 r(土壤 As,$F_{根}$As) = −0.340、r(土壤 As,$F_{茎}$As) = −0.458、r(土壤 As,$F_{叶}$As) = −0.483、r(土壤 As,$F_{果}$As) = −0.570、r(土壤 As,$F_{平均}$As) = −0.406。表明土壤 As 含量越高，土壤—草莓植株系统中 As 富集系数越小，高的土壤 As 含量可能会在一定程度上不利于根系对土壤中 As 的吸收，且土壤中 As 进入植株根系后，仍可能抑制植株茎、叶、果实对 As 的吸收积累，且其影响程度相对较强。

由土壤 As 含量与草莓植株系统中 As 迁移系数相关性可以看出，土壤 As 与草莓根-茎、茎-果间 As 迁移系数呈低度正相关，与草莓根 As 迁移系数及茎-叶间 As 迁移系数和果实 As 累计富集系数呈负相关，且与根 As 富集系数在极显著水平下呈低度负相关，与果实 As 累计富集系数在极显著水平下呈显著负相关。表明高的土壤 Hg 含量不利于根系对土壤 As 的吸收，且在土壤 As 进入植株根系后，也不利于草莓茎-叶间 As 的迁移转运，总体上不利于果实中 As 的累积，且其影响程度较大。

9.3.6　与土壤—草莓植株系统中 Ni 相关性

9.3.6.1　pH 与土壤—草莓植株系统中 Ni 相关性

园地土壤 pH 与土壤—草莓植株系统中 Ni Pearson 双变量相关性分析结果见表 9-19。

表 9-19　园地土壤 pH 与土壤—草莓植株系统中 Ni 相关性

含量		富集系数		迁移系数	
土壤	−0.128	$F_{根}$	−0.375**	$F_{根}$	−0.375**
根	−0.576**	$F_{茎}$	−0.368**	$F_{T1}=C_{茎}/C_{根}$	−0.076
茎	−0.587**	$F_{叶}$	−0.500**	$F_{T2}=C_{叶}/C_{茎}$	−0.317**
叶	−0.679**	$F_{果}$	−0.434**	$F_{T3}=C_{果}/C_{茎}$	−0.188
果实	−0.614**	$F_{平均}$	−0.456**	β	−0.434**

由 pH 与土壤—草莓植株系统中 Ni 含量相关性可以看出，pH 与草莓根、茎、叶、果实中 Ni 含量在极显著水平下呈显著负相关，其相关系数分别为 r(pH,根 Ni) = −0.576、r(pH,茎 Ni) = −0.587、r(pH,叶 Ni) = −0.679、r(pH,果实 Ni) = −0.614，与园地土壤中 Ni 含量呈微弱负相关。可见土壤 pH 与土壤—草莓植株系统中 Ni 含量呈负相关关系，园地土壤 pH 越高，土壤—草莓植株系统中 Ni 含量相对越低，土壤中 Ni 越不易被草莓根系吸

收转运。

由 pH 与土壤—草莓植株系统中 Ni 富集系数相关性可以看出，pH 与草莓根、茎、叶、果实 Ni 富集系数均在极显著水平下呈低度负相关，其相关系数分别为 r(pH，$F_{根}$Ni)= -0.375、r(pH，$F_{茎}$Ni)= -0.368、r(pH，$F_{叶}$Ni)= -0.500、r(pH，$F_{果}$Ni)= -0.434，与根、茎、叶、果实中 Ni 平均富集系数的相关系数为-0.456。表明土壤 pH 与土壤—植株系统中 Ni 富集系数负相关程度较高，园地土壤 pH 越高，土壤中 Ni 越不易被草莓根系吸收转运，且其影响程度相对较大。

由 pH 与土壤—草莓植株系统中 Ni 迁移系数相关性可以看出，pH 与草莓根-茎、茎-果间 Ni 迁移系数呈微弱负相关关系，与根中 Ni 迁移系数、茎-叶间 Ni 迁移系数、果实 Ni 累计富集系数在极显著水平下呈低度负相关关系。表明土壤 pH 升高不利于根系对土壤中 Ni 的吸收，且在土壤中 Ni 进入植株根系后，也不利于土壤—植株系统中 Ni 的迁移转运，不利于果实中 Hg 的累积，且其影响程度相对较大。

9.3.6.2 有机质含量与土壤—草莓植株系统中 Ni 相关性

园地土壤有机质含量与土壤—草莓植株系统中 Ni Pearson 双变量相关性分析结果见表 9-20。

表 9-20 园地土壤有机质含量与土壤—草莓植株系统中 Ni 相关性

含量		富集系数		迁移系数	
土壤	0.344**	$F_{根}$	-0.048	$F_{根}$	-0.048
根	0.205*	$F_{茎}$	0.051	$F_{T1}=C_{茎}/C_{根}$	0.096
茎	0.257**	$F_{叶}$	0.013	$F_{T2}=C_{叶}/C_{茎}$	-0.056
叶	0.154	$F_{果}$	0.096	$F_{T3}=C_{果}/C_{茎}$	-0.012
果实	0.236*	$F_{平均}$	0.007	β	0.096

由有机质与土壤—草莓植株系统中 Ni 含量相关性可以看出，有机质含量与草莓园地土壤及草莓根、茎、叶、果实中 Ni 含量均呈正相关关系，且与土壤中 Ni 含量在极显著水平下呈低度正相关，其相关系数为 r(有机质，土壤 Ni)= 0.344。表明土壤有机质含量在一定程度上影响着土壤—草莓植株系统中 Ni 含量，土壤有机质含量越高，草莓植株根、茎、叶、果实中 Ni 含量相对越高。

由土壤有机质与土壤—草莓植株系统中 Ni 富集系数相关性可以看出，有机质含量除与草莓根 Ni 富集系数呈微弱负相关外，与茎、叶、果实中 Ni 富集系数均呈微弱正相关关系，与植株中 Ni 平均富集系数也呈微弱正相关关系。表明土壤有机质含量与土壤—植株系统中 Ni 富集系数基本呈正相关关系，有机质含量升高可能会在一定程度上不利于根系对土壤中 Ni 的吸收，但土壤中 Ni 一旦进入植株根系后，则可能会促进植株茎、叶、果实对 Ni 的吸收积累，但其影响程度相对较弱。

由土壤有机质与土壤—草莓植株系统中 Ni 迁移系数相关性可以看出，有机质含量与草莓根 Ni 迁移系数及茎-叶、茎-果间 Ni 迁移系数呈微弱负相关，与根-茎间 Ni 迁移系数及果实 Ni 累计富集系数呈微弱正相关。表明土壤有机质含量升高不利于草莓根系对土壤 Ni 的吸收,且在土壤 Ni 进入植株根系后,仍不利于茎-叶、茎-果间 Ni 的迁移转运,但有利于根-茎间 Ni 的迁移转运,总体上有利于果实中 Ni 的累积,但其影响程度相对较弱。

9.3.6.3　土壤 Ni 含量与草莓植株系统中 Ni 相关性

园地土壤 Ni 含量与土壤—草莓植株系统中 Ni Pearson 双变量相关性分析结果见表 9-21。

表 9-21　园地土壤 Ni 含量与土壤—草莓植株系统中 Ni 相关性

含量		富集系数		迁移系数	
根	0.675**	$F_{根}$	−0.354**	$F_{根}$	−0.354**
茎	0.558**	$F_{茎}$	−0.469**	$F_{T1}=C_{茎}/C_{根}$	−0.352**
叶	0.580**	$F_{叶}$	−0.467**	$F_{T2}=C_{叶}/C_{茎}$	−0.207*
果实	0.298*	$F_{果}$	−0.535**	$F_{T3}=C_{果}/C_{茎}$	−0.368**
—	—	$F_{平均}$	−0.490**	β	−0.535**

由土壤 Ni 含量与草莓植株中 Ni 含量相关性可以看出,土壤 Ni 与草莓根、茎、叶、果实中 Ni 含量均呈正相关关系,且与根、茎、叶 Ni 含量均在极显著水平下呈显著正相关,其相关系数分别为 r(土壤 Ni,根 Ni)= 0.675、r(土壤 Ni,茎 Ni)= 0.558、r(土壤 Ni,叶 Ni)= 0.580。园地土壤 Ni 含量越高,草莓植株根、茎、叶、果实中 Ni 含量越高,表明土壤 Ni 含量高低在一定程度上影响着 Ni 在土壤—草莓体系中的吸收与迁移,且其影响程度很大。

由土壤 Ni 含量与草莓植株系统中 Ni 富集系数相关性可以看出,土壤 Ni 与草莓根、茎、叶中 Ni 富集系数均在极显著条件下呈低度负相关,与果实 Ni 富集系数在极显著条件下呈显著负相关,与草莓植株 Ni 平均富集系数也在极显著条件下呈低度负相关,其相关系数分别为 r(土壤 Ni,$F_{根}$Ni)= −0.354、r(土壤 Ni,$F_{茎}$Ni)= −0.469、r(土壤 Ni,$F_{叶}$Ni)= −0.467、r(土壤 Ni,$F_{果}$Ni)= −0.535、r(土壤 Ni,$F_{平均}$Ni)= −0.490。表明土壤 Ni 含量越高,土壤—草莓植株系统中 Ni 富集系数越小,高的土壤 Ni 含量可能会在一定程度上不利于根系对土壤中 Ni 的吸收,且土壤中 Ni 进入植株根系后,仍可能抑制植株茎、叶、果实对 Ni 的吸收积累,且其影响程度相对较强。

由土壤 Ni 含量与草莓植株系统中 Ni 迁移系数相关性可以看出,土壤 Ni 与草莓根 Ni 迁移系数及根-茎、茎-果间 Ni 迁移系数均在极显著水平下呈低度负相关,与茎-叶 Ni 迁移系数呈低度负相关,与果实 Ni 累计富集系数在极显著水平下呈显著负相关。表明高的土壤 Hg 含量不利于根系对土壤 Ni 的吸收,且在土壤 Ni 进入植株根系后,也不利于草莓植株中 Ni 的迁移转运,总体上不利于果实中 Ni 的累积,且其影响程度相对较大。

9.3.7　与土壤—草莓植株系统中 Cu 相关性

9.3.7.1　pH 与土壤—草莓植株系统中 Cu 相关性

园地土壤 pH 与土壤—草莓植株系统中 Cu Pearson 双变量相关性分析结果见

表 9-22。

表 9-22　园地土壤 pH 与土壤—草莓植株系统中 Cu 相关性

含量		富集系数		迁移系数	
土壤	−0.198*	$F_{根}$	0.165	$F_{根}$	0.165
根	−0.159	$F_{茎}$	−0.091	$F_{T1}=C_{茎}/C_{根}$	−0.292**
茎	−0.259**	$F_{叶}$	0.069	$F_{T2}=C_{叶}/C_{茎}$	0.129
叶	0.028	$F_{果}$	0.253**	$F_{T3}=C_{果}/C_{茎}$	0.251*
果实	0.221*	$F_{平均}$	0.219*	β	0.253**

由 pH 与土壤—草莓植株系统中 Cu 含量相关性可以看出，pH 与园地土壤及草莓根、茎中 Cu 含量呈微弱负相关，与叶和果实中 Cu 含量呈微弱正相关。可见土壤 pH 与土壤—草莓植株系统中 Cu 含量基本呈负相关关系，园地土壤 pH 越高，草莓根、茎中 Cu 含量相对越低，土壤 pH 升高也不利于草莓根系对土壤中 Cu 的吸收转运。

由 pH 与土壤—草莓植株系统中 Cu 富集系数相关性可以看出，pH 除与草莓茎 Cu 富集系数呈微弱负相关外，与根、叶、果实 Cu 富集系数均呈正相关，但均为微弱相关，pH 与根、叶、果实中 Cu 平均富集系数也呈微弱正相关。表明土壤 pH 与土壤—植株系统中 Cu 富集系数基本呈正相关关系，土壤 pH 越高，土壤中 Cu 相对越容易被草莓根系吸收转运，但其影响程度相对较弱。

由 pH 与土壤—草莓植株系统中 Cu 迁移系数相关性可以看出，pH 除与草莓根-茎间 Ni 迁移系数呈微弱负相关外，与根中 Ni 迁移系数、茎-叶间迁移系数、茎-果间迁移系数、果实 Ni 累计富集系数均呈微弱正相关关系。表明土壤中 Cu 进入植株根系后，pH 升高不利于 Cu 在根-茎间的迁移转运，但有利于 Cu 在茎-叶间、茎-果间的迁移转运，总体上 pH 升高有利于果实中 Cu 的累积，但其影响程度相对较弱。

9.3.7.2　有机质含量与土壤—草莓植株系统中 Cu 相关性

园地土壤有机质含量与土壤—草莓植株系统中 Cu Pearson 双变量相关性分析结果见表 9-23。

表 9-23　园地土壤有机质含量与土壤—草莓植株系统中 Cu 相关性

含量		富集系数		迁移系数	
土壤	0.331**	$F_{根}$	−0.479**	$F_{根}$	−0.479**
根	0.057	$F_{茎}$	−0.074	$F_{T1}=C_{茎}/C_{根}$	0.329**
茎	0.247*	$F_{叶}$	−0.073	$F_{T2}=C_{叶}/C_{茎}$	−0.135
叶	0.044	$F_{果}$	−0.487**	$F_{T3}=C_{果}/C_{茎}$	−0.487**
果实	−0.449**	$F_{平均}$	−0.456**	β	−0.487**

由有机质与土壤—草莓植株系统中 Cu 含量相关性可以看出，有机质含量除与草莓果实中 Cu 含量在极显著水平下呈低度负相关外，与园地土壤及草莓根、茎、叶中 Cu 含量

均呈正相关关系，且与园地土壤中Cu含量在极显著水平下呈低度正相关，其相关系数为r(有机质，土壤Cu) = 0.331。表明土壤有机质含量在一定程度上影响着土壤—草莓植株系统中Cu含量，园地土壤有机质含量越高，园地土壤及草莓根、茎、叶中Cu含量相对越高，而果实中Cu含量则相对越低。

由土壤有机质与土壤—草莓植株系统中Cu富集系数相关性可以看出，有机质含量与草莓茎、叶Cu富集系数均呈微弱负相关关系，与根、果实Cu富集系数在极显著条件下呈低度负相关，与草莓植株中Cu平均富集系数也在极显著条件下呈低度负相关。表明土壤有机质含量与土壤—植株系统中Cu富集系数呈负相关关系，土壤有机质含量升高可能会抑制草莓植株茎、叶、果实对Cu的吸收积累，且其影响程度相对较大。

由土壤有机质与土壤—草莓植株系统中Cu迁移系数相关性可以看出，有机质含量除与草莓根-茎间Cu迁移系数在极显著水平下呈低度正相关外，与根Cu富集系数及茎-叶、茎-果间Cu迁移系数、果实Cu累计富集系数均呈负相关，且与根Cu富集系数、茎-叶Cu迁移系数、果实Cu累计富集系数均在极显著水平下呈低度负相关。表明土壤有机质含量升高不利于根系对土壤Cu的吸收，且在土壤Cu进入植株根系后，仍不利于茎-叶、茎-果间Cu迁移转运，但有利于根-茎间Cu迁移转运，总体上不利于果实中Cu的累积，且其影响程度相对较强。

9.3.7.3　土壤Cu含量与草莓植株系统中Cu相关性

园地土壤Cu含量与土壤—草莓植株系统中Cu Pearson双变量相关性分析结果见表9-24。

表9-24　园地土壤Cu含量与土壤—草莓植株系统中Cu相关性

含量		富集系数		迁移系数	
根	0.721**	$F_{根}$	−0.638**	$F_{根}$	−0.638**
茎	0.708**	$F_{茎}$	−0.267**	$F_{T1}=C_{茎}/C_{根}$	0.336**
叶	0.554**	$F_{叶}$	0.064	$F_{T2}=C_{叶}/C_{茎}$	0.059
果实	−0.500**	$F_{果}$	−0.491**	$F_{T3}=C_{果}/C_{茎}$	−0.486**
—	—	$F_{平均}$	−0.455**	β	−0.491**

由土壤Cu含量与土壤—草莓植株系统中Cu含量相关性可以看出，土壤Cu除与草莓果实中Cu含量极显著水平下呈低度负相关外，与根、茎、叶中Cu含量极显著水平下均呈显著正相关，其相关系数分别为r(土壤Cu，根Cu) = 0.721、r(土壤Cu，茎Cu) = 0.708、r(土壤Cu，叶Cu) = 0.554。园地土壤Cu含量越高，草莓植株根、茎、叶中Cu含量越高，表明土壤Cu含量高低在一定程度上影响着Cu在土壤—草莓体系中的吸收与迁移，且影响程度很大。值得注意的是土壤Cu含量越高而果实中Cu含量却越低，表明其影响机制复杂，具体情况有待于进一步研究。

由土壤Cu含量与草莓植株系统中Cu富集系数相关性可以看出，土壤Cu除与草莓叶中Cu富集系数呈低度正相关外，与草莓根、茎、果实中Cu富集系数均呈负相关，且与根中Cu富集系数在极显著条件下显著负相关，与果实中Cu富集系数及草莓植株Cu平均富集系数在极显著条件下呈低度负相关，其相关系数分别为 r(土壤 Cu，$F_{根}$Cu) = -0.638、r(土壤 Cu，$F_{果}$Cu) = -0.491、r(土壤 Cu，$F_{平均}$Cu) = -0.455。表明土壤 Cu 含量越高，土壤—草莓植株系统中 Cu 富集系数越小，高的土壤 Cu 含量会在一定程度上不利于根系对土壤中 Cu 的吸收，且土壤中 Cu 进入植株根系后，仍会抑制植株茎、叶、果实对 Cu 的吸收积累，且其影响程度相对较强。

由土壤 Cu 含量与草莓植株系统中 Cu 迁移系数相关性可以看出，土壤 Cu 与草莓根 Cu 迁移系数在极显著水平下呈显著负相关，与茎-果间 Cu 迁移系数、果实 Cu 累计富集系数在极显著水平下呈低度负相关，与根-茎、茎-叶间 Cu 迁移系数呈正相关。表明高的土壤 Cu 含量不利于根系对土壤 Cu 的吸收，且在土壤 Cu 进入植株根系后，仍不利于草莓茎-果间 Cu 的迁移转运，总体上不利于果实中 Cu 的累积，且其影响程度较大。

9.3.8 与土壤—草莓植株系统中 Zn 相关性

9.3.8.1 pH 与土壤—草莓植株系统中 Zn 相关性

园地土壤 pH 与土壤—草莓植株系统中 Zn Pearson 双变量相关性分析结果见表 9-25。

表 9-25 园地土壤 pH 与土壤—草莓植株系统中 Zn 相关性

含量		富集系数		迁移系数	
土壤	-0.044	$F_{根}$	-0.365**	$F_{根}$	-0.365**
根	-0.426**	$F_{茎}$	-0.108	$F_{T1}=C_{茎}/C_{根}$	0.425**
茎	-0.207*	$F_{叶}$	-0.225*	$F_{T2}=C_{叶}/C_{茎}$	-0.105
叶	-0.229*	$F_{果}$	-0.138	$F_{T3}=C_{果}/C_{茎}$	-0.056
果实	-0.279**	$F_{平均}$	-0.371**	β	-0.138

由 pH 与土壤—草莓植株系统中 Zn 含量相关性可以看出，pH 与园地土壤及草莓根、茎、叶、果实中 Zn 含量均呈负相关，其中与根中 Zn 含量在极显著水平下呈低度负相关，其相关系数为 r(pH，根 Zn) = -0.426，与草莓园地土壤、茎、叶、果实中 Zn 含量呈微弱负相关。可见土壤 pH 与土壤—草莓植株系统中 Zn 含量呈负相关关系，园地土壤 pH 越高，土壤—草莓植株系统中 Zn 含量相对越低，土壤中 Zn 越不易被草莓根系吸收转运。

由 pH 与土壤—草莓植株系统中 Zn 富集系数相关性可以看出，pH 与草莓根、茎、叶、果实 Zn 富集系数均呈负相关关系，其中与茎、叶、果实富集系数为微弱负相关，其相关系数绝对值低于 0.3，而与根及与根、茎、叶、果实中 Zn 平均富集系数在极显著水平下呈低度负相关。表明土壤 pH 与土壤—植株系统中 Zn 富集系数负相关程度较高，园地土壤 pH 越高，土壤中 Zn 越不易被草莓根系吸收转运，且其影响程度相对较大。

由 pH 与土壤—草莓植株系统中 Zn 迁移系数相关性可以看出，pH 除与草莓根-茎间 Zn 迁移系数在极显著水平下呈低度正相关外，与根中 Zn 迁移系数、茎-叶间迁移系数、茎-果间迁移系数、果实 Zn 累计迁移系数均呈负相关关系，且与根中 Zn 迁移系数在极显著水平下为低度负相关。表明土壤 pH 升高不利于根系对土壤中 Zn 的吸收，且在土壤中 Zn 进入植株根系后，仍不利于 Zn 在茎-叶间、茎-果间的迁移转运，但有利于 Zn 在根-茎间的迁移转运，总体上不利于果实中 Zn 的累积，但其影响程度相对较弱。

9.3.8.2　有机质含量与土壤—草莓植株系统中 Zn 相关性

园地土壤有机质含量与土壤—草莓植株系统中 Zn Pearson 双变量相关性分析结果见表 9-26。

表 9-26　园地土壤有机质含量与土壤—草莓植株系统中 Zn 相关性

含量		富集系数		迁移系数	
土壤	0.341**	$F_{根}$	0.068	$F_{根}$	0.068
根	0.202*	$F_{茎}$	0.050	$F_{T1}=C_{茎}/C_{根}$	−0.134
茎	0.272**	$F_{叶}$	0.066	$F_{T2}=C_{叶}/C_{茎}$	−0.038
叶	0.192	$F_{果}$	−0.060	$F_{T3}=C_{果}/C_{茎}$	−0.073
果实	0.270**	$F_{平均}$	0.078	β	−0.060

由有机质与土壤—草莓植株系统中 Zn 含量相关性可以看出，有机质含量与园地土壤及草莓根、茎、叶、果实中 Zn 含量均呈正相关关系，且与土壤中 Zn 含量在极显著水平下呈低度正相关，其相关系数为 r(有机质，土壤 Zn) = 0.341。表明土壤有机质含量在一定程度上影响着土壤—草莓植株系统中 Zn 含量，园地土壤有机质含量越高，园地土壤及草莓根、茎、叶、果实中 Zn 含量相对越高。

由土壤有机质与土壤—草莓植株系统中 Zn 富集系数相关性可以看出，有机质含量除与草莓果实 Zn 富集系数呈微弱负相关外，与根、茎、叶 Zn 富集系数均呈微弱正相关关系，与草莓植株中 Zn 平均富集系数也呈微弱正相关关系。表明土壤有机质含量与土壤—植株系统中 Zn 富集系数基本呈正相关关系，有机质含量升高可能会在一定程度上促进根系对土壤中 Zn 的吸收，且土壤中 Zn 进入植株根系后，仍可能会促进植株茎、叶、果实对 Zn 的吸收积累，但其影响程度相对较弱。

由土壤有机质与土壤—草莓植株系统中 Zn 迁移系数相关性可以看出，有机质含量除与草莓根 Zn 富集系数呈微弱正相关外，与根-茎、茎-叶、茎-果间 Zn 迁移系数、果实 Zn 累计富集系数均呈微弱负相关。表明土壤有机质含量升高有利于根系对土壤 Zn 的吸收，但在土壤 Zn 进入植株根系后，有机质含量升高不利于土壤—植株系统中 Zn 的迁移转运，不利于果实中 Zn 的累积，但其影响程度较弱。

9.3.8.3　土壤 Zn 含量与草莓植株系统中 Zn 相关性

园地土壤 Zn 含量与土壤—草莓植株系统中 Zn Pearson 双变量相关性分析结果见表 9-27。

表 9-27　园地土壤 Zn 含量与土壤—草莓植株系统中 Zn 相关性

含量		富集系数		迁移系数	
根	0.387**	$F_{根}$	0.024	$F_{根}$	0.024
茎	0.487**	$F_{茎}$	-0.106	$F_{T1}=C_{茎}/C_{根}$	-0.162
叶	0.406**	$F_{叶}$	-0.049	$F_{T2}=C_{叶}/C_{茎}$	0.106
果实	0.391**	$F_{果}$	-0.359**	$F_{T3}=C_{果}/C_{茎}$	-0.243*
—	—	$F_{平均}$	-0.028	β	-0.359**

由土壤 Zn 含量与土壤—草莓植株系统中 Zn 含量相关性可以看出，土壤 Zn 与草莓根、茎、叶、果实中 Zn 含量在极显著水平下均呈低度正相关关系，其相关系数分别为 r(土壤 Zn，根 Zn)= 0.387、r(土壤 Zn，茎 Zn)= 0.487、r(土壤 Zn，叶 Zn)= 0.406、r(土壤 Zn，果实 Zn)= 0.391。园地土壤 Zn 含量越高，草莓植株根、茎、叶、果实中 Zn 含量越高，表明土壤 Zn 含量高低在一定程度上影响着 Zn 在土壤—草莓体系中的吸收与迁移，且其影响程度较大。

由土壤 Zn 含量与草莓植株系统中 Zn 富集系数相关性可以看出，土壤 Zn 除与草莓根中 Zn 富集系数呈低度正相关外，与草莓茎、叶、果实中 Zn 富集系数及草莓植株 Zn 平均富集系数均呈负相关，且与果实中 Zn 富集系数在极显著条件下呈低度负相关，其相关系数为 r(土壤 Zn，$F_{果}$Zn)= -0.359。表明土壤 Zn 含量越高，土壤—草莓植株系统中 Zn 富集系数越小，土壤 Zn 含量对根系吸收土壤中 Zn 影响不大，但土壤中 Zn 进入植株根系后，土壤 Zn 含量升高则会抑制植株茎、叶、果实对 Zn 的吸收积累，且其影响程度相对较弱。

土壤 Zn 含量与草莓植株系统中 Zn 迁移系数相关性可以看出，土壤 Zn 与草莓根 Zn 富集系数、茎-叶间 Zn 迁移系数呈微弱正相关，与根-茎、茎-果间 Zn 迁移系数呈微弱负相关，与果实 Zn 累计富集系数在极显著水平下呈低度负相关。表明高的土壤 Zn 含量有利于根系对土壤 Zn 的吸收，但在土壤 Zn 进入植株根系后，不利于草莓根-茎、茎-果间 Zn 的迁移转运，总体上说不利于果实中 Zn 的累积，且其影响程度较大。

9.4　重金属相关性小结

9.4.1　土壤中重金属相关性特征

草莓园地土壤中，除 Hg 与 Ni、Cu、Zn 含量之间呈负相关外，其余重金属含量之间均呈正相关；Cu 与 Zn 之间极显著水平下呈高度正相关；另外 Pb 与 Hg、Cr 与 Ni、Cr 与 Cu、Cr 与 Zn 之间极显著水平下呈显著正相关；Pb 与 Cr、Ni 与 Cu、Ni 与 Zn 之间极显著水平下呈低度正相关；其余重金属元素之间呈正相关，但相关程度较低。可见，研究区域草莓园地土壤中 Cu 与 Zn 相关性程度最高，其次是 Pb 与 Hg、Cr 与 Ni、Cr 与 Cu、Cr 与 Zn，表明研究区域内草莓园地土壤中 Cu 与 Zn 来源相似度非常高，可能主要来自土壤成土母质及农业生产过程中肥料等的施用。Pb 与 Hg 以及 Cr 与 Ni、Cu、Zn 来源相似度也较高，其来源除受成土母质等的影响外，可能还受到大气污染或灌溉等的影响。

9.4.2 pH 与土壤—草莓植株系统中重金属相关性

pH 与土壤—草莓植株系统中 Pb、Cd、Cr、Hg、Ni、Cu、Zn 含量多呈负相关,pH 越高,土壤—草莓植株系统中相应重金属含量相对越低,土壤中重金属越不易被草莓根系吸收积累。不同重金属影响程度不同,对 Cd、Ni 影响较强,对 Pb、Cr、Hg、Cu、Zn 影响较弱。但土壤 pH 与土壤—草莓植株系统中 As 含量呈正相关,pH 越高,土壤—草莓植株系统中 As 含量相对越高,土壤中 As 越容易被草莓根系吸收转运。可见,土壤 pH 是影响土壤中重金属活性的重要因素之一,影响方式及影响程度因重金属性质不同而不同;pH 与重金属富集系数相关性较复杂,与 Cd、Cr、Ni、Zn 基本呈负相关,且与 Cd、Ni 富集系数相关程度远高于 Cr、Zn,与 Pb、Hg、As、Cu 基本呈正相关,且与 As 富集系数相关程度远高于 Pb、Hg、Cu。pH 越高,Cd、Cr、Ni、Zn 越不易被草莓根系吸收积累,尤其是对 Cd、Ni 富集能力影响程度较大。而土壤 pH 越高,Pb、Hg、As、Cu 越易被草莓根系吸收转运,且对 As 影响程度较大。可见土壤 pH 是影响草莓植株对重金属吸收积累的重要因素之一,影响方式及影响程度因重金属性质不同而不同;pH 与重金属迁移系数相关性复杂,也是影响草莓植株对重金属吸收积累的重要因素之一,pH 高低影响着重金属在草莓根-茎、茎-叶、茎-果间的迁移,影响方式及影响程度因重金属性质不同而不同。

9.4.3 有机质与土壤—草莓植株系统中重金属相关性

有机质含量与草莓植株系统中重金属含量相关性复杂。与草莓植株系统中 As 含量基本呈正相关,有机质含量越高,草莓根、茎、叶中 As 含量相对越低,但其影响程度比较小。与 Pb、Cd、Cr 等其他重金属含量基本呈正相关,有机质含量越高,草莓根、茎、叶、果实中相应重金属含量相对越高,即土壤中重金属可能越易被草莓根系吸收转运。可见土壤有机质含量也是影响土壤中重金属活性的重要因素之一,其影响方式及影响程度因重金属性质不同而不同;有机质与重金属富集系数相关性复杂,与 Pb、Cr、Hg、As、Cu 富集系数基本呈负相关,与 Cd、Ni、Zn 基本呈正相关,有机质含量在一定程度上影响着土壤—草莓植株系统中重金属富集能力,高含量有机质抑制草莓植株对 Pb、Cr、Hg、As、Cu 的吸收富集,促进对 Cd、Ni、Zn 的吸收富集。可见土壤有机质也是影响草莓植株对重金属吸收积累的重要因素之一,但其影响方式及影响程度因重金属性质不同而不同;有机质与重金属迁移系数相关性复杂,与 Pb、Hg、Cu、Zn 富集系数基本呈负相关,且与 Pb、Cu 相关程度较高,与 Cd、Cr、As、Ni 富集系数基本呈正相关,有机质含量在一定程度上影响着土壤—草莓植株系统中重金属迁移,高含量有机质不利于草莓植株中 Pb、Hg、Cu、Zn 的迁移运输,但有利于草莓植株中 Cd、Cr、As、Ni 的迁移转运。可见土壤有机质也是草莓植株对重金属吸收积累的重要影响因素之一,其影响程度因重金属性质不同而不同,同一重金属在草莓根-茎、茎-叶、茎-果间的迁移运输表现也不同。

9.4.4 土壤重金属含量与草莓植株系统中重金属相关性

土壤重金属含量与草莓植株系统中相应重金属含量基本呈正相关关系,其中与 Pb、Ni、Cu、Zn 相关程度非常高,土壤重金属含量越高,草莓植株相应重金属含量越高,表明土壤重金属含量高低在一定程度上影响着其在土壤—草莓体系中的吸收。可见土壤重金属含量是影响草莓植株吸收积累重金属的重要因素之一,其影响程度因重金属性质不同而不同,且影响机制复杂;土壤重金属含量与重金属富集系数基本呈负相关关系,其中与Pb、Cr、Hg、As、Ni、Cu、Zn相关程度较高。土壤重金属含量越高,草莓植株中相应重金属富集系数越低,表明高的土壤重金属含量在一定程度上影响着其在土壤—草莓体系中的吸收与富集。可见土壤重金属含量也是影响草莓植株对重金属吸收积累的重要因素之一,其影响方式及影响程度因重金属性质不同而不同;土壤重金属含量与重金属迁移系数基本呈负相关关系,其中与Pb、Cr、Hg、As、Ni、Cu相关程度较高。土壤重金属含量越高,草莓植株中相应重金属迁移系数越低,表明高的土壤重金属含量在一定程度上影响着其在土壤—草莓体系中的迁移转运。可见土壤重金属含量也是影响草莓植株对重金属吸收转运的重要因素之一,但其影响方式及影响程度因重金属性质不同而不同,同一重金属在草莓根-茎、茎-叶、茎-果间迁移运输表现也不同。

第 10 章　土壤—植物体系中重金属迁移转化规律及主要影响因素

本章从土壤中重金属元素迁移和形态转化机制、植物对土壤重金属富集规律、重金属在土壤剖面中迁移转化规律、土壤对重金属离子吸附固定原理等方面开展讨论,着重分析重金属在土壤—植物系统的迁移转化基本规律。从土壤理化性质、重金属自身特性及其在土壤中存在形态、金属元素间的相互作用、污染物的复合污染、重金属在植物体内迁移能力、植物种类及生长发育期等方面进行归纳,来探讨影响土壤—植物体系中重金属富集、迁移的主要因素,并提出简要的土壤重金属污染治理措施及减轻或避免重金属对植物危害的农业调控措施。

10.1　重金属在土壤—植物系统的迁移转化规律

(1)土壤中重金属元素迁移和形态转化的机制。

在土壤中,重金属可以在水平方向上实施迁移,同时也可以在竖直方向上实施迁移,在物理、化学、生物作用下,可以产生形态变化,并且可以向其他介质当中进行迁移,土壤溶液会影响到土壤中重金属的迁移转化。在土壤溶液迁移重金属的过程中,也会产生形态转化。因此,土壤中重金属元素的迁移主要有物理迁移、化学迁移和生物迁移。物理迁移:在土壤溶液的作用下,重金属元素出现水平迁移,就会不断扩大重金属的污染面积,如果发生竖直运动,那么污染物质就会渗入到深层土壤和地下水当中,因为扬尘的原因,重金属元素也会进入到大气当中,污染大气环境。在污染过程中,重金属和土壤胶体可能会产生吸附解吸作用,造成土壤和周围环境的污染;化学迁移:在土壤中迁移重金属元素,土壤中重金属元素的存在形式是不同的,主要包括固相物质形态和液相物质形态,土壤中重金属的难溶电解质会产生多相平衡,因为土壤溶液 pH 的变化,会导致重金属在土壤中进行迁移。土壤有机质和土壤胶体可以破坏重金属在土壤的相态平衡,转化重金属迁移;生物迁移:土壤属于一个完整的生物体系,土壤中有很多动植物,同时也存在着大量的微生物。土壤重金属的生物迁移指的就是在土壤生物的影响下,重金属元素发生迁移,实现形态的转化。土壤当中生物可以吸收固定有效的重金属,同时可以将重金属元素的化学形态不断改变,进而引发重金属的迁移转化。土壤重金属的生物迁移是非常复杂的,通过生物固化作用,可以减少土壤中重金属的污染情况。

(2)植物对土壤重金属的富集规律。

从植物对重金属吸收富集的总趋势来看,土壤中重金属含量越高,植物体内的重金属含量也越高,土壤中有效态重金属含量越大,植物籽实中的重金属含量越高;不同植物由于生物学特性不同,对同一重金属的吸收积累有明显的种间差异,一般顺序为豆类>小麦>水稻>玉米；同一重金属在植株不同部位分布不一致，在植物体内分布的一般规律为：根>茎、叶>果壳>籽实。金文芬等(2009)研究发现，杜鹃花根的 Zn、Cd、Pb 含量与土壤中相应元素含量相关系数和茎的 Cd、Pb 含量与土壤中相应元素含量相关系数以及叶的 Zn、Cd 含量与土壤中相应元素含量相关系数均达到显著水平；生长在相似的土壤环境中，不同植物同一器官中同一种重金属的含量不同，如杜鹃花对重金属的富集能力从高到低次序为 Mn>Cu>Pb=Cd>Zn=Ni，桂花为 Mn>Cd>Pb>Cu>Zn>Ni，而栀子花为 Mn>Pb>Cu>Cd>Zn=Ni；杜鹃花、桂花、栀子花各器官对 6 种重金属元素的富集能力存在着一定的差异，由大到小依次排列基本为叶>茎>根。

(3)重金属在土壤剖面中的迁移转化规律。

进入土壤中的重金属大部分被土壤颗粒所吸附，土壤柱淋溶试验发现淋溶液中 95% 以上的 Hg、Cd、As、Pb 被土壤吸附；在土壤剖面中，重金属无论是其总量还是存在形态，均表现出明显的垂直分布规律，其中可耕层成为重金属的富集层；土壤中的重金属有向根际土壤迁移的趋势，且根际土壤中重金属的有效态含量高于土体的，主要是根际生理活动引起根-土界面微区环境变化，可能与植物根系的特性和分泌物有关。

(4)土壤对重金属离子的吸附固定原理。

土壤胶体对金属离子的吸附能力与金属离子的性质及胶体的种类有关，同一类型的土壤胶体对阳离子的吸附与阳离子的价态及离子半径有关；土壤胶体对金属离子的吸附能力还与金属离子的种类有关，阳离子的价态越高，电荷越多，越易吸附。土壤胶体与阳离子之间的静电作用越大，吸附力也越大。具有相同价态的阳离子，离子半径越大，其水合半径相对越小，越易被土壤胶体所吸附。土壤中各类胶体对重金属的吸附影响极大，以 Cu^{2+} 为例，土壤中各类胶体的吸附顺序为氧化锰>有机质>氧化铁>伊利石>蒙脱石>高岭石。因此，土壤胶体中对吸附贡献大的除有机质外，主要是锰、铁等氧化物。

10.2　土壤—植物体系中重金属富集、迁移的主要影响因素

在土壤—植物系统中，重金属元素迁移是一个极其复杂的过程，其迁移机制受作物的种类、元素组合、相对浓度、比例关系以及环境因素等的综合影响。植物体内重金属含量是土壤重金属污染状况的直接反映，从理论上分析，它较土壤重金属含量更能客观地说明土壤重金属污染对生态系统和人类环境的危害。土壤中重金属向植物迁移的主要方式是跨膜吸收，影响因素主要有土壤的理化性质，重金属种类、浓度及在土壤中的存在形态，植物种类、生长发育期，复合污染，施肥等。

(1)土壤理化性质的影响。

土壤理化性质包括土壤 pH、土壤质地、土壤氧化还原电位、土壤有机质等，主要通过影响重金属在土壤中的存在形态而影响重金属的生物有效性。李杰等(2018)研究指出，大部分土壤—农作物系统中土壤 pH、有机质、Fe_2O_3、K_2O、MgO 等理化性质阻碍重金属元素从土壤向农作物中迁移，而土壤中 K_2O、MgO 与叶类蔬菜 Hg 元素含量呈显著正相关。

土壤 pH 是影响土壤中重金属活性的重要元素之一，它对重金属活性的影响主要通过以下三种方式：一是通过土壤 pH 的变化改变水合氧化物、黏土矿物和有机质表面的负

电荷数,进而改变土壤对重金属的吸附能力;二是通过土壤 pH 调控土壤有机质-金属络合物的稳定性,影响重金属的有效性,进而达到影响其活性的目的;三是通过影响重金属形态的转化进而改变其活性。一般来说,土壤 pH 越低,土壤中的重金属向生物体内迁移的数量越大。李杰等(2018)研究指出,土壤 pH 越高,土壤中重金属元素迁移到作物中的含量越低,随着 pH 降低,迁移到土壤溶液中的 H^+ 增多,加速了重金属从土壤向根系的迁移,促使农作物对重金属的吸收。本书前述研究结果表明,pH 与土壤—草莓植株系统中 Pb、Cd、Cr、Hg、Ni、Cu、Zn 含量多呈负相关,pH 越高,土壤—草莓植株系统中相应重金属含量相对越低,土壤中重金属越不易被草莓根系吸收积累。不同重金属影响程度不同,对 Cd、Ni 影响较强,对 Pb、Cr、Hg、Cu、Zn 影响较弱。但土壤 pH 与土壤—草莓植株系统中 As 含量呈正相关,pH 越高,土壤—草莓植株系统中 As 含量相对越高,土壤中 As 越容易被草莓根系吸收转运。可见土壤 pH 是影响土壤中重金属活性的重要因素之一,影响方式及影响程度因重金属性质不同而不同。

土壤氧化还原电位是反映土壤通气性的一个重要指标,也是影响重金属活性的重要因素之一,一般来说,重金属活性随着土壤氧化还原电位降低而降低。土壤氧化还原电位值的变化可以直接影响重金属元素的价态变化,并可导致其化合物溶解性的变化。齐雁冰等(2008)对不同氧化还原条件下水稻土中重金属形态变化的研究表明,在氧化还原电位升高时,Cu、Cd 的残渣态比例显著提高,有机结合态和氧化物结合态比例降低。

土壤有机质泛指土壤中来源于生命的物质,其主要来源是动植物、微生物残体和施入的有机肥料,腐殖质是土壤有机质的主要成分,反映土壤肥力水平,包括水溶性有机质(如富里酸)和难溶性有机质(如胡敏酸)。陕红等(2009)研究指出,胡敏酸能够抑制金属生物活性,富里酸能促进金属生物活性。丁炳红(2012)研究指出,土壤有机质对重金属活性的影响是通过引起重金属赋存形态的转化达到的,有机质性质不同对重金属形态的作用也不同。毛竹等(2013)研究指出,一般情况下,土壤中有机质浓度与氧化物结合态和碳酸盐结合态重金属含量成正比。本书前述研究结果表明,土壤有机质含量与草莓植株系统中重金属含量相关性复杂,有机质含量是影响土壤中重金属活性、植株中重金属富集能力和迁移能力的重要因素之一,但其影响方式及影响程度因重金属性质不同而不同。

(2)重金属种类、浓度及在土壤中存在形态的影响。

重金属对植物的毒害程度首先取决于土壤中重金属的存在形态,其次才取决于该元素的数量。从总量上说,随着土壤中重金属含量的增加,植物体内各部分的积累量也相应增加。重金属的存在形态可分为交换态、碳酸盐结合态、铁锰氧化物结合态、有机结合态和残渣态,交换态的重金属迁移能力最强,具有生物有效性。环境中重金属的迁移转化规律、毒性以及可能产生的环境危害更大程度上取决于其赋存形态,不同的形态产生不同的环境效应。王勇等(2008)研究发现,研究区域内水稻籽粒重金属 Cu、Zn、Cd、Cr 及 Ni 的含量与土壤相应重金属含量显著相关,这些元素较易从土壤向水稻植物体内迁移积累,而 Hg、Pb 和 As 3 种元素在作物体内积累量与土壤中含量相关性较差,这些元素不易从土壤向水稻植物体内迁移积累。张家春(2014)研究发现,同种植物对不同重金属的转移系数存在差异,水葱对 Cu 的转移能力较其余重金属显著,狐尾藻对 Cu 的转移能力显著强于其余重金属,狐尾藻对重金属 Cu 的富集系数大于 1,其余植物对重金属的富集系数都小于1。李杰等(2018)研究发现,重金属元素在玉米和茎类蔬菜中平均生物富集大小顺序为Zn>Cu>Cd>Ni>Hg>Cr>Pb,在水稻和叶类蔬菜中平均生物富集大小顺序为Cd>Zn>Cu>Hg>Ni>Cr>Pb。方慧(2018)研究结果表明,油菜生长过程中富集系数大小表现为Zn>Cd>Cu>Pb>Cr,说明油菜对Zn的富集能力最强,Cd其次,对Cr的富集能力最弱,油菜对Cu的富集作用小于对Cd的,除茎对Cu的积累能力比较弱,其他器官都具有很强的Cu富集能力。而水稻主要富集重金属Cd、Cu和Zn,对Cr和Pb未表现出显著的富集特性。本书前述研究结果表明,土壤重金属含量与草莓植株系统中相应重金属含量基本呈正相关关系,其中与Pb、Ni、Cu、Zn相关程度非常高,土壤重金属含量越高,草莓植株相应重金属含量越高,表明土壤重金属含量高低在一定程度上影响着其在土壤—草莓体系中的吸收。

(3)土壤中金属元素的相互作用。

土壤中金属元素的相互作用也会影响重金属的迁移与转化。一种是拮抗作用,金属元素的拮抗作用可以使植物选择性地吸收重金属元素,植物吸收利用有益元素,如果降低有益元素的含量,那么植物就会增加吸收有害重金属元素,使重金属在土壤迁移转化过程中获得改变。另一种是协同作用,因为重金属元素的协同作用,如果土壤各种重金属元素已经达到平衡,随之增加一种重金属元素,各个金属为了实现平衡,就会明显提升自身在土壤当中的迁移转化能力。

(4)复合污染的影响。

在复合污染状况下,影响重金属迁移转化的因素涉及污染物因素(包括污染物的种类、性质、浓度、比例及时序性)、环境因素(包括光、温度、pH、氧化还原条件等)和生物种类、发育阶段及所选择指标等。Pb、Cd、Cu复合污染下,土壤对Pb、Cd、Cu的富集均呈现不同的趋势,3种元素在韭菜中富集的优先顺序为Cu>Pb>Cd,但土壤中Cu的存在会促进韭菜植株对Pb的吸附,且会抑制Cd的吸附,推测重金属Cd、Cu和Pb之间存在着一定的协同或拮抗作用,表现出协同或拮抗作用取决于重金属的种类和含量。

(5)施肥的影响。

施肥可以改变土壤的理化性质和重金属的存在形态,并因此而影响重金属的迁移转化。由于肥料、植物和重金属种类的多样性以及重金属行为的复杂性,施肥对土壤—植物体系中重金属迁移转化的影响机制十分复杂。施肥在增加土壤中各种营养元素的同时,也有可能向土壤中引入重金属元素,进而在土壤中积累。施肥也会改变土壤的pH和离子强度等,这样也就会影响重金属元素在土壤当中的迁移。另外,采取的施肥方式不同,在土壤中重金属元素的形态也会由此发生变化,研究表明,条播方式有利于重金属元素的迁移,施加氮肥可以使可交换态重金属含量不断降低,但是结合态重金属的含量会由此增加。

(6)重金属在植物体内迁移能力的影响。

不同重金属因其自身特性不同而在植物体内表现出不同的迁移能力,这也将影响土壤—植物体系中重金属富集、迁移状况。荆旭慧等(2009)研究指出,叶菜类对Pb、Cd、Hg、Zn、Cr表现出较强的吸收能力;籽实类对Pb、Cu、Ni有较强吸收能力;根菜类对Cd吸收能力较强;而水稻籽粒对重金属的吸收累积相对较弱。不同农产品相比,叶菜类对重金属元素的富集能力显著强于其他种类。严莎等(2008)研究结果表明,Cd易于从土壤中向稻谷籽实迁移,而Cu、Zn、Cr、Ni、As和Hg等迁移能力则较弱,在稻米中重金属迁移能力依次为Cd>Zn>Ni>Cu>Pb>Cr>Hg>As,而在谷壳中的迁移能力依次为Cd>Pb>Ni>Zn>Cr>Cu>As>Hg。本书前述研究结果表明,不同重金属在园地土壤—草莓植株系统中迁移特征不同,土-根之间迁移能力大小顺序为Cd>Zn>Cu>Cr>Ni>Hg>As>Pb,根-茎间迁移能力为Hg>Cr>Ni>As>Zn>Cu>Pb>Cd,茎-叶间迁移能力为Pb>Hg>Cu>Zn>As>Cd>Cr>Ni,茎-果间迁移能力为Cu>Pb>Hg>Cd>Zn>As>Ni>Cr,土壤与果实之间迁移能力不强,但不同重金属间迁移能力差异较大,其大小顺序为Cd>Cu>Zn>Hg>Ni>Pb>As>Cr,其中Cd、Cu、Zn迁移能力相对较强,但其累计富集系数也不足0.5,其余重金属元素迁移能力相对较弱,其累计富集系数均不足0.1。

(7)植物种类、生长发育期的影响。

植物的种类和生长发育期也影响着重金属在土壤—植物体系中的迁移转化,植物种类不同,其对重金属的富集规律不同;植物的生长发育期不同,对重金属的富集量也不同。严连香等(2009)研究发现,不同作物对不同重金属的吸收能力存在差异,在不同排污方式下,小麦对Pb的吸收明显要弱于对水稻的,但对Cd的吸收要明显强于对水稻的。陈杰宜(2019)研究结果发现,裸柱菊对Zn、Cu和Cd表现出较强的富集能力,甘蔗Cu、Zn、Pb、Fe和As含量较高,主要集中在根部,水稻对As、Cd有较强的富集能力,主要集中在根部,地上部分富集As的能力较低,灌木对各重金属迁移能力最强,Cu、Zn、Pb、Zn和As的转运系数>1。张家春(2014)研究发现,相同重金属在不同植物中转移能力不同,重金属Cd只有在狐尾藻中转移系数大于1,在其余植物类型中其转移系数都小于1;重金属Cr在水葱和狐尾藻中的转移系数小于1,7种植物中,只有白菜对Pb的转移系数小于1;毛茛和白菜对As的转移系数大于1。方慧(2018)研究结果表明,油菜对同一种重金属在不同生育时期的富集能力也不一样,油菜在生长过程中对Zn、Cd和Cu的富集情况基本一致,富集系数均为先减小后增大然后再减小,花期油菜对这3种重金属的富集能力最强,收获期最弱。油菜各生育时期叶、根和茎是Zn和Cd主要富集器官。油菜苗期和抽薹期根系对Pb的转运能力比较弱,Pb被油菜吸收后主要富集在根系,花期和收获期分布将其转运至花和籽,但同时根也是富集Pb的主要器官。而水稻生长苗期和分蘖期对重金属富集能力较弱,对Cd的富集能力逐渐增强,收获期对Cd富集能力最大。水稻各生育时期主要将重金属富集在根系,只将极小部分转运至其他器官,水稻根系对茎的转运能力整体呈先减小后增大的趋势,根系对叶的转运能力在不同生育时期表现不一样,收获期水稻籽粒中大部分Cd、Pb和Zn分布在粳米中。

10.3　减轻或避免重金属对植物危害的农业措施

(1)土壤重金属污染修复措施。

土壤中重金属污染修复措施主要包括工程措施、化学治理措施、生物治理、农业生态修复等。其中工程措施包括客土法、换土法、深耕翻土法等,它具有效果彻底、稳定、见效快的优点,但存在工程量大、投资费用高、易引起土壤肥力下降等缺点,不适宜大面积污染土壤的治理。化学治理措施包括淋溶法、施用改良剂等方法,它能够在短期内降低土壤中重金属的毒性和生物有效性,但因人为向土壤中施加化学药剂,易造成二次污染,且该方法是一种原位修复方法,重金属仍存留在土壤中,容易再度活化危害植物,其潜在威胁并未消除。生物治理是指利用生物的某些习性来适应、抑制和改良重金属污染,主要有利用微生物的生物吸附、胞外沉淀、生物转化、生物累积和外排作用的微生物修复,利用土壤中的某些低等动物如蚯蚓进行重金属污染修复的动物修复,利用超积累植物强大的吸收富集能力的植物修复,其优点是实施较简便、投资较少和对环境破坏小,缺点是治理效果不显著。农业生态修复是因地制宜地改变一些耕作管理制度来减轻重金属的危害,通过调节诸如土壤水分、土壤 pH、土壤阳离子代换量(CEC)、$CaCO_3$和土壤氧化还原状况及气温、湿度等因素,降低重金属元素生物有效性,以减弱重金属对植物的毒害作用。该方法的缺点是重金属元素形态发生了改变,但仍存在土壤中,容易再度活化,对生物产生危害。

(2)减轻或避免重金属对植物危害的农业调控措施。

通过农业调控进行防治或减缓重金属污染对植物危害是目前采用最广泛的措施,主要方法如下:

①控制土壤条件,调节土壤氧化还原状态。控制土壤水分,调节土壤氧化还原状态,可起到降低污染物危害的作用。被铅、镉、铜、锌等重金属污染的水稻土,通常可通过控制灌水条件,特别是抽穗至成熟期,减少落干、保持淹水可明显减少水稻糙米中镉、锌等重金属的含量。另外,由于重金属的硫化物溶解度较小,可降低重金属污染物对作物的危害,因而在硫含量较低的土壤中,可适当施用含硫物质,以促进重金属元素的沉淀。有选择地施用化肥有利于抑制植物对某些污染物的吸收,降低植物体内污染物的浓度,如硝酸钙、钙镁磷肥以及硫酸钾能降低作物体内镉的浓度。

②调节土壤 pH。一般来说,在酸性条件下,重金属对作物的危害较大,因此调节土壤酸碱度可以有效地减轻重金属对作物的危害,通过施用石灰等碱性物质,来提高土壤 pH,可有效地缓解重金属的危害。需要指出的是,要根据不同种类的重金属污染来确定石灰的最佳施用量,如对被汞污染的农田,可以施用石灰性肥料,提高土壤的 pH,使汞以难溶的碳酸汞、氢氧化汞或水合碳酸汞等形式存在,从而降低汞对作物的有效性。但施用生石灰可能引起作物的铁、铜、锌缺乏,可通过叶面喷施等方法予以补充。被镉严重污染的农田,可采用排土、客土法以更换耕层土壤,对于污染较轻的地块,可施入石灰性肥料、磷肥,促使土壤中镉向难溶态转化,以降低镉的作物有效性。镉的活性通常受土壤酸碱性的影响很大,一方面随着 pH 升高,可增加土壤表面负电荷对 Cd^{2+}的吸附,另一方面则由于生成 $CdCO_3$沉淀,使其活性降低,对减少镉被作物的吸收具有一定的作用。

③改变耕作制度。改变耕作制度,也有可能使污染的土壤继续维持农业生产,避免某些污染物的危害,如通过水旱轮作、旱田改水田能够控制土壤中铬的植物有效性。

④增施有机肥提高土壤环境容量。有机肥不仅可以改善土壤的理化性状、增加土壤的肥力,而且可以影响重金属在土壤中的形态及植物对其的吸收。通过施用堆肥、厩肥、绿肥、植物秸秆等有机肥来增加土壤有机质,促使土壤中有机胶体及有机无机复合胶体的增加,促进阳离子交换量的提高,从而提高土壤对重金属阳离子的吸附能力,同时有机胶体及有机无机复合胶体能够同重金属离子发生络合、螯合反应,生成稳定的络合物和螯合

物，从而可以降低土壤中重金属的有效性。如施用有机肥可促进土壤中的铬形成硫化铬沉淀，有利于高价铬（Cr^{6+}）变成毒性较低的低价铬（Cr^{3+}）。

⑤选种抗污染植物品种。选种抗污染植物种类，也可减轻土壤重金属污染的危害程度，例如对于重金属污染特别严重的土壤改种非食用性作物，以避免重金属污染进入食物链，对于轻度或中度污染的土壤可选种对重金属吸收或转移能力较差的作物品种。例如，在镉污染土壤上应选种玉米和水稻，在砷污染土壤上应选种马铃薯、番茄、胡萝卜、烟草等对砷具有高抗性的品种。

⑥科学利用污水灌溉。科学地利用污水灌溉是化害为利的有效措施，在灌溉条件不好的干旱地区，其作用尤其明显。在污水灌溉过程中，污水中的污染物被土壤机械过滤吸附及微生物分解转化后，污水中氮、磷、钾等养分被植物吸收和利用，这不仅有利于农业增产，同时也有利于利用土壤净化处理污水改善环境质量。但是，污水中也含有部分重金属元素，因而灌溉之前要充分了解污水成分，避免引起重金属污染。

⑦巧妙利用重金属离子间的拮抗作用。当土壤中的某种重金属含量较高，对土壤的污染较严重时，可利用另一种与该重金属元素有拮抗作用、对作物危害较轻、低浓度时能促进作物生长的微量元素来拮抗它。

参考文献

[1] 中国环境保护局,中国环境监测总站.中国土壤元素背景值[M].北京:中国环境科学出版社,1990.

[2] 中国环境保护局,中国环境监测总站.中华人民共和国土壤环境背景值图集[M].北京:中国环境科学出版社,1994.

[3] 孙铁,李培军,周启星.土壤污染形成机理与修复技术[M].北京:科学出版社,2005.

[4] 李天杰.土壤环境学[M].北京:高等教育出版社,1995.

[5] 李其林,黄昀,王萍,等.三峡库区主要粮食作物和土壤中重金属的相关性及富积特征分析[J].生态环境学报,2012,21(4):764-769.

[6] 任加国,王彬,师华定,等.沱江上源支流土壤重金属污染空间相关性及变异解析[J].农业环境科学学报,2020,39(3):530-541.

[7] 袁国军,卢绍辉,梅象信,等.农用地土壤污染风险管控标准延伸理解及其评价标准现状分析[J].中国农学通报,2020,36(2):84-89.

[8] 郝晓洁,金曹贞,孙灿,等.上海市闵行区稻田土壤-水稻系统中重金属含量水平及富集特征[J].上海农业学报,2020,36(1):88-93.

[9] 孔学夫,刘二冬,沈燕,等.湘西不同植被类型土壤重金属分布及相关性研究[J].中南林业科技大学学报,2020,40(2):120-130.

[10] 孙尚省,王文君,马兆虎,等.重金属 Pb、Cd 在叶菜中的富集状况及对其生长的影响[J].湖北农业科学,2019,58(24):72-75.

[11] 史明易,王祖伟,王嘉宝,等.基于富集系数对蔬菜地土壤重金属的安全阈值研究[J].干旱区资源与环境,2020,34(2):130-134.

[12] 茹淑华,徐万强,侯利敏,等.连续施用有机肥后重金属在土壤-作物系统中的积累与迁移特征[J].生态环境学报,2019,28(10):2070-2078.

[13] 张又文,韩建华,涂棋,等.天津市郊农田土壤重金属积累特征及评价[J].生态与农村环境学报,2019,35(11):1445-1452.

[14] 庞荣丽,吴斯洋,党琪,等.葡萄对重金属吸收能力的差异性研究[J].干旱区资源与环境,2019,33(12):96-101.

[15] 王利民,李昱,王煌平,等.Pb 和 Cd 复合污染土壤酶活性和苋菜重金属富集特征[J].江西农业学报,2019,31(8):85-91.

[16] 杜俊杰,李娜,吴永宁,等.蔬菜对重金属的积累差异及低积累蔬菜的研究进展[J].农业环境科学学报,2019,38(6):1193-1201.

[17] 米艳华,陆琳,邹炳礼,等.土壤-烤烟系统重金属复合污染的交互作用及其相关分析[J].江西农业学报,2012,24(1):154-157,161.

[18] 庞荣丽,乔成奎,王瑞萍,等.猕猴桃农药残留膳食摄入风险评估[J].果树学报,2019,36(9):1194-1203.

[19] 费维新,荣松柏,初明光,等.甘蓝型油菜品种对农田土壤重金属镉与铜的富集差异研究[J].安徽农业科学,2019,47(10):74-78.

[20] 黄祖波,胡小娟,汪成钵,等.赣县沙地土壤-水稻重金属含量及迁移规律[J].江西煤炭科技,2019

(2):9-13.
[21] 张磊.矿山区土壤重金属污染及农作物富集情况研究[J].安徽农学通报,2019,25(8):67-70,97.
[22] 张晶,余偲,白莉圆,等.食用菌富集重金属因素及其控制技术研究进展[J].食品工业科技,2019,40(17):347-354.
[23] 吴迪,程志飞,邓琴,等.山区路侧土壤-油菜系统重金属来源及关联特征[J].生态科学,2019,38(2):168-175.
[24] 庞荣丽,王书言,王瑞萍,等.重金属在土壤-葡萄体系中的富集和迁移规律[J].生态与农村环境学报,2019,35(4):515-521.
[25] 胡居吾,熊华.天然富硒土壤的性质及硒对重金属的拮抗研究[J].生物化工,2019,5(2):11-16.
[26] 常兰,周洪祥,蒋天玉,等.蔬菜产地土壤重金属污染评价及源解析[J].四川环境,2018,37(6):183-186.
[27] 杨绩然.大叶景天—柑橘在不同种植模式下的重金属富集效应研究[D].西安:长安大学,2019.
[28] 权春梅.亳州4种地产药材提取前后重金属转移率及风险评估研究[J].辽宁中医药大学学报,2019,21(3):59-63.
[29] 张家洋,冯明,许飞,等.锌镉单一胁迫荠菜和地肤子的生长特性及对重金属的积累特征[J].西南林业大学学报(自然科学版),2019,39(1):43-49.
[30] 滑小赞,程滨,赵瑞芬,等.太原市城郊菜地土壤和蔬菜重金属含量特征及健康风险评价[J].山西农业科学,2019,47(1):82-87.
[31] 范荣伟.水稻中重金属复合污染富集特征及风险评价[D].苏州:苏州科技大学,2018.
[32] 彭益书.黔西北土法炼锌区炉渣、土壤与植物系统中重金属分布及迁移研究[D].贵阳:贵州大学,2018.
[33] 孙芳立,张金恒,孙永红,等.重金属Cd、Cu、Zn在小麦全生育期中的富集规律[J].青岛科技大学学报(自然科学版),2018,39(5):34-41.
[34] 夏伟,吴冬妹,袁知洋.土壤—农作物系统中重金属元素迁移转化规律研究——以湖北宣恩县为例[J].资源环境与工程,2018,32(4):563-568.
[35] 郭朝晖,冉洪珍,封文利,等.阻隔主要外源输入重金属对土壤-水稻系统中镉铅累积的影响[J].农业工程学报,2018,34(16):232-237.
[36] 王笑波.重金属在玉米体内的积累与迁移[J].农产品加工,2018(16):58-60.
[37] 庞荣丽,介晓磊,方金豹,等.有机酸对不同磷源施入石灰性潮土后无机磷形态转化的影响[J].植物营养与肥料学报,2007(1):39-43.
[38] 韩修益.重金属污染物在土壤中迁移规律研究[J].中国资源综合利用,2018,36(7):145-146,150.
[39] 王硕,罗杰,蔡立梅,等.土壤-水稻系统中重金属的富集特征及对土壤元素标准限的判定[J].环境化学,2018,37(7):1508-1514.
[40] 刘兰英,陈丽华,黄薇,等.镉污染下稻谷不同部位重金属含量及迁移特征[J].福建农业学报,2018,33(7):717-723.
[41] 刘辉.重金属富集植物筛选及其富集特性研究[D].郑州:河南工业大学,2018.
[42] 刘强,呼丽萍,鱼潮水.土壤—樱桃系统重金属累积和樱桃食用健康风险评价[J].中国土壤与肥料,2018(2):161-169.
[43] 胡雪芳,田志清,梁亮,等.不同改良剂对铅镉污染农田水稻重金属积累和产量影响的比较分析[J].环境科学,2018,39(7):3409-3417.
[44] 刘源,崔二苹,李中阳,等.生物质炭和果胶对再生水灌溉下玉米生长及养分、重金属迁移的影响[J].水土保持学报,2017,31(6):242-248,271.

[45] 庞荣丽,王瑞萍,郭琳琳,等.中国种植业无公害农产品产地环境标准发展历程及特征分析[J].中国农学通报,2017,33(33):142-147.

[46] 罗怿,李金强,柏自琴,等.贵州柑橘不同土壤类型重金属含量的相关性研究[J].耕作与栽培,2017(5):14-16.

[47] 刘强,呼丽萍,鱼潮水,等.樱桃种植区土壤及樱桃重金属富集状况研究[J].河南农业科学,2017,46(10):60-65.

[48] 王卫红,罗学刚,武锋强,等.重金属富集植物的富集能力评价指标[J].环境科学与技术,2017,40(8):189-196.

[49] 陆素芬,张云霞,余元元,等.广西南丹土壤-玉米重金属积累特征及其健康风险[J].生态与农村环境学报,2017,33(8):706-714.

[50] 赵睿,吴智书,罗阳,等.猪粪与农田土壤中重金属累积污染的相关分析[J].土壤,2017,49(4):753-759.

[51] 张景茹,周永章,叶脉,等.土壤-蔬菜中重金属生物可利用性及迁移系数[J].环境科学与技术,2017,40(12):256-266.

[52] 黎承波.重金属在土壤-植物系统中的迁移转化研究进展[J].山东化工,2017,46(14):186-187.

[53] 许端平,吴瑶,苗丹,等.富里酸在多孔介质中的运移特征及对重金属运移的影响[J].应用化工,2017,46(9):1700-1704.

[54] 庞瑜,赵转军,南忠仁,等.干旱区绿洲土壤中胡萝卜对 Pb-Zn 污染的响应及重金属累积特征[J].干旱区资源与环境,2017,31(6):166-172.

[55] 杨秀敏,任广萌,李立新,等.土壤 pH 值对重金属形态的影响及其相关性研究[J].中国矿业,2017,26(6):79-83.

[56] 戴文婷.矿区土壤-小麦重金属迁移特征模拟研究[D].北京:中国矿业大学,2017.

[57] 张建云,高才慧,朱晖,等.生物质炭对土壤中重金属形态和迁移性的影响及作用机制[J].浙江农林大学学报,2017,34(3):543-551.

[58] 庞荣丽,王瑞萍,谢汉忠,等.农业土壤中镉污染现状及污染途径分析[J].天津农业科学,2016,22(12):87-91.

[59] 陈红金,孙万春,林辉,等.有机肥施用对蔬菜—土壤体系中重金属迁移累积的影响[J].浙江农业学报,2016,28(6):1041-1047.

[60] 李雪芳,王文岩,上官宇先,等.西安市郊菜地土壤重金属污染及其与蔬菜重金属质量分数的相关性[J].西北农业学报,2014,23(8):173-181.

[61] 谢光明,甘欣,高亚琴.玉米植株各器官中重金属含量相关性的研究[J].四川环境,2014,33(2):13-16.

[62] 徐驰,郭松年,郑雅楠,等.陕西花椒和土壤中 8 种重金属元素含量测定及相关分析[J].食品与发酵科技,2014,50(1):92-95.

[63] 关共凑,魏兴琥,陈楠纬.佛山市郊菜地土壤理化性质与重金属含量及其相关性[J].环境科学与管理,2013,38(2):78-82.

[64] 庞荣丽,介晓磊,方金豹,等.有机酸对石灰性潮土有机磷组分的影响[J].土壤,2008(4):566-570.

[65] 生态环境部国家市场管理总局.土壤环境质量　农用地土壤污染风险管控标准(试行):GB 15618—2018[S].北京:中国标准出版社,2018.

[66] 中华人民共和国农业部.绿色食品　产地环境质量:NY/T 391—2013[S].北京:中国标准出版社,2013.

[67] 中华人民共和国农业部.绿色食品　产地环境调查、监测与评价规范:NY/T 1054—2013[S].北京:

中国标准出版社,2013.

[68] 中华人民共和国国家环境保护总局.土壤环境监测技术规范:HJ/T 166—2004[S].北京:中国标准出版社,2004.

[69] 中华人民共和国农业部.农田土壤环境质量监测技术规范:NY/T 395—2012[S].北京:中国标准出版社,2012.

[70] 中华人民共和国环境保护部.固体废物　金属元素的测定　电感耦合等离子体质谱法:HJ 766—2015[S].北京:中国标准出版社,2015.

[71] 国家环境保护局,国家技术监督局.土壤质量　铅、镉的测定　石墨炉原子吸收分光光度法:GB/T 17141—1997[S].北京:中国标准出版社,1997.

[72] 中华人民共和国国家质量监督检验检疫总局,中国国家标准化管理委员会.土壤质量　总汞、总砷、总铅的测定　原子荧光法　第 2 部分:土壤中总砷的测定:GB/T 22105.2—2008[S].北京:中国标准出版社,2008.

[73] 中华人民共和国国家质量监督检验检疫总局,中国国家标准化管理委员会.土壤质量　总汞、总砷、总铅的测定　原子荧光法　第 1 部分:土壤中总汞的测定:GB/T 22105.1—2008[S].北京:中国标准出版社,2008.

[74] 中华人民共和国农业部.土壤检测　第 2 部分:土壤 pH 的测定:NY/T 1121.2—2006[S].北京:中国标准出版社,2006.

[75] 中华人民共和国环境保护部.固体废物 22 种金属元素的测定　电感耦合等离子体原子发射光谱法:HJ 781—2016[S].北京:中国标准出版社,2016.

[76] 中华人民共和国国家卫生和计划生育委员会,国家食品药品监督管理总局.食品安全国家标准　食品中多元素的测定:GB 5009.268—2016[S].北京:中国标准出版社,2016.

[77] 中华人民共和国国家卫生和计划生育委员会,国家食品药品监督管理总局.食品安全国家标准　食品中铅的测定:GB/T 5009.12—2017[S].北京:中国标准出版社,2017.

[78] 中华人民共和国国家卫生和计划生育委员会.食品安全国家标准　食品中镉的测定:GB/T 5009.15—2014[S].北京:中国标准出版社,2014.

[79] 中华人民共和国国家卫生和计划生育委员会.食品安全国家标准　食品中铬的测定:GB/T 5009.123—2014[S].北京:中国标准出版社,2014.

[80] 中华人民共和国国家卫生和计划生育委员会.食品安全国家标准　食品中总汞及有机汞的测定:GB/T 5009.17—2014[S].北京:中国标准出版社,2014.

[81] 中华人民共和国国家卫生和计划生育委员会.食品安全国家标准　食品中总砷及无机砷的测定:GB/T 5009.11—2014[S].北京:中国标准出版社,2014.

[82] 中华人民共和国国家卫生和计划生育委员会,国家食品药品监督管理总局.食品安全国家标准　食品中镍的测定:GB/T 5009.138—2017[S].北京:中国标准出版社,2017.

[83] 中华人民共和国国家卫生和计划生育委员会,国家食品药品监督管理总局.食品安全国家标准　食品中铜的测定:GB/T 5009.13—2017[S].北京:中国标准出版社,2017.

[84] 中华人民共和国国家卫生和计划生育委员会,国家食品药品监督管理总局.食品安全国家标准　食品中锌的测定:GB/T 5009.14—2017[S].北京:中国标准出版社,2003.